YIN SHUI AN QUAN

饮水安全

不再是梦

BU ZAI SHI MENG

——安徽农村饮水建设管理实践与探讨

王跃国　编著

U0265374

合肥工业大学出版社

图书在版编目(CIP)数据

饮水安全不再是梦:安徽农村饮水建设管理实践与探讨/王跃国编著.—合肥:合肥工业大学出版社,2016.4

ISBN 978-7-5650-2717-8

Ⅰ.①饮…　Ⅱ.①王…　Ⅲ.①农村给水—饮用水—给水工程—安徽省—文集　Ⅳ.①S277.7-53

中国版本图书馆 CIP 数据核字(2016)第 075676 号

饮水安全不再是梦
——安徽农村饮水建设管理实践与探讨

王跃国　编著　　　责任编辑　权　怡　　　责任校对　何恩情

出　版	合肥工业大学出版社	版　次	2016 年 4 月第 1 版
地　址	合肥市屯溪路 193 号	印　次	2016 年 4 月第 1 次印刷
邮　编	230009	开　本	710 毫米×1010 毫米　1/16
电　话	编校中心:0551-62903210	印　张	23.5
	市场营销部:0551-62903198	字　数	409 千字
网　址	www.hfutpress.com.cn	印　刷	安徽联众印刷有限公司
E-mail	hfutpress@163.com	发　行	全国新华书店

ISBN 978-7-5650-2717-8　　　　　　　　　　定价:52.00 元

中国梦　水利梦　农饮梦　梦梦相连

中国人　水利人　农饮人　人人同心

前　言

　　本人自1991年7月参加工作以来，工作经历可分为两个时间段。2005年12月以前，在安徽省合肥粮食机械厂工作，国有企业改革的每个过程都经历了，合同制、仿三资、股份制和工龄买断等过程历历在目；工作单位从隶属安徽省粮食局到合肥市粮食局又至合肥市庐阳区商务局。2006年1月，调至省水利综合经营总站，又经历了事业单位改革，安徽省水利厅党组从全省农村饮水安全工程建设管理的大局出发，把安徽省水利综合经营总站更名为安徽省农村饮水管理总站，赋予全省农村饮水行业管理的职责。

　　2005年，全国开始农村饮水安全工程建设，为改善农村居民饮水发挥了巨大作用，成绩之大前所未有，是中华民族5000年来的一次重大"饮水革命"，是党"以人为本"执政理念的体现。为解决农村人口饮水不安全问题，安徽省从2005年起实施农村饮水安全工程。饮水不安全的判别标准有水质、水量、方便程度、供水保证率四项指标。2005—2015年，全省完成政府投资166.87亿元，其中中央投资108.22亿元、省级配套资金27.61亿元、市县自筹31.04亿元；建设供水工程7822处，其中规模水厂1168处；累计解决了3374.36万农村居民（占2010年底全省农村人口的64%）和194.8万农村学校师生饮水不安全问题。我省在全国农村饮水安全工程建设管理考核中取得较好成绩：2013年第三名，2014年第二名。

　　全书分综合篇、规划篇、设计篇、建设篇和运管篇，收录了近几年本人发表的文章、撰写的培训课件及行业交流学术报告等。为方便大家了解安徽省农村饮水安全工程10年的建设与管理历程，结合平时自己对我省农村饮水安全工程建设与管理掌握的情况，2015年1月撰写了《自来水"村村通"：一个并不遥远的梦》一文，并在《志苑》杂志2015年第1期发表，作为本书开篇。《农村饮水安全工程规划设计原则探讨》《农村饮水安全工程设计中几点问题探讨》《农村饮用水安全工程存在的问题及其对策分析》《安徽省农村饮水安全工程存在问题及解决思路》为近年来在《工程与建设》（2013年第2、3期）、《江淮水利科技》（2014年第6期，2015年第2期）等杂志发表的文章；《浅谈我省农村饮水安全工程县级水质检测中心实施方案编制问题》一文，2015年2月发表于"安徽农村饮水网"，以提高全省县级水质检测中心实施方案的编制质量。《浅谈全省农村饮水安全巩固提升工程"十三五"规划编制工作》《浅谈全省农村饮水现状与需求调查问题》《安徽省农村饮水安全工程前期工作概述》《安徽省农村饮水安全工程初步设计编制及审查注意的问题》《安徽省农村饮水安全工程企业信用档案备案管理工作简述》《安徽省农村饮水安全工程管材管件质量管理综述》《安徽省农村饮水安全工程建设管理实务》《安徽省村镇供水工程运行管理概论》《安徽省农村饮水安全工程水质检测工作综述》等是本人为全省农村饮水安全工程有关培训班撰写的课件。《饮水安全不再是梦》是 2015 年 10 月 28 日水利部在四川省成都市举办"全国农村饮水安全建设与管理高级研讨培训班"时，本人的交流发言材料。另外，书中有些数据为当时条件下的有关统计，可能与现在的有所不同，为使大家了解安徽农村饮水安全工程的建设历程，均保留原数据。

2011 年，中央印发了有关水利方面的 1 号文件，笔者通过学习深有所感，写了《农饮情怀》，以示自己的激动之情。我的同事到西安培训，想到自己曾经在三秦大地学习了几年，灵魂深处无法忘记母校——西北农业大学，一时思绪迸发，写了《西行漫谈》，既是对燕少平、孙传辉等同事的鼓励，也是对母校培养自己的怀念。2015 年 10 月 5 日，在办公室修改《安徽省农村饮水工程现状与需求调查报告》时，我的父亲不幸病逝，悲痛之余，写了《忆父亲》，以表达对父亲的哀思。

回想过去，浮想联翩。人到中年，两个转变。本人从粮食系统到水利系统工作、从制造农业机械到农村饮水管理，可谓跨度之大，没有想到过。2010 年，我开始从事农村饮水管理工作，起早贪黑沉浸于农村饮水管理业务中，有许多收获，也有一些教训。十年农饮，五年参与。将自己的些许体会编辑成册，也算是自我总结吧。希望能为我省的农村饮水事业和安徽省农村饮水管理总站多做点贡献。

本书可作为农村饮水行业各级主管部门、工程规划设计人员、供水厂管理人员、乡（镇）水利站（所）人员的培训用书，也可作为供水专业技术人员的参考用书。

本书编写过程中，原安徽省委统战部张和敬副部长题写了书名、安徽省农村饮水管理总站孙玉明主任审阅了全稿、王常森同志校核了全书，并提出了许多宝贵的修改意见。在此，表示衷心的感谢。

最后，将本书献给 26 年来关心和支持我的领导和同事们，同时也献给我的家人。书中不妥之处敬请批评指正！

作者
2016 年 4 月

目　　录

运 管 篇

综 合 篇

自来水"村村通":一个并不遥远的梦

——安徽农村饮水安全工程建设调查

(2015 年 1 月)

安徽省地形呈多样性,地处华东腹地;国土面积 13.94 万 km^2,南北长约 570km,东西宽约 450km。长江和淮河横贯全境,将全省分为五个自然区域:淮北平原、江淮丘陵、皖西大别山区、沿江平原和皖南山区。全省下辖 16 个地级市、105 个县(市、区),总人口 6929 万人(2013 年底),其中农村人口 5348 万人。受自然条件以及环境污染等影响,全省广大农村地区存在水质不达标(地下水氟、铁、锰元素超标,血吸虫疫区等)、水量无保证等饮水不安全问题。为使农村人口饮用上安全水,安徽省从 2005 年起按照国家统一部署启动农村饮水安全工程建设,于 2007 年起纳入全省民生工程实施范围。2012 年,安徽省人民政府出台了《安徽省农村饮水安全工程管理办法》(省人民政府第 238 号令)。截止 2014 年底,全省完成投资 141.1 亿元,建设工程 7000 余处,其中规模水厂 1066 处,解决了 2881.7 万农村居民和 158 万农村学校师生饮水安全问题。

一、现状与成效

根据 2004 年水利部、卫生部制定的《农村饮用水安全卫生评价指标体系》,农村饮用水安全卫生评价指标体系分为安全和基本安全两个档次,由水质、水量、方便程度和保证率四项指标组成。四项指标中只要有一项低于安全或基本安全最低值,就不能定为饮用水安全或基本安全。水质:符合国家《生活饮用水卫生标准》(GB 5749–2006)要求的为安全;水量:每人每天可获得的水量不低于 40 ~ 60 升为安全(安徽省南部为 60 升、北部为 50 升),不低于 20 ~40 升为基本安全(安徽省南部为 40 升、北部为 30 升);方便程度:人力取水往返时间不超过 10 分钟为安全,取水往返时间不超过 20 分钟为基本安全;保证率:供水保证率不低于 95% 为安全,不低于 90% 为基本安全。

1. 规划情况

一是农村居民规划及不安全人口类型：安徽省累计有3374.4万农村居民被纳入饮水不安全解决规划，占2010年农村总人口5276.6万人的63.9%。2005年，全省有1626.6万农村饮水不安全居民列入了第一批规划。2012年，国家"十二五"规划批复确定安徽省"十二五"期间解决农村饮水不安全居民2151.1万人（包含第一批规划未解决的403.3万人口），安徽省农村饮水"十二五"规划饮水不安全人口类型分布是：氟超标人数634.90万人（占31.1%）、砷超标16.87万人（占0.8%）、苦咸水303.43万人（占14.9%）、血吸虫疫区139.95万人（占6.9%）、其他水质问题618.84万人（占30.3%）、水量及用水方便程度和水源保证率不达标329.09万人（占16.1%），以上不包括国家增补安徽的108万农村居民指标。二是农村学校师生规划及不安全人口类型：安徽省累计有194.8万农村学校师生纳入规划，其中：2010年，安排解决了23万农村学校师生饮水不安全问题；2012年，国家"十二五"规划批复安徽省"十二五"期间解决171.8万农村学校师生饮水安全问题。

2. 计划下达情况

指标下达：截止到2014年年底，全省共下达了2881.7万农村居民（占农村居民任务85.4%）和158万农村学校师生（占师生任务81.1%）饮水不安全指标。其中：国家计划下达了解决农村居民2736.6万和158万农村学校师生饮水不安全问题投资计划；省计划（2007—2009年）下达了解决145.1万农村居民饮水不安全问题投资计划。资金下达：截止到2014年年底，全省共下达投资资金141.1亿元，其中：中央投资89.98亿元，省级配套23.85亿元，市县自筹27.29亿元。投资标准：2005年，投资标准355元/人，其中中央投资160元/人（占45%），省级未配套。2006年，第一批计划投资标准355元/人，其中中央投资160元人，省级配套64.2元/人；2006年，第三、第四批计划投资标准390元/人，其中中央投资176元，省级配套64.2元/人。2007年，投资标准397元/人，其中中央投资178.7元/人，省级配套64.2元/人。2008年，投资标准398.7元/人，其中中央投资178.7元/人，省级配套64.2元/人；2008年，试点项目投资标准400元/人，其中中央投资220元/人，省级配套64.2元/人；2008年，新增项目及其以后投资标准496.25元/人，其中中央投资占60%（享受国家西部大开发政策县占80%），省级配套64.2元/人。2010年，投资标准496.25元/人，其中中央投资占60%（享受国家西部大开发政策县占 80%），省级配套占地方配套的一半。2012 年，第二、第三批及 2013—2014 年投资标准 500 元/人，其中中央投资占 60%（享受国家西部大开发政策县占 80%），省级配套占地方配套的一半。上述均为农村居民投资标准，农村学校师生投资标准为同期农村居民的 60%。

3. 投资完成情况

截止到 2014 年年底，全省已累计解决了 2881.7 万农村居民和 158 万农村学校师生饮水安全问题，完成投资 141.1 亿元，其中中央投资 89.98 亿元，省级配套 23.85 亿元，市、县（市、区）自筹 27.29 亿元。依据全省农村饮水安全工程"十二五"规划，2015 年，全省还需要解决 492.7 万农村居民和 36.8 万农村师生饮水安全问题。截止到 2014 年年底，全省共建设农村饮水安全工程 7000 余处，其中规模水厂 1066 处（规模水厂是指供水规模不小于 1000m³/d 或供水人口不小于 1 万人的农村供水工程）。

4. 运行管理情况

安徽省于 2010 年 3 月成立了省农村饮水管理总站，负责全省农村饮水安全工作业务指导。全省已有 91 个县（市、区）成立农村饮水专管机构。针对大多数农村饮水安全工程规模较小、用水量少、水费收入低的特点，要求县级财政安排工程运行维护专项经费，92 个县（市、区）建立县级维修养护经费制度，累计落实资金 1.2 亿元。全省 89 个县（市、区）已有县级水质检测中心，到"十二五"末将全面建立县级水质检测体系。

5. 科学规划，统筹工程区域布局

安徽省坚持以规划为引领，抓好农村饮水安全工程区域布局的顶层设计。如滁州市定远县树立了"农村供水城镇化，城乡供水一体化"的建设目标，明晰"建得好、伸得开、用得起、推得广、管得住"的建管思路，依托全县中型水库水源分布，科学规划水厂建设，全县建成自来水厂 15 座，覆盖全县 22 个乡镇，供水人口 95 万人，为水厂长效管理从宏观上创造有利的条件。2013 年 3 月，按照国务院和有关部委对农村饮水安全工程"十二五"规划的批复精神，省水利厅组织各县（市、区）开展规划修编工作，要求修编要与城镇化、美好乡村建设等规划有机衔接，积极兼并小水厂，大力发展规模化供水。通过规划修编，全省兼并了大量小水厂，其中宿州市 299 个、亳州市 128 个、阜阳市 82 个，小水厂兼并后形成较大供水规模，为运行管理奠定了良好的基础。

6. 广泛宣传，努力营造舆论氛围

为了让广大群众支持、配合并参与和监督农村饮水安全工程建设与管理，全省采取了多种形式加强宣传，如：定期参加省广播电台"民生在线"栏目宣讲有关政策、群众热线答疑；在省电视台播发安全饮水公益广告；在各级政府、水利、民生部门网站上发布农村饮水安全工程信息；全面推行双公开制度，对工程建设、水价、入户材料费等进行公开；将农村饮水政策印制在书包、圆珠笔、围裙、帽子上，发放给受益农户；年终联合民生部门开展全省政策宣讲和满意度电话调查等。

7. 完善制度，规范各项建设管理行为

为了规范全省农村饮水安全工程建设与管理工作，2012 年，省政府颁布实施了《安徽省农村饮水安全工程管理办法》。近年来，省水利厅还制定了《农村饮水安全工程初步设计编制指南（试行）》《农村饮水安全工程初步设计审批管理办法》《农村饮水安全工程专项资金绩效评价实施办法》《农村饮水安全工程管材采购招标文件示范文本》《农村饮水安全工程管材管件供货单位不良记录管理办法》《关于加强农村饮水安全工程初步设计市级审查审批工作的指导意见》《关于加强农村饮水安全工程招标投标管理工作的意见》，修订了《农村饮水安全工程验收办法》等。

8. 周密部署，确保工程按时保质完成

各地民生、水利部门成立专项办事机构，落实人员和经费。由于农村饮水安全工程要求当年下达投资、当年建成通水，建设时间要求很紧，尤其是规模水厂建设。为了及早准备，省水利厅每年年初根据总体投资规模预下达当年各市、县（市、区）投资计划，要求各地据此编制初步设计和实施方案，并组织审查、报批，为后期工程建设赢得了时间。建设过程中采取旬报表、月报告、季调度的方式及时了解进展，督促工程进度，解决存在问题。年终严格按照目标任务，省水利厅对各地组织考核、排名。通过上述措施，确保了我省农村饮水安全工程按时完成建设任务。

9. 突出重点，加强工程建设过程监管

农村饮水安全工程管材约占工程总造价的三分之一，管材的质量和价格是我们监管的重点。2013 年，省水利厅组织开展了农村饮水安全工程管材质量省级监督抽查活动。抽检实现了"两个全覆盖"，即覆盖了所有地级市和2013 年在安徽省中标的全部企业。2014 年初，根据检测结果，省水利厅对不合格管材企业进行了严厉处罚，取消 9 家企业两年内在安徽省农村饮水安全工程管材管件生产企业信用档案备案的资格，另一家企业认定为 B 级不良行为。省水利厅还向所有在安徽省备案的管材企业发出了《致农村饮水安全工程管材企业的一封公开信》，要求各企业坚持守法履约，加强质量控制，提供优质服务。2014年12月，省水利厅废除了"备案准入"制度，改为"信息公示"制度。为了有效控制管材价格，防止价格过高及产生腐败行为，省水利厅制定了农村饮水安全工程管材招标示范文本，出台了加强农村饮水安全工程招投标管理工作的意见，规定业主不派员参加评标，还调整了评标要素，减少人为影响和不确定因素。从2014年4月上旬起，由省水利水电建设经济定额站定期发布"农村饮水安全工程管材价格"，对最高限价超出此价格的，须报相关单位审核同意后才能进行管材招标，有效遏制了少数地方管材价格攀高的问题。

10. 建管并重，确保工程良性运行

安徽省高度重视农村饮水安全工程运行管理，目前，全省有91个县（市、区）成立了农村饮水安全工程专管机构（部分市辖区因实现城乡统一供水未单独成立），92个县（市、区）建立了维修养护专项资金制度（要求每年筹集资金不低于年度投资的1%），落实资金约1.2亿元。89个县（市、区）成立县级检测中心（其中水利部门单独成立10处）。积极落实农村饮水优惠政策，出台了建设用地管理的具体办法，从简化办理手续、落实用地指标等方面予以支持。按照国家支持农村饮水安全建设运营税收政策要求将该政策落到实处。从2008年开始，安徽省在全国率先执行农村饮水安全工程运行用电执行农业生产用电价格。在年终考评中，还将用地、税收、用电等优惠政策落实情况纳入考评范围。

11. 改善饮水条件，取得良好效益

农村饮水安全工程的实施，取得了显著的社会效益、经济效益和生态效益，实实在在地改善了农村群众饮水条件，被群众称作是"德政工程""民心工程"。农村饮水安全工程的实施，使饮水不安全地区的群众喝上了清洁、卫生、方便的饮用水，让广大农村群众充分感受到党和政府的关心，符合民意、顺应人心，密切了党群、干群关系，产生了良好的社会效益。

12. 促进农村经济发展，提高农民健康水平，提升农民生活质量

通过解决饮水安全问题，一些乡（镇）、村用上了自来水，不仅解决了农民群众饮水问题，也为农村养殖业和第二、第三产业的发展创造了条件，有力地促进了农村经济发展。农村饮水安全工程建设，对控制与水有关的疾病传播起到了积极作用，使农民群众的健康水平得到了提高，特别是水源水氟超标、砷超标、重金属超标、水污染严重地区和血吸虫病疫区的群众受益更直接。农村饮水安全工程建成后，带动了农村家庭的"改厨、改厕、改浴"等与水有关的生活习惯的改变，很多农户用上了太阳能热水器、洗衣机，进

而提高了农村居民的生活质量。

二、问题与对策

在农村饮水安全管理中存在的主要问题有以下几点。

1. 水源保护难度大，部分水源保证率不高

农村供水水源特点：水源地数量多、单个水源取水量小、地域分布广、类型复杂；水源处于农民生产、生活范围中，农民生产生活对饮用水水源环境质量有着直接影响；供水处理比较简单，有的甚至缺乏净化设施，水源水质直接决定了供水水质。另外，不少山区引水工程受限于投资标准，多就近选择溪流、泉眼为水源，在干旱季节，时有断流，水源保障程度不高。

2. 部分工程布局不合理，需要进一步整合

淮北平原不少县（市、区）2010 年以前所建工程多为单村供水，有的甚至未供水入户；江淮丘陵及沿江地区不少私人投资建设的众多小水厂，私自划分供水范围，使得整体布局明显不合理；皖西大别山区和皖南山区所建小型工程太多，甚至个别自然村都有 2 ~ 3 处工程。总体来说，全省小水厂数量较多，工程布局不合理是导致后期管护运行困难的直接原因，仍需结合实际下大力气予以整合。

3. 不少工程建设标准低，建设内容不完整

如取地下水的没有备用水源井，运行期水质氟超标的未配置除氟设备、未设置水质化验室，个别没有配水管网等；地表水厂的不少取水设施简陋，混凝剂要人工添加缺少计量设备，净水及调节构筑物未按规范要求分组分格等；山区引水工程水源季节性断流，没有净水设施，部分没有消毒设备等，这些均严重影响供水水质及供水的可靠性。

4. 早期供水管网老化严重，资金投入缺口大

在农村供水发展较早的县（市、区），有不少管网铺设年份较早，材质有水泥管、镀锌管、PVC 管等，老化严重、漏损率高、爆管时有发生，有的管材甚至现在已严禁使用。另外不少县（市、区）在实施农村饮水安全工程时，受限于投资，主干管埋设新管，村庄以及入户管道仍使用原有老管网，也需要改造。由于多数老管网位于镇区或经济发展较好的集镇，所需管径较大、施工安装难度也大，从而导致改造成本远高于现行投资标准。

5. 工程普遍运行困难，管理亟待加强

虽然国家针对农村饮水安全工程出台了用地、用电、税收等优惠政策予以扶持，但受限于农村供水工程自身规模小、农户生活用水量有限、输配水

漏损率高、水费实收率低等客观原因,安徽省农村供水工程普遍运行困难。另外在管理方式上有村集体管理、个人承包、特殊经营、水利站管理、专业化供水单位等多种形式,多数管理人员业务水平不高、水厂制度不健全、运行管理不规范,供水管理亟待规范。

"十三五"是党的十八大提出第一个一百年即全面建成小康社会目标的"收官"阶段,而安徽省现有农村供水基础设施距全面服务于小康社会和建设社会主义新农村的目标尚有一定差距。为此,立足安徽实际,按照省委、省政府提出"到2020年,全面解决农村饮水安全问题,实现自来水'村村通'"的要求,安徽省"十三五"农村供水发展目标为:一是按照普遍受惠的原则,提高农村自来水普及率,实现农村供水服务全覆盖;二是优化工程布局,科学划分供水分区,强化管理,加强监管,实现农村供水工程良性运行。

解决这些问题采取的主要措施有以下几点。

1. 开展联网并网增效工程建设

按照"能延则延、能并则并、能扩则扩"的原则,以跨村、跨镇规模化供水为发展方向,充分发挥规模水厂优势,管网向四周辐射延伸,扩大现有水厂供水范围。加大单村供水工程整合力度,推进联村并网集中供水工程建设,由单村小型供水向联村规模供水转变。

2. 开展供水水源提升工程建设

将取水水质存在污染隐患的取水工程迁移至水质良好地段;相邻水厂间原水管道相互连通,提高保证率;对现有取水构筑物、取水设备达不到设计要求降低取水可靠性的予以更新;大型供水工程,应逐步建立备用水源等,使得水源水质、水量及保证率均达到规范要求。

3. 开展水厂达标工程建设

早期老化的水厂、初期低标准建设的农村供水工程,要因地制宜进行制水工艺改造,配备完善的水处理净化、消毒以及安全防护等设施设备,对老化严重的水泵、电动机等予以更新,配备水质监测设备、自动化控制和视频安防系统,提高供水水质,实现标准化供水,完成水厂达标建设。

4. 开展供水管网改造工程建设

对2000年以前老旧不符合建设标准、影响供水水质、水量和水压的农村供水管网进行改造,消除"跑、冒、滴、漏"和管道二次污染等现象,减少管网漏损率、降低制水成本,提高供水保证率和水质。对管网入户率较低的大力推进管网入户,使得农户受益、工程发挥效益。

5. 开展规模化供水工程建设

除现有农村供水工程的改造、提质增效外，按照普遍受惠的原则，制定农村供水"十三五"规划时，统筹考虑全省约 1100 万农村人口尚未通自来水的实际情况，主要以新建规模化集中供水工程的方式，进一步提高安徽省农村自来水普及率。

6. 重视行业管理的顶层设计

一要建立农村供水工程改扩建专项资金体制。农村供水工程是公益性基础设施，鉴于农村实际情况，完全用市场的方式来解决今后农村供水工程改扩建资金是不现实的，应建立以财政资金为主、社会资金为辅的农村供水工程改扩建专项资金体制。

二要对农村饮水安全工程维修养护经费予以补助。目前，农村饮水安全工程运行普遍困难，安徽省绝大部分县（市、区）都已建立了县级农村饮水安全工程维修养护经费制度，经费来源仍以财政为主，而且资金缺口较大。因此，可参照工程建设投资补助方式，中央、省级以及市级财政均予以补助，确保供水工程正常运行。

三要出台切实落实农村供水专管机构的指导意见。在各级政府考核压力下，安徽省大多县（市、区）均成立了农村饮水安全工程管理机构，但是成立的质量不高，如有近三分之一的县（市、区）没有纳入事业编制，有的虽纳入编制，但更多的是在现有机构上加挂新牌子，没有增加人员和经费，并没有切实承担起相应的职责，因此，国家、省级宜出台落实成立农村供水专管机构的指导意见，加强行业管理工作。

四要加大对基层农村供水单位管理人员能力培训的力度。目前农村供水工程中只有少量水厂由专业供水单位运行，更多的是由个人、村委会、企业主等非专业人员进行管理。其专业水平低、技术力量差，很难正确使用现有净水、消毒以及水质检测等设备，因此需要国家、省制定专业技术培训计划。

安徽省农村饮水安全工程
存在的问题及解决思路

（2015 年 4 月）

摘　要： 农村饮水安全工程，是党和政府高度重视和广大农民群众迫切需要解决的一项民生工程。文章分析了安徽省农村饮水安全工程现状及在工程建设、工程运行、工程管理等方面存在的问题，并提出了相应解决思路。

关键词： 农村饮水；工程管理；规划编制

安徽省累计有 3374.4 万农村居民和 194.8 万农村学校师生被纳入农村饮水不安全解决规划，占 2010 年全省农村总人口 5276.6 万人的 64%；省委、省政府提出"到 2020 年，全面解决农村饮水安全问题，实现自来水'村村通'"。截止到 2014 年年底，全省完成投资 141.1 亿元，建设工程 7000 余处，其中规模水厂 1066 处，解决了 2881.7 万农村居民和 158 万农村学校师生饮水安全问题。为切实抓好全省农村饮水安全工程建设与管理工作，适应小康社会建设要求，服务于社会主义新农村建设，作者就当前我省农村饮水存在的主要问题和解决思路做如下阐述。

一、农村供水工作面临新形势

随着社会经济发展和农村改革的深化以及城镇化建设需要，我省农村饮水工程建设与管理将面临新形势、新常态，笔者认为目前主要存在以下八个方面的问题。

1. 专管机构亟待加强

在各级政府考核压力下，我省大多县（市、区）虽成立了农村饮水工程专管机构，但是成立的质量不高，如有近三分之一的县（市、区）没有纳入事业编制，有的纳入编制了，也更多是在现有机构上加挂新牌子，没有增加人员和经费，并没有切实承担起相应的行业管理职责。

2. 前期工作质量有待提升

初设审批权下放后，未严格执行《村镇供水工程设计规范》（SL 687－2014）、《农村饮水安全工程实施方案编制规程》（SL 559－2011）、《安徽省农村饮水安全工程初步设计报告编制指南（试行）》（皖水农〔2012〕23 号）、《关于加强农村饮水安全工程初步设计市级审查审批工作的指导意见》（皖水农函〔2013〕1748 号）等规范规程文件。另外，地方存在技术力量不足的问题，以及设计方案编制时间紧等因素，导致部分实施方案、初步设计报告编制质量不高和存在审查、审批把关不严的问题。

3. 部分工程布局不合理

我省淮北平原不少县（市、区）2010 年以前所建工程多为单村供水，有的甚至未供水入户；江淮丘陵及沿江地区不少私人投资建设的众多小水厂，私自划分供水范围，使得整体布局明显不合理；皖西大别山区和皖南山区所建小型工程较多，甚至个别自然村都有 2～3 处工程。总体来说，全省小水厂数量多、工程布局不合理是导致后期管护运行困难的直接原因，仍需结合实际下大力气予以整合。

4. 部分工程建设标准低

如取地下水的没有备用水源井，运行期水质氟超标的未配置除氟设备、未设置水质化验室，个别没有配水管网等；地表水厂的不少取水设施简陋，混凝剂要人工添加缺少计量设备，净水及调节构筑物未按规范要求分组分格等；山区引水工程水源季节性断流，没有净水设施，部分没有消毒设备等，均严重影响供水水质及供水的可靠性。

5. 早期供水管网老化严重

在农村供水发展较早的县（市、区），有不少管网铺设年份较早，材质有水泥管、镀锌管、PVC 管等，老化严重、漏损率高、爆管时有发生，有的管材甚至现在已严禁使用。另外不少县（市、区）在实施农村饮水安全工程时，受限于投资，主干管埋设新管，村庄以及入户管道仍使用原有老管网，也需要改造。多数老管网位于镇区或经济发展较好的集镇，所需管径较大、施工安装难度也大，从而导致改造成本远高于现行投资标准。

6. 部分工程运行困难

虽然国家针对农村饮水工程出台了用地、用电、税收等优惠政策予以扶持，但部分地方执行农村饮水优惠、惠民政策仍有折扣，如电价、开户费问题，再加上农村供水工程自身规模小、农户生活用水量有限、输配水漏损率高、水费实收率低等客观原因，我省部分农村供水工程运行仍然困难。另外在管理方式上有村集体管理、个人承包、特殊经营、水利站管理、专业化供水单位等多种形式，多数管理人员业务水平不高、水厂制度不健全、运行管理不规范，供水管理水平需进一步提高。

7. 水源保护难度大

农村供水水源特点：（1）水源地数量多，单个水源取水量小，地域分布广，类型复杂；（2）水源处于农民生产、生活范围中，农民生产生活对饮用水水源环境质量有着直接影响；（3）供水处理比较简单，有的甚至缺乏净化设施，水源水质直接决定了供水水质。另外，不少山区引水工程受限于投资标准，水源多就近选择溪流、泉眼，在干旱季节，时有断流，水源保障程度不高。

8. 运行管理人员技能不高

目前农村供水工程中只有少量水厂由专业供水单位运行，更多的是由个人、村委会、企业主等非专业人员进行管理。其专业水平低、技术力量差，很难正确使用现有净水、消毒以及水质检测等设备。

二、今后农村供水工作的思路

针对上述存在的问题，要结合我省农村供水实际情况，在今后的工作中逐一解决，笔者以为要理清思路，结合全省农村供水"十三五"规划编制，可从四个方面统筹解决我省农村供水存在的问题。

1. 抓好全省农村供水"十三五"规划工作

"十三五"是党的十八大提出第一个一百年即全面建成小康社会目标的"收官"阶段。为此，立足我省实际，按照省委、省政府提出"到2020年，全面解决农村饮水安全问题，实现自来水'村村通'"的要求，我省"十三五"农村供水发展目标，笔者建议为：坚持按照普遍受惠和优化区域工程布局的原则，提高农村自来水普及率，实现农村供水服务全覆盖，确保农村供水安全。就全省"十三五"工程建设而言，着力开展五项工程建设。

（1）开展联网并网增效工程建设。按照"能延则延、能并则并、能扩则扩"的原则，以跨村、跨镇规模化供水为发展方向，充分发挥规模水厂的优势，管网向四周辐射延伸，扩大现有水厂供水范围。加大单村供水工程整合力度，推进联村并网集中供水工程建设，由单村小型供水向联村规模供水转变。

（2）开展供水水源提升工程建设。将取水水质存在污染隐患的取水工程迁移至水质良好地段；相邻水厂间原水管道相互连通，提高保证率；现有取水构筑物、取水设备达不到设计要求降低取水可靠性的予以更新；大型供水工程，应逐步建立备用水源等，使得水源水质、水量及保证率均达到规范要求。

（3）开展水厂达标工程建设。对早期老化的水厂、初期低标准建设的农村供水工程，因地制宜进行制水工艺改造，配备完善的水处理净化、消毒、安全防护等设施设备，对老化严重的水泵、电动机等予以更新，配备水质监测设备、自动化控制和视频安防系统，提高供水水质，实现标准化供水，完成水厂达标建设。

（4）开展供水管网改造工程建设。对2005年以前老旧不符合建设标准，影响供水水质、水量和水压的农村供水管网进行改造，消除"跑、冒、滴、漏"和管道二次污染等现象，减少管网漏损率、降低制水成本，提高供水保证率和水质。对管网入户率较低的大力推进管网入户，以使农户受益、工程发挥最佳效益。

（5）开展规模化供水工程建设。除现有农村供水工程的改造、提质增效外，按照普遍受惠的原则，制定农村供水"十三五"规划时，统筹考虑我省约1100万村镇人口尚未通自来水的实际情况，主要以新建规模化集中供水工程的方式，进一步提高我省农村自来水的普及率。

2. 提高前期工作文本编制及审批质量

一是加强对各地编制农村饮水"十三五"规划的指导工作，省水利厅下发农村饮水"十三五"规划编制提纲；二是对前期工作文本编制人员给予培训；三是各地农村饮水"十三五"规划技术审查由省水利厅或市水利（水务）局负责；四是开展实施方案和初步设计报告编制、审查及审批质量评价工作。

3. 建立完善的运行管理机制

一要建立农村供水工程改扩建专项资金投入机制。农村供水工程是公益性基础设施，鉴于农村实际情况，完全用市场的方式来解决今后农村供水工程改扩建所需要的资金是不现实的，应建立以财政资金为主、社会资金为辅的农村供水工程改扩建专项资金机制。二要实施对农村饮水安全工程维修养护经费补助制度。目前，农村饮水安全工程运行普遍困难，绝大部分县（市、区）都已建立了县级农村饮水安全工程维修养护经费制度，经费来源仍以财政为主，而且资金缺口较大。因此，可参照工程建设投资补助方式，中央、省级以及市级财政均予以补助，确保供水工程正常运行，巩固农村饮水工程多年的建设与管理成果。三要研究完善农村饮水安全工程管理体制。农村饮水安全工作日益受到党中央、国务院高度重视，明确提出了解决农村饮水安全问题的目标任务。随着农村饮水安全工程建设的目标任务不断推进，工程运行管理中的问题也逐渐暴露出来。结合我省实际，研究建立完善农村饮水安全工程管理体制。例如，可以考虑由政府为主体进行管理的同时，组建区域农村供水管理运行公司，加强国有资产管理与经营管理。四要明确水源保护和水质监测责任体制。要全面贯彻省人民政府颁发的《安徽省农村饮水安全工程管理办法》（省人民政府令第238号，自2012年5月1日起施行）和发改委、水利部、卫生委、环境部、财政部联合下发的《农村饮水安全工程建设管理办法》（发改农经〔2013〕2673号）等规章文件，各级人民政府相关部门，按有关规定切实履行职责，齐心协力共同抓好我省农村饮水安全工程运行管理工作。就省级层面而言，建议省环保系统采取有力措施抓好水源保护工作、省卫生系统对水质检测常态化管理、省水利系统从工程措施保证水源保护和水质检测管理工作。

4. 出台切实落实农村供水专管机构的指导意见

督促各级行政部门按《安徽省农村饮水安全工程管理办法》（省人民政府令第238号）及有关文件的要求，尽快成立专管机构，尤其市级；落实专管机构的"三定"方案，明确职责；加强指导各地专管机构开展行业监管工作，切实履行职能。同时对供水管理单位从业人员，进一步加大培训力度，用1～3年的时间，把规模水厂管理人员全部轮训，持证上岗。

三、结束语

农村饮水安全工程是一项利国利民的民生工程，长期而又艰巨。应坚持科学发展观，立足于建设社会主义新农村，通过科学规划、合理布局，加强对农村饮水安全工程的建设与管理，统筹解决存在的深层次问题。同时，加强对安全饮水的宣传，使水资源得到合理利用和有效保护，共同构建和谐社会，促进人口、资源、环境和经济的可持续发展，为实现中国梦增添正能量。

[参考文献]

[1] GB 5749-2006 生活饮用水卫生标准 [S]．北京：中国标准出版社，2006．

[2] SL 687-2014 村镇供水工程设计规范 [S]．北京：中国水利水电出版社，2014．

［3］SL 688-2013 村镇供水工程施工质量验收规范 ［S］. 北京：中国水利水电出版社，2013.

［4］SL 689-2013 村镇供水工程运行管理规程 ［S］. 北京：中国水利水电出版社，2013.

［5］王跃国. 安徽省村镇供水工程设计指南 ［M］. 合肥：合肥工业大学出版社，2014.

农村饮用水安全工程存在的问题及其对策分析

（2013 年 2 月）

摘　要： 农村饮用水安全工程，是各级政府高度重视和广大农民群众迫切需要解决的一项民生水利工程。文章分析了安徽省农村饮用水安全工程现状及在工程建设、工程运行、工程管理等方面存在的问题，并提出了相应对策。

关键词： 农村饮用水；工程管理；饮水安全

饮水安全是人类的基本需求。农村供水是改善和提高农民生活质量、增加农民收入、促进农村经济社会发展的重要基础设施和物质保障。农村饮水安全是党中央、国务院高度重视和广大农民群众迫切需要解决的一项民生水利工程。

近些年来，农村安全饮水的严峻形势在很多地方都普遍存在，阻碍百姓喝上"放心水"的因素很多，如化工企业的污染，化肥和农药过度使用以及饮用水设施基础差、管理不规范等，加快解决农村饮水安全工程是关系广大农民切身利益的民生工程，关系全面建设小康社会宏伟目标的实现。近年来，安徽省农村饮水安全工程取得了长足的进展，取得了很好的成绩，但是在检查、评估中也发现饮水安全工程建设中还存在许多亟待解决的困难和问题。因此，加强农村饮用水安全工程的建设，保证饮水安全，是建设社会主义新农村的重点[1]。

一、农村饮用水安全工程存在的问题

1. 工程成本及资金来源问题

省内很多地区村镇的老百姓安全饮用水意识不强，经济承受能力差，很多农民还是采用传统的吃水方式，使得实际供水量远远小于工程设计的供水量，一方面造成设施闲置、资金浪费，同时因农民自备水源的安全性得不到监督，导致农村因水患病的概率居高不下；此外由于农村村镇人口密度小，分布离散，直接导致人均管线长度较长，所以更加导致村镇饮用水工程的成本要高。

农村饮水安全工程的资金来源比较单一，一般是国家和地方共同投资，所以资金问题比较紧张。

2. 招投标不规范，施工水平良莠不齐

监督机制在招投标过程中不完善。目前行业内还没有整套规范的评标标准，评标的主观性和随意性很大，往往重视工程报价，轻视工程技术的先进性及合理性，不能建设优质的工程，不利于保证工程质量。

由于在农村饮用水招投标的管理上存在一定的漏洞，经常会导致施工单位的资质不齐全，不利于施工质量的管控和施工安全的保证，最后导致施工质量不过关，甚至卫生监督部门的验收不合格[2]。

3. 供水水质检验不到位

在农村饮用水安全工程中，相当一部分集中供水工程缺乏必要的水质检测设备，有的虽然有检测设备和人员，水质的检测频数也极少，导致部分工程供水水质难以达到标准，影响农民群众的身体健康。其主要原因有：①基层水利部门传统上保证供水，重视工程建设，轻视水质检验工作；②水质检测水厂缺乏积极性，水样检测不但麻烦而且费用高；③国家水质监测经费不足，有的专项检测部门没有能力下乡进行质量检测。

4. 管理体制和机制不健全

农村供水工程面广量大，单个工程规模小，管理难度大，相当一部分农村供水工程管理机构不健全，不少乡村只有少数人管理，而且绝大多数缺乏专业培训，加上广大农村地区经济发展水平较低，农民承受力差，部分供水工程水价不合理，喝天然水的现象仍存在。加上地方财政困难，没有资金补助，该维修的工程得不到及时维修，旧设备得不到更新，不少工程甚至连正常的运行经费也无法保证，影响了工程效益的发挥。

二、农村饮用水安全工程的对策分析

1. 保证工程规划的科学性

农村饮用水安全工程建设是一项庞大的系统工程，涉及水资源、环保等行业和部门。农村饮用水安全工程建设，应在深入调查、科学论证的基础上，结合环境保护、社会主义新农村建设等要求，对当地的饮用水工程进行统筹规划，科学管理，特别是供水规模的规划，做好工程规划的科学性[3]。

2. 规范饮用水建设工程的审批程序

对于农村饮用水安全工程的建设，地方政府应做到统筹管理。无论农村饮用水安全工程项目的资金来源从哪里来，各地方政府都要组织统一的水务规划、建设工程投入计划、卫生部门安全检测检疫等，完善农村饮用水安全工程的审批程序。完善统一组织、统一规划、统一审批、统一组织招标、统一建设和统一验收等程序。同时要遵循统筹规划、因地制宜、水质水量并重、防治结合等原则，加强地方管理[4~5]。

3. 加强工程建设的规范化管理

农村饮用水工程实施以来，国家和地方投入了大量的资金，如何把资金合理利用，把工程建设好，是一项重要而艰巨的任务。因此工程建设应严格按建设程序执行。工程建设管理上，要切实把好材料设备采购关，把好施工队伍选择关，把好工程建设期间的质量监督关，把好检查验收关。各渠道筹集的饮用水工程建设资金，要统筹安排，按工程建设进度报账后拨付。要增加资金管理和使用的透明度，实行账务公开，接受社会和群众的监督，以防资金流失。要合理确定地方财政配套和群众自筹资金额度。要从农村经济发展的现状出发，正确评估地方财政和农村群众的筹资能力，进一步优化落实政策，切实保障项目投资能足额到位，保证工程成本核算准确性及法制化管理[6]。

4. 加强工程的运行管理

"重建轻管"是农村饮用水工程不能持续发展的直接原因所在。因此工程建成后必须加强管理。要强化管理体制改革，实行灵活多样的管理与监督机制，建管并重促效益。建设是基础，管理是关键，效益是核心。在为工程项目配套建设好自动控制设施与维修管护工具等基础设施后，首先，要构建科学合理的管理机制和机构[7~8]；其次，要科学核算水价；再次，要健全运行管理监督机制。建立管理机构和配备专管或兼管人员，签订承包合同，明确责、权、利，做到奖惩分明。与此同时，管理机构应根据当地的具体情况，制定包括水源保护、工程维修、水费征收等内容的规章制度。计量收费，市场运作，以水养水，逐步走向良性循环，确保农村饮用水安全工程长期发挥效益。

5. 加强农村乡镇的水资源保护

农村饮用水安全工程主要是利用周边河流，引流灌溉，合理科学地引蓄优质水源，减少周围城镇的工业废水和农村本地的生活污水流入。同时加大

《水法》的执法力度，减少周边企业工业废水的直接排放，疏导污水的流向，避免污染群众居住区的地下水源。地方政府要合理布局建立供水水源保护区，积极引导农民发展生态农业，减轻地下水污染压力，保证群众生活用水水量充足、水质良好[9~10]。

三、结束语

农村饮用水安全工程是一项利国利民的民生工程，长期而又艰巨。应坚持科学发展观，立足于建设社会主义新农村，通过科学规划、合理布局，加强对农村饮用水安全工程的建设。同时，加强对安全饮用水的宣传，使水资源得到合理利用和有效保护，共同构建和谐社会，促进人口、资源、环境和经济的可持续发展。

[参考文献]

[1] SL 310-2004，村镇供水工程技术规范［S］．北京：中国水利水电出版社，2005.

[2] 郭孔文．关于村镇供水安全若干问题的探讨［J］．中国水利，2006（9）：44~46.

[3] 郑蒙．农村饮用水安全现状及对策研究［J］．科技资讯，2011（6）：45.

[4] 冉启福．农村饮水工程建设中存在问题分析及其安全管理［J］．中国新技术新产品，2012（17）：103~104.

[5] 马世杰．张家川县加强农村饮水安全工程建设管理经验与启示［J］．饮水安全，2012（21）：44~45.

[6] 李健．吕梁市农村饮水安全问题探讨［J］．山西水利，2008（4）：16~17.

[7] 吴年发．宣城市农村饮水水质分析及其处理方法［J］．江淮水利科技，2012（4）：47~48.

[8] 陆鹏．广德县农村饮水安全工程建设与管理实践［J］．江淮水利科技，2012（4）：40~41.

[9] 辛永福，晏俊波．浅谈农村安全饮水工程的水源选择［J］．陕西水利，2012（4）：99~100.

[10] 孙凤云．永州市农村饮水安全工程现状及对策分析［J］．湖南水利水电，2011（4）：38~39.

饮水安全不再是梦

——安徽农村饮水工程现状与需求调查

（2015 年 10 月）

    农村饮水工程作为农村重要的公益性基础设施，对改善农村居民生活条件、促进农村经济发展、推进城乡一体化也具有重要意义。"十一五"以来，在国家的大力支持下，我省农村饮水安全工作实现了跨越式发展，兴建了大量农村供水设施，自来水普及率显著提高。但同时，全省供水设施不够完善、水质合格率有待提高、尚未建立良性运行机制等问题制约了农村饮水安全工程的发展，亟需通过调查，摸清现状、梳理问题、总结经验、明确发展方向，为科学制定农村饮水"十三五"规划提供依据。

一、工作开展情况

    按照《水利部办公厅关于开展全国农村饮水工程现状与需求调查的通知》（办农水〔2015〕102 号）要求，结合全国农村饮水工程现状与需求调查座谈会议精神，安徽省水利厅对全省农村饮水工程现状与需求调查工作高度重视，要求由省农村饮水管理总站承担调查的相关工作。省农村饮水管理总站按照省水利厅工作安排，组织人员学习水利部文件及会议精神，起草全省调查工作方案，邀请阜阳市水利规划设计院、合肥工业大学建筑设计研究院参加，成立了调查指导组。

    调查工作分成三个阶段：第一阶段，安徽省水利厅下发了《关于开展全省农村饮水工程现状与需求调查的通知》（皖水农函〔2015〕629 号）、省农村饮水管理总站组织召开了所有市、县（市、区）参加的专题座谈会，介绍本次调查的背景、调查目的、调查方案等，并提出明确的工作要求；第二阶段，结合地形地貌、供水现状等选取阜南县、裕安区等 9 个县（市、区）作为典型调查县，调查组召开了典型县专题会议，现场指导、复核，采取以点带面、解剖麻雀的方式总结存在的问题，理清发展思路，合理测算投资标准，同时指导各地工作开展与资料填报工作；第三阶段，认真汇总审核各地报送的资料，对农村受益人口等重要数据多次复核，对上报资料存在的问题，要求县（市、区）重新复核，对投资估算明显偏高的进行核减，确保数据真实、准确、可靠。

二、农村饮水现状及存在的主要问题

1. 农村供水现状

安徽省地处华东腹地，位居长江下游、淮河中游，长江、淮河横贯东西，境内淮河以北为平原，江淮之间主要是丘陵地貌，皖南和皖西为山地，地形多样、地貌复杂。全省下辖 16 个省辖市、105 个县（市、区），总人口 6928.53 万人，其中农村户籍人口 5340.6 万人，土地总面积 13.94 万 km^2。预计至 2015 年底，全省农村供水人口 5454.23 万人，其中 3985.99 万人为集中供水，主要供水形式为农村自来水；1468.23 万人为分散供水，采用手压井、引泉水、塘坝等方式取水；全省农村集中式供水率为 73.1%，自来水普及率为 72.1%。

全省有集中式供水工程 8700 处，设计供水能力 630.22 万 m^3/d。其中：规模化供水工程（Ⅰ～Ⅲ型）1265 处，设计供水能力 539.93 万 m^3/d，供水人口 3057.09 万人，占农村用上自来水人口数的 77.8%；小型集中供水工程（Ⅳ～Ⅴ型）7435 处，设计供水能力 90.29 万 m^3/d，供水人口 873.26 万人，占农村用上自来水人口数的 22.2%。在地域分部上，淮北平原区、江淮丘陵区、沿江平原区以规模化供水工程为主，规模化供水工程供水人口占区域供水总人口分别为 70.5%、95.4%、94.6%；皖南山区、皖西大别山区规模化供水工程和小型集中供水工程并重，规模化供水工程供水人口占区域供水总人口的比重分别为 54.2%、55.9%。

我省于 2010 年 3 月成立省农村饮水管理总站，负责全省农村饮水安全工作业务指导。2012 年，省政府出台了《安徽省农村饮水安全工程管理办法》（省人民政府令第 238 号），各地依据该办法制定了农村饮水安全工程管理细则。目前，全省已有 2 个市、71 个县（市、区）成立农村饮水专管机构，97 个县（市、区）出台了工程运行管理办法，88 个县（市、区）建立县级维修养护经费制度，57 个县（市、区）实施了"两部制"水价政策，部分县（市、区）成立县级水质检测中心。在水源保护和水质检测方面，省政府办公厅印发《关于加强集中式饮用水水源安全保障工作的通知》（皖政办〔2013〕18 号）和省环境保护厅、省水利厅《关于开展农村集中式供水工程水源保护区划定的通知》（皖环发〔2014〕53号），要求各地划定供水水源保护区并报县级政府批复，做好水源地保护、水源涵养、水质检测等工作。根据省疾病预防控制中心提供的监测报告，2009年以来农村饮水安全工程水质卫生合格率平均每年提高近3个百分点。

2. 存在的主要问题

（1）工程建设方面。存在现有供水设施有限，农村自来水普及率有待提高；早期以及私人建设的部分工程，受限于当时资金投入低、发展理念不明确的局限，布局不合理，需要进一步整合、完善布局；2010年以前的不少工程厂区建设标准低，建设内容不完整；2005年以前部分供水管网老化严重，管网漏损率较高等问题。

（2）水质保障方面。存在水源保护难度大，部分水源保证率不高；部分工程净水工艺不完善，未按规定消毒，水质合格率不高；供水水质监测能力不足，缺乏专业技术力量等问题

（3）运行维护方面。存在专管机构未落实到位，部分未落实人员和经费；工程普遍运行困难，尚未建立良性运行机制；现有管理人员专业能力不足，管理能力亟待提升等问题。

三、农村饮水"十三五"需求分析

1. 指导思想

深入贯彻国家和省委省政府关于农村饮水安全工作的部署，结合全面建成小康社会、新型城镇化、美好乡村建设等需求，按照城乡供水一体化的新时期供水方向，注重轻重缓急、近远结合、量力而行、可以持续，采取新建、扩建、改造、联网等方式，大力发展规模化集中供水、专业化运行管理，提高农村集中供水率、自来水普及率、水质达标率、供水保证率和工程运行管理水平，到2020年末全面解决我省农村饮水安全问题。

2. 发展目标

（1）工程建设。采取新建、扩建、配套、改造、联网等措施，到2020年，使我省农村集中供水率达到95.0%左右，农村自来水普及率达到95.0%左右，水质达标率达到75.0%，供水保障程度进一步提升。

（2）管理方面。推进工程管理体制和运行机制改革，建立健全县级农村供水管理机构、农村供水专业化服务体系、合理的水价及收费机制、工程运行管护经费保障机制和水质检测监测体系、水厂信息化管理，依法划定水源保护区或保护范围，加大对水厂运行管理关键岗位人员的业务能力培训力度。

3. 发展思路与对策

（1）统一高标准规划。以县为单位，科学划定供水分区，在充分利用现有供水设施的基础上，确定分区工程布局与供水规模，通过供水工程的实施，实现农村集中式供水全覆盖。

（2）推进规模化建设。按照城乡供水一体化的发展方向，以水量充足、水质优良的可靠水源为基础，采取新建或改扩建等方式，重点发展区域集中连片规模化供水工程。

（3）实行专业化运行。有条件的地方依托县城供水公司或区域规模化供水企业，组建专业化管理队伍；也可成立县级统管的管理服务公司，建立基层专业技术维修队伍。

（4）加大政府监管力度。政府有关部门按照法规规定，进行规范管理，包括国有资产保值增值、水价核定、入户费用收取、供水水质检测等，通过保障合理水费收入，落实运行管护经费制度和用电、税收以及用地等优惠政策，保障工程长期发挥效益。

4. "十三五"需求分析

（1）合理划分供水分区。根据全省地形地貌、水源条件以及经济发展情况等不同，全省可划分为淮北平原区、江淮丘陵区、沿江平原区、皖南山区和皖西大别山区 5 个供水分区。各县（市、区）按所处的供水分区，结合当地实际情况，全省划分了 387 个子供水分区。其中，淮北平原区主要以中深层地下水、淮河及部分支流为水源，地下水净水工艺有消毒、除氟、除铁锰等，划分供水子分区 125 个；江淮丘陵区主要以水库、灌溉渠道、河流为水源，水处理工艺为常规净水工艺（混合—絮凝—沉淀—过滤），划分供水子分区 149 个；沿江平原区以长江及其支流为水源，采取常规净水工艺处理，划分供水子分区 49 个；皖南山区、皖西大别山区主要以山泉水、溪流水、中小型水库为水源，分别划分供水子分区 43 个、21 个。

（2）完善区域工程布局。淮北平原区主要解决农村饮水整体覆盖率不高的问题，应选择水量沛沛、优质的水源，考虑管理、制水成本等因素，合理确定供水范围，新建跨村镇联片规模化集中式供水工程。江淮丘陵区主要解决部分水厂工程布局不合理的问题，在空白区域新建集中式供水工程或现有工程改扩建，兼并不合理的水厂。沿江平原区区域内有不少私人投资建设的众多小水厂，私自划分供水范围，使得整体布局明显不合理，考虑对原有水厂按规模化进行扩容改造，兼并小型水厂。皖南、皖西大别山区主要解决自来水覆盖率不高、小型供水工程标准化改造及管护难的问题，针对山区的地形特点，按照"宜大则大，宜小则小"的原则，推进适当规模的供水工程建设。

（3）采取的主要工程措施。包括新建规模化和小型集中式供水工程、规模较大水厂配套改造工程、现有水厂管网延伸工程、小型单村供水设施改造或联村并网工程、20m³/d 以下的集中式供水工程标准化改造等。本次新建和改造工程6645处，其中新建水厂2523处，改造水厂4122处；新增供水能力143.29万m³/d，新增受益人口1171.36万人；改造水处理设施的水厂3297处、消毒设备的水厂3916处、供水泵站的水厂895处；新建输配水管网27.67万km、改造输配水管网7.11万km；新建水质化验室1124处、水厂信息化建设1258处。

（4）建立良性运行机制。在明晰农村饮水安全工程产权基础上，将工程产权和明确管理责任紧密联系在一起，健全县级农村饮水工程管理技术服务体系。贯彻《安徽省物价局安徽省水利厅关于完善农村自来水价格管理的指导意见》（皖价商〔2015〕127号）文件精神，积极推行"基本水价与计量水价"相结合的两部制水价制度。完善运行维护专项经费制度，经费来源主要为各级财政资金，对工程运行初期亏损、长期运行困难的供水工程给予适当的财政补贴。积极推行严格的三级水质检测管理制度，开展农村饮水工程供水水质省级抽查工作。分体系、分类别针对性地开展关键岗位人员专业及行业管理人员培训。

5. "十三五"需求分析资金估算

（1）估算方法。县级投资估算主要依据2015年初步设计或实施方案批复概算、近期农饮招投标中标价格，同时考虑有关政府部门发布的主要材料价格。全省投资估算在县级上报的基础上，通过对阜南县、裕安区等典型县（市、区）调查情况进行复核。

（2）估算投资。本次全省农村供水工程现状与需求调查总投资为146.69亿元，新增受益人口为1171.36万人，改善供水受益人口2531.10万人；新建和改造工程6645处，其中新建水厂2523处，改造水厂4122处；新建工程投资50.45亿元，改造工程投资80.85亿元，县级信息化建设、应急供水能力、水质化验中心和水源保护专项建设投资15.38亿元。

四、结论和建议

1. 结论

通过需求措施的实施，预计至2020年末，我省实现农村自来水"村村通"，农村集中供水率达到94.6%，农村自来水普及率达到94.6%，水质达标率75.0%，供水保障程度进一步提升。各分区指标为：淮北平原区农村自来水普及率达到96.1%、江淮丘陵区农村自来水普及率达到92.0%、沿江平原区农村自来水普及率达到99.1%、皖南山区农村自来水普及率达到91.6%、皖西大别山区农村自来水普及率达到90.0%。

2. 建议

针对目前农村饮水工作中存在的问题，提出如下建议：

一是尽快开展农村饮水工程"十三五"规划编制。规划内容除了现有农村供水工程的巩固提升外，按照普遍受惠的原则，还应考虑不少省份仍有部分农村人口尚未通自来水的实际，如我省还有1468.23万人。另考虑地方实际财力，建议"十三五"期间仍以中央财政资金为主安排实施农村饮水安全项目。

二是对农村饮水安全工程维修养护经费予以补助。目前，农饮工程运行普遍困难，大部分县（市、区）已建立了县级农饮工程维修养护经费制度，经费来源以财政为主，但资金缺口较大。建议参照工程建设投资补助方式，中央、省级以及市级财政均予以补助，确保供水工程正常运行。

三是出台切实落实农村供水专管机构的指导意见。在各级考核压力下，我省大多数县（市、区）成立的农村饮水工程管理机构，但质量不高，有的未纳入编制，更多的是在现有机构上加挂新牌子，没有增加人员和经费，并未切实承担起相应的职责。建议在国家层面上出台成立农村供水专管机构的指导意见，切实解决专管机构的属性、人员编制、职责及工作经费问题。

四是加大对基层农村供水单位管理人员能力培训的力度。目前农村供水工程中只有少量水厂由专业供水单位负责运行，更多的是由个人、村委会、私人老板等非专业人员进行管理，其专业水平低、技术力量差，很难正确使用现有净水、消毒以及水质检测等设备。建议国家制定专业技术培训规划，全面提高农村饮水行业管理水平。

五是加快城乡供水一体化管理进程。为及早实现城乡供水一体化，农村饮水工程建成后可移交城建部门或由水利（水务）部门统一管理，充分发挥其现有技术、资源等优势。建议国家制定农村饮水工程管理专项法规，使农村供水工程依法管理，确保供水安全。

规 划 篇

浅谈全省农村饮水安全巩固提升工程"十三五"规划编制工作

（2016 年 2 月）

自 2005 年实施农村饮水安全工程以来，通过十余年的建设，到 2015 年底，我省农村饮水安全问题基本解决。但一些地区农村饮水安全成果还不够牢固、容易反复，在水量和水质保障、长效运行等方面还存在一些薄弱环节，与中央提出的到 2020 年全面建成小康社会、确保贫困地区如期脱贫等目标要求还有一定差距。"十三五"期间，需通过实施农村饮水安全巩固提升工程，切实把成果巩固住、稳定住、不反复，全面提高农村饮水安全保障水平。为指导各地科学编制农村饮水安全巩固提升工程"十三五"规划，根据国家有关部委文件精神，结合我省农村饮水现状，制订了工作大纲。现将有关问题说明如下，供参考。

一、规划总体要求及目标

（一）规划定位

1. 解决农村饮水安全问题是一项长期、动态的任务，具有明显的阶段性特征和区域差异性。经过十多年的建设，我省现阶段农村饮水安全问题基本得到解决。

2. "十三五"规划立足问题导向，针对不巩固、易反复问题，围绕实施脱贫攻坚工程和全面建成小康社会的目标要求，切实将农村饮水安全成果巩固住、稳定住、不反复。规划定位巩固提升，围绕脱贫攻坚、饮水安全易反复地区，目的是巩固成果、拾遗补阙、补齐短板，是针对性、指向性很强的规划。

3. 省级为控制性规划、县级为具体实施规划。规划以县为单位组织编制，省对各地确定的规划目标任务完成情况进行考核。规划要突出地方责任和区域特点。

（二）规划目标

"十三五"期间，我省农村饮水安全工作的主要预期目标是：到2020年，全省自来水普及率达到80%以上，农村饮水安全集中供水率达到85%左右；水质达标率整体有较大提高；小型工程供水保证率不低于90%，其他工程的供水保证率不低于95%。推进城镇供水公共服务向农村延伸，使城镇自来水管网覆盖行政村的比例达到33%。健全农村供水工程运行管护机制、逐步实现良性可持续运行。

各地要根据各自实际情况，考虑到2020年全面建成小康社会、打赢脱贫攻坚战的要求，尽力而为，量力而行，合理确定县级主要预期目标，并相应确定巩固提升工程"十三五"规划建设任务和投资规模。

（三）实现规划目标的措施与路径

一是切实维护好、巩固好已建工程的成果。建立工程管理机构；明晰工程产权、管理主体、管护责任，健全运行管理制度；建立合理水价制度，落实维修养护经费；加强信息化建设，提高管理水平。

二是因地制宜加强供水工程建设与改造。坚持先建机制、后建工程，通过供水管网延伸、改造、配套、联网等措施，统筹解决部分地区仍然存在的工程标准低、规模小、老化失修以及水污染、水源变化等原因出现的农村饮水安全不达标、易反复等问题，重点和优先解决贫困地区饮水问题。

三是强化水源保护和水质保障。落实农村饮水安全工程建设、水源保护、水质监测评价"三同时"制度。以提高水质达标率为核心，通过改造水厂净化工艺、配套消毒设备等措施，解决水厂水处理设施不完善、不配套、制水工艺落后、管网不配套等突出问题。

（四）规划总体工作任务及要求

1. 科学评价工程现状

通过两个五年规划，基本解决了农村饮水安全问题。充分利用我省农村饮水工程现状与需求调查成果，评价现有农村供水设施存在的问题，有特殊的、局部的，也有普遍的。科学评价现状，要坚持实事求是，把握阶段性特征，抓主要和关键问题。既要找到问题所在，又不能抹杀成绩。成效、现状、问题、规划目标，在数据上要闭合，逻辑关系要清晰。

2. 认真搞好需求分析

围绕全面建成小康社会和实施脱贫攻坚工程的目标要求，重点从解决脱贫攻坚问题、部分地区饮水安全易反复、一些地区水质保障程度不高、长效机制不健全等方面进行分析。强调坚持问题导向，量力而行，精打细算，以供定需，供需结合。

3. 合理制定规划目标

各地应根据本地经济发展水平、资金投入可能和建设管理要求，参考全省目标，科学合理确定县级目标。"十三五"规划任务的重点是突出工程管理和运行维护，适当采取工程措施，达到巩固提升农村饮水安全成果，解决贫困村自来水"村村通"、贫困人口饮水安全问题，以及适当提高自来水普及率。强调目标的设定不要仅仅从资金投入、工程建设方面考虑，要首先从改革体制机制、加强工程运行管理上下功夫，从管护上寻找提升空间。

4. 重点抓好规划布局

巩固提升不是大规模建设、推倒重来或再次覆盖。工程措施要以改造配套为主，辅以适当新建。要按照因地制宜、经济合理、技术可行、运行可持续的原则搞好工程规划布局。要科学把握"规模化发展、标准化建设、专业化管理、企业化运营"，考虑有无必要、有无条件、地区差异、规模大小。不要贪大求全，避免出现投资过度现象，尤其是要分析能否长效运行。

5. 分类确定建设任务

分类确定改造与新建、水处理设施配套完善、长效运行机制等三项建设任务。重点抓好县级规划或实施方案编制，技术方案的选择要因地制宜，充分利用原有设施，综合考虑经济合理等因素，当部分地区遇到季节性干旱时可以采取应急措施。

6. 强化保障机制建设

一是对工程建设而言，"先建机制、后建工程"的要求一定要落地。二是对工程管护而言，现在很多工程运行困难甚至报废，大多是机制缺失、管护不到位造成的。各地编制规划时，机制建设要高度重视，套话空话少讲。要认真分析建立健全长效管护机制的各个因素、各个环节和各相关利益者，充分挖潜，提出针对性措施，特别要重视研究解决村级工程运行管护问题。

7. 采取差异化措施

不能一把尺子量全省，省、县规划都要区分山丘区与平原区、贫困村与非贫困村、重点问题和一般问题、新建与改造、工程规模大小等因素，采取不同的技术方案和管护机制，因地施策，因人施策。

二、规划编制原则

1. 统筹规划，突出重点。科学合理确定规划目标、区域布局、建设任务。重点解决部分饮水安全不达标、易反复、水质保障程度不高等问题。省、市、县要上下协调，统一思想，特别是不要有推倒重来、大翻大建、新一轮建设的想法，要针对主要问题精准施策、科学施策、精细施策。

2. 因地制宜，远近结合。综合采取"以大带小、城乡统筹，以大并小、小小联合"的方式，"能延则延、能并则并，宜大则大、宜小则小"的原则，是针对需要解决的问题而言的，是有指向性的，不是全面要求。技术方案要因地制宜、立足当前、量力而行，根据当地的水源、建设条件、农民意愿等合理确定。在村级以下工程要处理好"大而全"和"小而美"的关系。

3. 明确责任，两手发力。一是明确地方事权，落实饮水安全保障地方行政首长负责制；二是积极引入市场机制，制定合理的价格及收费机制，引导和鼓励社会资本投入。强调通过加强制度设计和完善机制，以及采取 PPP 模式等各种方式吸引社会资金、力量投入农村供水的建设与管理。

4. 依靠科技，提升水平。不少基层水利设计部门不熟悉或不重视选择适宜农村的净水工艺和消毒技术与设备，导致工程设计存在缺陷或漏项。省、市要加强技术指导，推广应用适宜农村供水的技术、工艺和设备，提升前期工作水平和农村供水行业科技水平。

5. 强化管理，长效运行。继续推进农村饮用水源保护区（或保护范围）划定工作，采取综合措施，加强水源地保护。继续推进完善县级农村供水专管机构建设。加快建立合理水价形成机制。建立完善水质检测制度，按照有关规范对水源水、出厂水和管网末梢水等定期进行检测。

规划具体编制过程中，强化管理一定要结合实际、分类指导。规模化工程要进一步建立健全规章制度，严格制水工序质量控制，强化消毒和水质检测，提高管理水平和服务质量。特别是村级以下工程要通过明晰工程产权，真正落实管护主体、责任和经费，创新工程管理体制与运行机制，确保工程长效运行。

三、规划重点内容

（一）分区规划与分期规划问题

分区规划是从空间上落实县域规划的目标，分期规划是从时间上执行县域规划的任务。确定县域供水工程总体方案，分区规划、分期规划是基础。

1. 分区规划

（1）规划分区。要分区规划，首先必须进行规划分区；规划分区是分区规划的前提和基础。

① 根据行政区划进行分区；

② 根据地形地貌条件进行分区；

③ 根据工程供水能力进行分区；

④ 根据水资源现状与特点进行分区。

（2）逐区规划

规划分区后，应对每一分区进行规划。分区供水工程规划是县域供水工程规划的细化。

2. 分期规划

（1）先急后缓，确定重点；

（2）量力而行，适度超前；

（3）分清主次，近远结合。

3. 安徽省农村饮水工程供水分区情况（见表1）

表1　安徽省农村饮水工程供水分区情况表

分区名称	包含地市	包含县（市、区）	备注
淮北平原区	宿州市淮北市阜阳市亳州市蚌埠市淮南市	淮北市濉溪县、相山区、杜集区、烈山区，宿州市砀山县、萧县、灵璧县、泗县、埇桥区，阜阳市界首市、颍上县、阜南县、太和县、临泉县、颍泉区、颍东区、颍州区，亳州市涡阳县、蒙城县、利辛县、谯城区，蚌埠市淮上区、固镇县、五河县、怀远县，淮南市凤台县、潘集区、毛集实验区	28个县（市、区）
江淮丘陵区	六安市合肥市滁州市蚌埠市淮南市	六安市金安区、裕安区、舒城县、霍邱县、叶集区，合肥市庐阳区、瑶海区、蜀山区、包河区、肥东县、肥西县、长丰县、巢湖市、庐江县，滁州市明光市、天长市、全椒县、来安县、凤阳县、定远县、南谯区、琅琊区，淮南市八公山区、大通区、田家庵区、谢家集区、寿县，蚌埠市龙子湖区、蚌山区、禹会区	30个县（市、区）
沿江平原区	安庆市马鞍山市铜陵市芜湖市	安庆市大观区、迎江区、宜秀区、望江县、怀宁县、桐城市、宿松县；铜陵市铜官山区、义安区、市郊区、枞阳县。马鞍山市花山区、雨山区、金家庄区、博望区、当涂县、和县、含山县，芜湖市镜湖区、三山区、弋江区、鸠江区、芜湖县、繁昌县、无为县、南陵县	26个县（市、区）

（续表）

分区名称	包含地市	包含县（市、区）	备注
皖南山区	宣城市 池州市 黄山市	池州市贵池区、东至县、石台县、九华山风景区、青阳县，宣城市宣州区、广德县、泾县、宁国市、郎溪县、旌德县、绩溪县，黄山市徽州区、黄山区、屯溪区、祁门县、歙县、休宁县、黟县	19个县（市、区）
皖西大别山区	六安市 安庆市	六安市金寨县、霍山县，安庆市潜山县、太湖县、岳西县	5个县（市、区）

（二）供水工程改造与建设

通过改造、配套、管网延伸、联网、新建等措施，统筹解决部分地区出现的农村饮水安全不达标、易反复等问题，重点解决贫困人口饮水问题。

1. 贫困人口的确定。各地要与当地扶贫部门对接，结合建档立卡重新核实情况，根据"十二五"规划工程建设完成情况进一步复核，上下对接、协调一致。

2. 要结合当地实际，因地制宜采取工程措施解决。重点是原有工程改造，城镇管网覆盖行政村，集中供水工程覆盖分散供水工程。

3. 合理确定供水规模。在满足所需水量前提下，保证工程建设投资合理性和工程运营经济性。目前各地水厂实际供水规模普遍远小于设计规模。规划要综合考虑规范要求、评价标准、当地实际、用水结构等，合理确定供水规模，避免设计供水规模过大，导致出现"大马拉小车"、工程运行维艰等现象，特别是部分贫困地和偏远山区，要辩证地看待"规模经济、长效运行"问题，有时容易失真。

（1）最高日居民生活用水定额（编制指南，见表2）

表2　最高日居民生活用水定额　　（单位：L/（人·d））

适用条件	乡　村	集　镇	建制镇
淮北平原区	45～50	50～60	60～70
江淮丘陵区	50～55	55～65	70～85
沿江平原区	50～55	60～65	70～90
皖西大别山区	45～50	60～65	65～75
皖南山区	50～60	60～65	65～80

（续表）

适用条件	乡 村	集 镇	建制镇
注：①本表所列用水量包括了居民散养畜禽用水量、散用汽车和拖拉机用水量、家庭小作坊生产用水量。 ②淮北平原区包括宿州、亳州、淮北、阜阳，蚌埠市的五河县、固镇县、怀远县、怀上区，淮南市的凤台县、潘集区、毛集区。 江淮丘陵区包括：滁州、合肥，六安市的金安区、裕安区、寿县、霍邱县以及叶集实验区，淮南的八公山区、大通区、田家庵区及谢家集区，蚌埠市的龙子湖区、禹会区、蚌山区。 沿江平原区包括芜湖、铜陵、马鞍山，安庆市的大观区、迎江区、宜秀区、望江县、怀宁县、枞阳县， 皖西大别山区包括六安市的金寨、霍山，安庆市的岳西县、潜山县、宿松县、太湖县及桐城市。 皖南山区包括黄山、池州、宣城。 ③取值时，应对各村镇居民的用水现状、用水条件、供水方式、经济条件、用水习惯、发展潜力等情况进行调查分析，并综合考虑以下情况：村庄一般比镇区低；定时供水比全日供水低；发展潜力小取较低值；制水成本高取较低值；村内有其他清洁水源便于使用时取较低值。调查分析与本表有出入时，应根据当地实际情况适当增减。			

（2）全省各供水分区人均综合用水量参考表（见表3）

表3 全省各供水分区人均综合用水量参考表

（单位：L/（人.d））

供水分区	淮北平原区	江淮丘陵区	沿江平原区	皖西大别山区	皖南山区
用水量	80～90	90～100	100～110	90～100	90～100

注：华东地区人均综合用水量80～110L/（人·d）

（三）水处理设施改造配套工程

通过改造水厂净化工艺、配套消毒设备等措施，解决影响供水水质的突出问题。

1. 净水工艺：长远讲淮北平原高氟水地区有条件的可利用淮水北调水置换水源，其他地区根据地表水、地下水状况，科学分析现有水处理工艺，因地制宜采取常规或特殊水水处理改造措施，技术要适用、工程造价和运行成本要尽可能低。

2. 消毒设备选择：目前农村供水水质不达标主要是微生物指标超标，其主要原因是重视不够，采购产品质量不高，消毒管理不到位。要强化配套与管理使用，根据水质、工程规模等因素，合理选取不同的消毒设备。不同规模、不同类型消毒设备的市场参考价格如下：

（1）日供水 200~1000 吨水厂的二氧化氯发生器或次氯酸钠发生器消毒设备 3 万~8 万元，配备 1~2 台（3 万~4 万元/台）；

（2）日供水 1000~5000 吨水厂的二氧化氯发生器或次氯酸钠发生器消毒设备 81 万~2 万元，配备 2 台（4 万~6 万元/台）；

（3）日供水 5000~10000 吨水厂的二氧化氯发生器或次氯酸钠发生器消毒设备 12 万~16 万元吨，配备 2 台（6 万~8 万元/台）；

（4）日供水 10000 吨以上水厂的二氧化氯发生器或次氯酸钠发生器消毒设备 16 万~20 万元，配备 2 台（8 万~10 万元/台）。

（四）饮用水水源保护、规模水厂水质化验室以及信息化建设

1. 划定水源保护区（或保护范围），建设水源防护设施。

2. 规模化水厂配置化验室，所需资金列入新建和改造工程投资统筹解决。

3. 开展县级农村饮水安全信息系统建设、规模以上水厂自动化监控系统建设、水质状况实时监测试点建设。

（五）关于典型工程设计

1. 选取具有代表性的或参照已建同类工程作为典型工程设计。典型设计要突出改造、配套的技术方案和适宜水处理工艺的选择。各类典型工程一般不少于 1 处，县级典型工程总数不少于 3 处。典型工程设计主要内容包括：工程概况、工程规模、水源选择、工程技术方案、工程设计、主要工程量及投资、设计图等。

2. 采取典型工程法估算全省农村饮水安全巩固提升工程总投资。

（六）管理改革任务

1. 落实地方责任。

2. 改革管理体制。

3. 完善水质保障体系。

4. 推进水价改革。

5. 落实工程维修养护经费。

6. 规范工程管理。

四、规划编制几个要注意的问题

（一）关于规划数据问题

1. 与新型城镇化、脱贫攻坚、新农村建设、美丽宜居乡村建设、农村人居环境整治等规划协调。

2. 强化与各级扶贫部门建档立卡贫困村、贫困户的对接，并用统计部门相关数据进行校核。

3. 改造与新建工程相关数据要与"十一五""十二五"规划实施实际完成情况，以及上报农村饮水安全管理信息系统数据闭合，与全省农村饮水工程现状与需求调查数据、2011 年底水利普查数据相衔接。

（二）关于评价标准问题

1. "十三五"巩固提升工程评价标准

基本沿用 2004 年水利部、卫生部发布《农村饮用水安全卫生评价指标体系》。

（1）供水水质：符合《生活饮用水卫生标准》（GB 5749-2006）的要求。

（2）供水水量：每人每天可获得的水量不低于 40~60L 为安全，20~40L 为基本安全。采用分散供水的干旱缺水地区每人每天可获得的基本水量不低于 20L。应急供水执行：①5~7L/（人·d）（14 天）；②15~20L/（人·d）（90 天）。

（3）方便程度：人力取水往返时间不超过 10 分钟为安全，20 分钟为基本安全。平原、丘陵地区设计供水规模 200m³/d 以上集中式供水工程供水到户，偏远山区可到集中供水点。

（4）保证率：①水源保证率。地表水水源年保证率在严重缺水地区不低于 90%，其他地区不低于 95%，地下水水源设计取水量应小于允许开采量。②供水保证率。设计供水规模 200m³/d 以上的集中式供水工程不低于 95%，其他集中式供水工程或严重缺水地区不低于 90%。

此外，考虑工程配套情况（集中供水取、输、净、配设施状况；分散供水工程水质保障措施；千吨万人建设水质化验室）。工程老化状况（构筑物、机电设备和输配水管网状况，管网漏损率）。水源保护符合相关标准要求。

2. 工程建设标准

（1）根据需要配备完善和规范使用水质净化消毒设施，使供水水质达到《生活饮用水卫生标准》（GB 5749-2006）的要求。

（2）改造和新建的集中式供水工程供水量按照《村镇供水工程设计规范》（SL 687-2014）和《安徽省农村饮水安全工程初步设计报告编制指南（试行）》确定，满足不同地区、不同用水条件的要求。以居民生活用水为主，统筹考虑饲养畜禽和二、三产业等用水。各地也可以根据当地实际、农民习惯与意愿适当调整，合理确定用水定额。

（3）改造和新建的集中式供水工程供水到户。

（4）改造和新建的设计供水规模 200m³/d 以上的集中式供水工程供水保

证率一般不低于95%，其他集中式供水工程或季节性缺水地区不低于90%。

（5）改造和新建的供水工程各种构筑物和输配水管网建设应符合相关技术标准要求。

3. 工程设计年限和设计使用年限两个不同的概念

规范提出近期设计年限为5～10年，远期10～20年，是指满足某一水平年的用水量需求。使用年限是指工程在正常使用、合理维护下的基本寿命保障，根据不同类型设施确定。构筑物使用年限一般50年，输配水管道一般30年。机电设备等参照有关规定。

4. 农村饮水安全水质检测指标

（1）新国标（GB 5749-2006）与原国标（GB 5749-85）的变化。水质指标由35项增加至106项。常规指标42项、非常规指标64项。

（2）卫生部门水质监测指标变化。2013年以前每年抽检农村供水工程的检测指标主要是"原国标"中的20项。之后开始监测40项常规指标。

（3）"十三五"农村饮水安全水质检测指标。相关规范没有强调106项指标必须全部检测。主要依据行业主管部门的技术要求确定。

（4）"十三五"农村饮水安全水质检测指标应达到以下要求：

① 县级水质检测中心应具备开展42项常规指标检测的能力。检测指标和频次按照《农村饮水安全水质检测中心导则》要求执行。

② 千吨万人以上水厂应建化验室，满足日常检测需要（包括水源水、出厂水和管网末梢水，具体根据水源污染风险、水处理工艺等具体确定）。其中出厂水日检一般9项，包括色度、浑浊度、臭和味、肉眼可见物、pH值、耗氧量、菌落总数、总大肠杆菌、消毒剂余量。

（三）关于脱贫攻坚问题

1. 全省贫困人口与饮水不安全人口基本情况

按照全面建成小康社会对农村饮水安全的总体要求，对涉及15市70个县（市、区）建档立卡的3000个贫困村饮水不安全问题，采取以"集中式供水为主，分散式供水为辅"的方式，到2018年底，要实现贫困村自来水"村村通"，水质达标率整体有较大提高，供水保障程度进一步提升。

各级水利部门应会同当地扶贫办抓紧开展贫困地区饮水现状与需求调查工作。规划现状、目标、措施等数据，要与各地脱贫攻坚规划、水利扶贫规划相衔接。

2. 抓紧核实贫困地区贫困人口饮水现状与需求情况

（1）摸清贫困村、贫困人口数量和分布情况，以及贫困人口中存在饮水不安全的人口数与分类。

（2）研究提出贫困村、贫困人口饮水解决方案。有饮水不安全的贫困村整体考虑，非贫困村贫困人口与其他人口统筹解决。

（3）合理确定工程布局和规模，突出建设重点，强化与建档立卡贫困村、贫困户的对接，做到精准发力、精准施策，确保贫困地区与全省一道实现"十三五"巩固提升目标。

3. 精准扶贫实施方案编制问题

扶贫实施方案与规划是部分和全部关系，方案是规划的重点内容，应纳入到规划中，并单列，要优先实施。

（四）关于消毒问题

1. 新国标规定：生活饮用水必须进行消毒。国外发达国家立法明确必须消毒。目前各地对消毒问题普遍重视不够，监管不到位。

2. 目前存在的主要问题比较普遍。部分工程没有配备消毒设备，特别是村级以地下水为水源的工程；已配备的复合型二氧化氯（或氯）消毒设备运行不正常；低价中标，设备简陋；反应温度达不到规范要求；运行人员缺乏相关技术知识。

3. 要重视农村供水消毒副产物问题，加强有关指标的检测。

4. 确保消毒设备使用。应将消毒设备的配备和正常使用作为"十三五"工作的重要内容。

（五）关于一体化净水设备问题

1. 村镇供水工程一般采用常规净水工艺。水源水质良好的地下水或泉水，可只进行消毒处理。以地表水为水源，原水浊度长期低于20NTU，瞬间不超过60NTU，其他水质指标符合《地表水环境质量标准》（GB 3838-2002）要求时，可采用直接过滤或慢滤加消毒的净水工艺。

2. 一体化净水设备使用范围。《村镇供水工程设计规范》规定千吨万人以下工程，原水（或经沉淀后）浊度较低且变化较小时，可选择一体化净水器。但由于选择不当或后期管理原因，各地出现问题较多，特别是除铁锰一体化净水设备，安装此类设备较多的地区应注重调查评价采用此类设备的可行性。

（六）几类工程延伸改造并网设计问题

1. 小水厂并网设计：供水规模、水力计算统一考虑，充分利用原供水设施；可分为环状并网设计和树状并网设计。

2. 规模水厂分期设计：科学划定分期实施范围，应从水源选择、净水厂平面布置、净水工艺设计、水力计算、管网设计等方面统筹考虑。

3. 管网延伸工程设计：原则上该类工程不考虑原水厂的改扩建问题，应从原水厂供水规模、接管点水压及水力计算等方面给予综合考虑。

（七）农村供水工程主要指标定义

1. 集中供水率

指农村集中式供水工程供水人口占农村供水人口的比例。农村集中式供水工程受益人口是指统一水源、通过管网供水到户或供水到集中供水点的人口，供水人口通常大于等于 20 人。

2. 自来水普及率

农村自来水普及率是指拥有自来水受益人口占农村供水人口的比例。自来水是指自水源集中取水，通过输配水管网将合格的饮用水供水到户的供水方式，供水人口通常大于等于 20 人。

3. 水质达标率

水质达标率是指农村集中式供水工程监测水样综合合格率（按人口统计）。

4. 供水保证率

供水保证率包括水源保障程度和工程供水保证率，即通过工程措施调节后的工程综合供水保证率。

5. 城镇自来水管网覆盖行政村比例

城镇自来水管网覆盖行政村比例是指我省城市（地级市、县城）公共供水水厂以及镇政府所在地的水厂向农村范围延伸覆盖的行政村数量占农村供水覆盖范围内行政村数量的比率。

（八）市、县级有关表格备注说明问题

1. 对照表格给予说明（县级表格）；

2. 市级要认真复核有关数据（市级表格）。

（九）规划成果

1. 县级农村饮水安全巩固提升工程"十三五"规划报告；

2. 规划附表、图；

3. 典型工程设计。

（十）省农饮总站将在以下方面配合各市、县做好相关工作

1. 具体承担省级规划的编制工作；

2. 加强对县级规划编制的技术指导并与省级规划协调一致等工作，建立全省农村饮水规划 QQ 群：122396923；

3. 关键岗位（水质检测和水质净化）人员的培训；

4. 适宜农村的水处理与消毒技术应用推广的咨询。

浅谈全省农村饮水工程现状与需求调查问题

（2015 年 6 月）

开展农村饮水工程现状与需求调查，是科学编制农村饮水"十三五"规划文本的前提。为做好农村饮水工程现状与需求调查工作，按照《水利部办公厅关于开展全国农村饮水工程现状与需求调查的通知》（办农水〔2015〕102 号）要求，结合我省农村饮水工作实际，制定我省调查方案。本文引用的数据主要依据《安徽省农村饮水专项规划（2016—2020）》成果，供参考。

2015 年 5 月 18～20 日，全国农村饮水工程现状与需求调查工作座谈会精神：

（1）规划编制背景。3 月中旬，李国英副部长、周学文党组成员听取全国农村饮水"十三五"规划思路与工作计划的汇报：以规划引领抓紧部署做好各项前期准备工作，主要内容包括确定规划目标，组织开展现状调查评估；以地方投资为主，中央给予资金补助；抓紧沟通协调，确定中央投资渠道；坚持先建机制、后建工程，尽可能实行以奖代补、先建后补。

4 月 23 日，国务院副总理汪洋主持召开研究推进全国农村饮水安全工作专题会议，明确按照巩固成效、分类指导、积极稳妥的要求，由水利部研究提出"十三五"或更长一段时期农村饮水的工作目标和相关措施。

当前处于全面深化改革的特殊时期，改革的影响，一方面是中央和地方事权的划分，农村饮水属于公益性事业，是中央和地方共同事权（以地方为主），投资应以地方为主；另一方面，水利部正面临 172 项重大水利工程投资缺口，农村饮水的工程投资渠道尚不明确。

（2）规划编制分两个步骤。由于涉及一些重大问题短时难以确定，因此水利部决定：第一步，先开展现状与需求调查工作，摸清现状，全面总结，查找问题，合理确定需求；第二步，待重大事项明确后，结合已掌握的现状，短期内完成"十三五"规划文本编制工作。根据汪洋副总理4月23日讲话精神，规划名称暂定为《农村饮水工程"十三五"巩固提升规划》。

（3）规划对象是供水工程，不再强调饮水不安全人口问题。水利部反复强调，各级应统一口径，不应再强调目前仍存在多少饮水不安全人口，而是突出供水工程，通过供水工程的建设，合理解决农村饮水问题。中央投资补助对象也将是供水工程。

（4）中央与地方事权划分、投资渠道、资金补助方式有较大调整。中央与地方进一步明确事权划分，中央制定政策，加强顶层设计，地方将承担更多责任。投资渠道方面，将以地方投资为主，可能会倒置现行中央、地方投资比例。中央资金将定额补助，中央补助以外的，均由地方承担，各级不要不切实际，投资估算较大偏离实际。

（5）规划成果不同于"十二五"规划。这表现在两个方面：一是可能将农村饮水"十三五"规划作为全国水利"十三五"规划中的一个专项，不再联合发改委、环保、卫生等部门编制报国务院批复；二是可能进一步简化，"十三五"规划以省级规划和县级规划为核心，中央不再编制全国规划，改为出台实施意见。

（6）规划要有适当前瞻性，可用于指导5～10年的农村饮水工作。结合最终确定的投资渠道、补助方式等，规划建设内容能够在"十二五"完成的，列入建设内容；不能完成的，可以顺延，展望至"十四五"实现。

一、调查目的

全面摸清全省农村饮水现状、存在的主要问题、拟采取的措施和资金需求等情况，为制定农村饮水"十三五"规划提供科学、准确的依据，并用于指导今后5～10年的农村饮水工作。

（1）科学评价工程现状。充分利用第一次水利普查农村供水工程普查成果以及"十二五"规划实施有关资料，以县为单元开展对农村饮水安全工程建设管理情况的分析评价，全面总结成效，深入查找薄弱环节、存在问题和制约因素。

（2）全面做好需求分析。根据经济社会发展、统筹城乡和全面建成小康社会的要求，从保障饮水安全，提高人民群众生活水平和质量出发，对"十三五"不同区域农村饮水工程建设和管理需求进行深入、合理地分析。

二、调查范围和相关要求

1. 调查范围

调查范围为全省农村地区，包括城市（地级市、县城）规划区以外的全部乡镇、村庄和农场、林场（省直有关部门直属的）。

省直有关部门直属的农场、林场由省直有关部门负责现状与需求调查工作，各有关县（市、区）不要重复统计。

2. 数据要求

（1）数据以 2014 年为基础，预测到 2015 年底。

（2）现状农村人口、经济社会指标、水资源开发利用等基础数据资料应采用权威部门发布的数据（统计年鉴等）。

（3）农村供水工程、受益人口数据，预测到 2015 年底。县级农村饮水安全工程解决人口数不应小于 2005—2015 年省级下达的农村饮水安全工程计划解决的农村居民指标（涉及行政区划调整的，应说明农村人口、农村居民指标调整情况）。

（4）认真复核分析相关数据，保证基本资料的翔实、合理，并做好与农村供水工程普查和全国农村饮水安全项目管理信息系统数据的衔接。

（5）应按照农村饮水安全项目管理信息系统的有关要求，完善工程建设和运行管理情况，将截至到 2015 年 6 月、9 月和 12 月底的各项数据全面准确录入系统。

3. 需求分析要求

需求分析预测到 2020 年，展望到 2025 年。

注：需求分析要重点关注的几个问题

（1）现状调查评价应与需求分析有机结合（不是简单的填报数据）。

（2）"十三五"调查评价和工程规划主要以工程为主线。"十一五""十二五"为普惠政策，按不安全人口进行调查评价，工程投资也按人口定额补贴。

（3）关注特殊水质处理地区解决程度。淮北平原区高氟水、铁锰超标等解决人口情况、技术措施适应性、工程运行状况、反复性等。"十一五"建设工程水质标准低（1.5mg/L）。县级报告应按区域进行分析评价，提出对策。

（4）中、小型工程供水保证率低问题。水源工程建设资金不足（"十一五"投资标准低，部分县（市、区）配套资金不足及"十二五"部分县

（市、区）配套不到位），规划缺乏前瞻性；科学评价此类工程水源现状。

（5）关于工程净水设施配套问题。千吨万人以上工程建水质化验室比较明确；村镇供水工程一般采用常规净水工艺。

① 水源水质良好的地下水或泉水，可只进行消毒处理。以地表水为水源，原水浊度长期低于20NTU，瞬间不超过60NTU，其他水质指标符合《地表水环境质量标准》（GB 3838-2002）要求时，可采用直接过滤或慢滤加消毒的净水工艺。

② 一体化净水设备问题。《村镇供水工程设计规范》（SL 687-2014）规定千吨万人以下工程，原水（或经沉淀后）浊度较低且变化较小时，可选择一体化净水器。由于选择不当或管理原因，出现问题较多。特别是除铁锰一体化净水设备。用此类设备较多的地区应调查评价此类工程是否正常运行。

③ 消毒设备配套问题。常用的消毒方式包括氯消毒（主要是次氯酸钠、液氯和漂白粉等）、二氧化氯消毒、紫外线消毒和臭氧消毒等，其中复合型二氧化氯消毒问题多（反应温度不够、原材料购买难、运输存储不安全）。不仅要调查是否配套消毒设备，还应调查设备是否能正常使用。

（6）关于工程老化标准问题。工程设计年限问题：《村镇供水工程设计规范》（SL 687-2014）提出工程近期设计年限为5~10年，远期10~20年，主要指某一水平年用水量需求。工程使用年限根据不同类型设施确定。构筑物使用年限一般50年，输配水管道一般30年。机电设备等参照有关规定。

三、调查评价标准

农村供水工程应从水质、水量、方便程度和保证率等方面达到以下标准。

1. 供水水质

符合国家《生活饮用水卫生标准》（GB 5749-2006）的要求。

2. 供水水量

满足《村镇供水工程设计规范》（SL 687-2014）及《安徽省农村饮水安全工程初步设计报告编制指南（试行）》（皖水农〔2012〕23号）对不同地区和不同用水条件的水量要求。采用分散供水的季节性缺水地区每人每天可获得的基本水量不低于20L。应急供水执行：（1）5~7L/（人·d）（14天）；（2）15~20L/（人·d）（90天）。最高日居民生活用水定额（编制指南）见表1。

表1 最高日居民生活用水定额（编制指南）

（单位：L／（人·d））

适用条件	乡 村	集 镇	建制镇
淮北平原区	45～50	50～60	60～70
江淮丘陵区	50～55	55～65	70～85
沿江平原区	50～55	60～65	70～90
皖西大别山区	45～50	60～65	65～75
皖南山区	50～60	60～65	65～80

注：①本表所列用水量包括了居民散养畜禽用水量、散用汽车和拖拉机用水量、家庭小作坊生产用水量。

②淮北平原区包括宿州、亳州、淮北、阜阳、蚌埠市的五河县、固镇县、怀远县、怀上区，淮南市的凤台县、潘集区、毛集区。

江淮丘陵区包括滁州、合肥，六安市的金安区、裕安区、寿县、霍邱县以及叶集实验区，淮南的八公山区、大通区、田家庵区及谢家集区，蚌埠市的龙子湖区、禹会区、蚌山区。

沿江平原区包括芜湖、铜陵、马鞍山，安庆市的大观区、迎江区、宜秀区、望江县、怀宁县、枞阳县。

皖西大别山区包括六安市的金寨、霍山，安庆市的岳西县、潜山县、宿松县、太湖县及桐城市。

皖南山区包括黄山、池州、宣城。

③取值时，应对各村镇居民的用水现状、用水条件、供水方式、经济条件、用水习惯、发展潜力等情况进行调查分析，并综合考虑以下情况：村庄一般比镇区低；定时供水比全日供水低；发展潜力小取较低值；制水成本高取较低值；村内有其他清洁水源便于使用时取较低值。调查分析与本表有出入时，应根据当地实际情况适当增减

3. 方便程度

平原和丘陵地区设计供水规模在20m³/d以上集中式供水工程供水到户，偏远山区和季节性缺水地区可到集中供水点。取水往返时间不超过10～20分钟，取水的垂直距离不超过100m，水平距离不超过1km。

4. 保证率

（1）水源保证率。地表水水源年保证率在季节性缺水地区不低于90%，其他地区不低于95%，地下水水源设计取水量应小于允许开采量。

（2）供水保证率。设计供水规模在20m³/d以上的集中式供水工程不低于

95%，其他集中式供水工程或季节性缺水地区不低于90%。

此外，农村供水工程还要考虑如下因素。

（1）在工程配套方面：集中式供水工程应按规范要求和实际情况配套完善取水、输水、净水、配水设施设备等；分散式供水工程应配套完善水质保障措施。千吨万人以上集中式供水工程建水质化验室（具备日检9项以上水质指标的检测能力）。

（2）在工程老化程度方面：各种构筑物、机电设备和输配水管网应在设计使用年限内能够正常运行，供水管材符合涉水产品卫生许可及国家产品标准要求，管网漏损率符合相关标准要求。

注：农村饮水工程主要指标说明

① 农村供水人口：县域调查范围内（县城规划区以外）集中式供水工程与分散式供水工程农村受益人口之和。数据依据当地最新统计年鉴户籍人口。

② 农村集中式供水工程：指统一水源、通过管网供水到户或供水到集中供水点的人口，供水人口通常大于等于20人。

③ 分散式供水：依据《生活饮用水卫生标准》（GB 5749-2006）定义，指分散用户直接从水源取水，无任何设施或仅有简易设施的供水方式。供水人口通常小于20人，农户自家手压井、山区数户自发联合自流引水等，均属于分散式供水。

④ 集中供水率：指农村集中式供水工程供水人口占农村供水人口的比例。

⑤ 自来水普及率：指自来水供水人口占农村供水人口的比例。自来水是指受益人口大于等于20人的集中式供水工程通过管网供水到户的供水方式。

⑥ 水质达标率：指卫生部门通过对全县农村供水工程抽样监测提出的农村饮用水水质合格率（按人口统计）。

⑦ 供水保证率：包括水源保障程度和工程供水保证率，即通过工程措施调节后的工程综合供水保证率。设计供水规模在$20m^3/d$以上的集中式供水工程不低于95%，其他小型供水工程或季节性缺水地区不低于90%。

⑧ 净水工艺配套率：指集中式供水工程按规范要求和实际情况配套净水工艺设施设备的水厂比例。

⑨ 化验室配套率：指千吨万人以上集中式供水工程建立水质化验室的比例（具备日检9项以上水质指标的检测能力）。

⑩ 水源保护划定率：指1000人以上的集中式饮用水水源保护区（保护范围）的划定比例。

（3）在工程运行管护方面：水价合理性、水费回收率和抄表到户率符合

《村镇供水工程运行管理规程》（SL 689-2013）要求，水源保护符合相关标准要求。村镇供水工程主要绩效指标见表2。

表2 村镇供水工程主要绩效指标（运行管理规程）

主要绩效指标（%）	村镇供水工程			
	Ⅰ型	Ⅱ型	Ⅲ型	Ⅳ型
供水保证率	≥97	≥96	≥95	≥92
感官性状、pH值、微生物、消毒剂指标达标率	≥98	≥95	≥93	≥90
供水水压合格率	≥98	≥95	≥95	≥92
常规净化工艺水厂的自用水率	<10	<10	<10	<10
管网漏损率	<12	<13	<14	<15
设备完好率	≥98	≥96	≥95	≥92
管网修漏及时率	≥98	≥96	≥95	≥92
水费回收率	≥95	≥94	≥93	≥90
抄表到户率	≥98	≥96	≥95	≥92

注：感官性状指标，包括浑浊度、肉眼可见物、色度、臭和味；微生物指标，主要包括菌落总数和总大肠菌落

四、农村饮水现状调查评价

1. 农村饮水现状

总结农村饮水现状，重点分析评价农村饮水安全工程实施以来，特别是"十二五"农村饮水安全工程建设情况。根据农村供水工程普查成果（截至2011年底）、2012—2014年农村饮水安全工程相关统计数据以及2015年农村饮水安全工程建设情况，分析预测"十二五"末的农村饮水状况。

注：我省农村饮水发展历程

"十五"以来，为解决农村人口饮用水问题，安徽省按照国家有关部署，先后实施了人畜饮水解困工程（2001—2004年）和农村饮水安全工程（2005—2015年）。同时，部分县（市、区）积极引进个人、企业资本，单独或结合项目实施建设了一批农村供水工程，形成对政府投资的补充，进一步促进了全省农村饮水事业的发展。

（1）人畜饮水解困工程主要是解决饮用水源缺水的问题。在正常情况下，当地饮用水源缺乏，需到本村庄以外取用，其单程在 1~2km，或垂直高度 100m 以上的地方，列为"人畜饮用水困难"的地区。2001—2004 年，全省完成投资 4.4 亿元，其中省级以上资金 2.43 亿元（国债资金 1.875 亿元）、市县配套资金 1.1 亿元、群众自筹 0.87 亿元，建设供水工程 2 万处，解决了 196 万人的饮水困难问题。主要工程措施为打深井、挖当家塘、低坝取水等，建设标准比较低。

（2）为解决农村人口饮水不安全问题。安徽省从 2005 年起实施农村饮水安全工程。饮水不安全的判别标准有水质、水量、方便程度、供水保证率四项指标。2005—2015 年，全省完成政府投资 166.87 亿元，其中中央投资 108.22 亿元、省级配套资金 27.61 亿元、市县自筹 31.04 亿元，解决了 3374.36 万农村居民和 194.8 万农村学校师生饮水不安全问题。其中"十一五"期间，整体以单村供水为主，解决方式为从水源取水多未经处理和消毒直接输送至用水户，工程建设标准不高。"十二五"期间，各地统一认识，积极推进规模化供水工程建设，特别是 2012 年以后，全省除山区受限于自然条件等特殊情况外，其余地区均大力发展规模化供水工程。

另外，安庆市、池州市、芜湖市、合肥市、滁州市、马鞍山等部分县（市、区），早期通过乡镇政府招商引资等方式，建设了不少私人水厂负责镇区及周边村庄供水；近年来，结合农村饮水安全工程实施，进一步扩展了供水范围，除农村饮水安全工程下达的任务指标外，额外增加了部分受益人口。

2. 农村供水工程现状

主要说明县域内农村自来水供给的基本状况，包括农村水厂的分布情况、水源情况（包括水源类型、水源水量和水质检测结果及保证率等）、供水规模与能力、供水范围、受益人口、管网入户率、管网漏损率、供水设施配套情况、工程老化程度、水质状况、供水保障程度与水源保护状况等。

注：我省农村供水工程现状

安徽省农村人口 5342.32 万人（2013 年底），其中，3872.05 万人为集中供水（预计至 2015 年底），主要表现形式是农村自来水；1539.17 万人为分散供水，采用手压井、自引山泉水、塘坝等方式取水；全省农村自来水普及率为 71.8%，集中式供水率为 72.5%。全省有集中式供水工程 7055 处，设计供水能力 663.42 万 m³/d，实际供水 420.23 万 m³/d。其中，规模化供水工程（Ⅰ~Ⅲ型）1208 处，设计供水能力 576.40 万 m³/d，实际供水 358.59 万 m³/d，供水人口 2924.35 万人；小型集中供水工程（Ⅳ~Ⅴ型）5847 处，设计供水能力 87.02 万 m³/d，实际供水 61.65 万 m³/d，供水人口 947.70 万人。

各地从水源地集中取水，经输水管送至净水厂，在净化处理和消毒后，通过配水管网送至用水农户。淮北平原区主要以中深层地下水、淮河及主要支流（仅沿淮区域）为水源，地下水净水工艺仅有消毒、除氟、除铁锰三种；江淮丘陵区主要以水库、灌溉渠道、河流为水源，水处理工艺为常规净水工艺（混合—絮凝—沉淀—过滤）；沿江平原区主要以长江及其支流为水源，采取常规净水工艺处理；皖南山区、皖西大别山区主要以山泉水、溪流水、中小型水库为水源，经过滤消毒后输送至高位水池。

在工程规模上，淮北平原区、江淮丘陵区、沿江平原区均以发展规模化供水工程为主，其中，淮北平原区农村人口 2501.2 万人，用上自来水农村人口 1681.14 万人，自来水普及率为 67.2%；江淮丘陵区农村人口 1381.06 万人，用上自来水的农村人口 973.54 万人，自来水普及率为 68.7%；沿江平原区农村人口 619.06 万人，用上自来水的农村人口 573.21 万人，自来水普及率为 91.0%。皖南山区、皖西大别山区以小型集中供水工程为主，其中，皖南山区农村人口 474.15 万人，用上自来水的农村人口 387.52 万人，自来水普及率为 81.6%；皖西大别山区农村人口 366.95 万人，用上自来水的农村人口 256.64 万人，自来水普及率为 70.0%。

3. 农村供水工程管理现状

（1）说明农村供水工程产权归属、运行管理方式、水价、水费收取、农户用水情况、工程运行状况、水源保护和水质检测等情况。

（2）说明县级农村饮水专管机构设置、人员及经费落实状况、维修养护基金建立及使用、水源保护区划定与保护、水质检测体系建立情况等。

注：安徽省农村供水工程运行管理情况

2010 年 3 月，成立安徽省农村饮水管理总站，为差额事业单位，负责全省农村饮水安全工作业务指导。2012 年，安徽省政府出台了《安徽省农村饮水安全工程管理办法》（省人民政府令第 238 号），各地依据该办法制定了农村饮水安全工程管理细则。目前，全省已有 97 个县（市、区）成立农村饮水专管机构，97 个县（市、区）出台了工程运行管理办法，92 个县（市、区）建立县级维修养护经费制度，62 个县（市、区）实施了"两部制"水价政策，部分县（市、区）成立县级水质检测中心。在水源保护和水质检测方面，安徽省政府办公厅印发《关于加强集中式饮用水水源安全保障工作的通知》

（皖政办〔2013〕18 号）和省环境保护厅、省水利厅《关于开展农村集中式供水工程水源保护区划定的通知》（皖环发〔2014〕53 号），要求各地划定供水水源保护区并报县级政府批复，做好水源地保护、水源涵养、水质检测等工作。根据省疾病预防控制中心提供的监测报告，2009 年以来农村饮水安全工程水质卫生合格率平均每年提高近 3 个百分点。

供水工程管理情况。规模化供水工程，对于所有权归国家所有的，其运行有水利部门组建供水管理机构直管和乡镇政府作为产权人将水厂承包给个人或公司两种常见情形；对于所有权归政府和个人（或企业）共同持有的，常见为 BOT 模式，工商注册为独立法人，由个人或企业在一定年限内负责运行，期满后产权全部归属国家；对于利用原有水厂管网延伸的，原水厂所有权为原投资人，输配水管网产权为政府，其运行多由原水厂负责运行。小型集中供水工程，其产权基本全为政府所有，管理形式上有政府委托个人或村委会看管、农民用水户协会等方式。

4. 成效与经验

采取定量与定性相结合的方法，全面深入分析总结自实施农村饮水安全工程以来取得的主要成效。认真总结"十二五"农村饮水安全工程建设与管理的典型经验与做法。

注：我省农村饮水工程主要成效与做法

（1）主要成效

农村饮水安全工程的实施，取得了显著的社会效益、经济效益和生态效益，实实在在地改善了农村群众饮水条件，被群众称作是"德政工程""民心工程"。2013 年全国考核第三名，2014 年全国考核第二名。

① 良好的社会效益。农村饮水安全工程的实施，使饮水不安全地区的群众喝上了清洁、卫生、方便的饮用水，让广大农村群众充分感受到党和政府的关心，符合民意、顺应人心，密切了党群、干群关系，产生了良好的社会效益。

② 促进农村经济发展。通过解决饮水安全问题，一些乡（镇）、村用上了自来水，不仅解决了农民群众饮水问题，也为农村养殖业和第二、第三产业的发展创造了条件，有力地促进了农村经济发展。

③ 提高农民健康水平。农村饮水安全工程建设，对控制与水有关的疾病传播，起到了积极作用，使农民群众的健康水平得到了提高，特别是水源水氟超标、砷超标、重金属超标、水污染严重地区和血吸虫病疫区的群众受益更直接。

④ 提升农民生活质量。农村饮水安全工程建成后，带动了农村家庭的"改厨、改厕、改浴"等与水有关的生活习惯的改变，很多农户用上了太阳能热水器、洗衣机，进而提高了农村居民的生活质量。

（2）主要做法

① 科学规划，统筹工程区域布局。安徽省坚持以规划为引领，抓好区域布局的顶层设计。2013年，省水利厅组织各县（市、区）开展"十二五"规划修编，要求积极兼并小水厂，大力发展规模化供水。

② 广泛宣传，努力营造舆论氛围。定期参加省广播电台"民生在线"栏目，宣讲有关政策、群众热线答疑；在省电视台播放农村饮水安全工程公益广告；在各级政府、水利、民生部门网站上发布农村饮水安全工程信息；全面推行双公开制度，对工程建设、水价、入户材料费等进行公开；将农村饮水政策印制在书包、圆珠笔、围裙、帽子上，发放给受益农户；年终联合民生部门开展全省政策宣讲和满意度电话调查等。

③ 完善制度，规范各项建设管理行为。为了规范全省农村饮水安全工程建设与管理工作，省政府颁布实施了《安徽省农村饮水安全工程管理办法》。近年来，省水利厅还制定了《农村饮水安全工程初步设计编制指南（试行）》《农村饮水安全工程管材采购招标文件示范文本》《关于加强农村饮水安全工程初步设计市级审查审批工作的指导意见》，修订《农村饮水安全工程验收办法》等。

④ 周密部署，确保工程按时保质完成。省水利厅每年年初根据总体投资规模预下达当年各市、县（市、区）投资计划，要求各地据此开展前期工作，为后期工程建设赢得了时间。建设过程中采取旬报表、月报告、季调度的方式及时了解进展，督促工程进度，解决存在的问题。年终严格按照目标任务，省水利厅对各地组织考核、排名。

⑤ 突出重点，加强工程建设过程监管。管材采购约占工程总造价的三分之一，管材的质量和价格是我们监管的重点。2012年以来，省水利厅组织开展了管材质量省级监督抽查活动，实现所有地级市和中标企业的抽检全覆盖。制定了农村饮水安全工程管材招标示范文本，要求业主不派员参加评标，定期发布农村饮水安全工程管材参考价格。

⑥ 建管并重，确保工程良性运行。省水利厅要求各地明确工程产权，落实管护主体，成立县级专管机构，建立维修养护专项资金制度，建设县级水质检测中心，积极推行两部制水价。落实农村饮水优惠政策，出台了建设用地管理具体办法，从简化手续、落实指标等方面支持；将国家支持农村饮水

安全建设运营税收政策要求将该政策落到实处；从2008年开始我省在全国率先实施运行用电执行农业生产用电价格。在年终考评中，还将用地、税收、用电等优惠政策落实情况纳入考评范围。

（3）工作教训

① 按人头分钱，普遍反映投资标准偏低，导致工程建设标准偏低。

② 前期工作滞后，等资金来了之后才开始做前期工作，导致工程建设进度滞后。

③ 部分地区对农村饮水安全工程建设并没有足够重视，表现在地方责任没有得到有效落实，工程建设进度缓慢，有的还存在工程质量问题。

5. 存在的主要问题

（1）工程设施方面。重点分析2005年以前建设的工程，从供水规模、水源可靠性、净水设施及入户管网配套情况以及工程的老化状况等方面进行论述。

（2）水质保障方面。从水源保护状况、水质净化处理、消毒设施设备配备与使用、水质达标情况和水质检测能力建设等方面论述。

（3）运行维护方面。从工程产权、管理体制与运行机制、水价形成机制、运行管护经费保障和运行状况、工程维修养护、专业化服务和人员培训等方面论述。

注：我省农村饮水工作主要存在以下八个方面的问题

① 专管机构亟待加强。在各级政府考核压力下，我省大多县（市、区）虽成立了农村饮水工程专管机构，但是成立质量不高，如有近三分之一县（市、区）没有纳入事业编制，有的虽然纳入编制，但更多的是在现有机构上加挂新牌子，没有增加人员和经费，并没有切实承担起相应的行业管理职责。

② 前期工作质量有待提升。初设审批权下放后，未严格执行《村镇供水工程设计规范》（SL 687-2014）、《农村饮水安全工程实施方案编制规程》（SL 559-2011）、《安徽省农村饮水安全工程初步设计报告编制指南（试行）》（皖水农〔2012〕23号）、《关于加强农村饮水安全工程初步设计市级审查审批工作的指导意见》（皖水农函〔2013〕1748号）等规范规程文件，另外地方存在技术力量不足的问题，也有设计方案编制时间紧等因素；导致部分实施方案、初步设计报告编制质量不高和存在审查、审批把关不严的问题。

③ 部分工程布局不合理。我省淮北平原不少县（市、区）2010年以前所

建工程多为单村供水，有的甚至未供水入户；江淮丘陵及沿江地区不少私人投资建设的众多小水厂，私自划分供水范围，使得整体布局明显不合理；皖西大别山区和皖南山区所建小型工程较多，甚至个别自然村都有 2～3 处工程。总体来说，全省小水厂数量多、工程布局不合理是导致后期管护运行困难的直接原因，仍需结合实际下大力气予以整合。

④ 部分工程建设标准低。如取地下水的没有备用水源井、运行期水质氟超标的未配置除氟设备、未设置水质化验室、个别没有配水管网等；地表水厂的不少取水设施简陋、混凝剂要人工添加缺少计量设备、净水及调节构筑物未按规范要求分组分格等；山区引水工程水源季节性断流、没有净水设施、部分没有消毒设备等，均严重影响供水水质及供水的可靠性。

⑤ 早期供水管网老化严重。在农村供水发展较早的县（市、区），有不少管网铺设年份较早，材质有水泥管、镀锌管、PVC 管等，老化严重、漏损率高、爆管时有发生，有的管材甚至现在已严禁使用。另外不少县（市、区）在实施农村饮水安全工程时，受限于投资，主干管理设新管，村庄以及入户管道仍使用原有老管网，也需要改造。多数老管网位于镇区或经济发展较好的集镇，所需管径较大、施工安装难度也大，从而导致改造成本远高于现行投资标准。

⑥ 部分工程运行困难。虽然国家针对农村饮水工程出台了用地、用电、税收等优惠政策予以扶持，但部分地方执行农村饮水优惠、惠民政策仍有折扣，如电价、开户费问题，再加上农村供水工程自身规模小、农户生活用水量有限、输配水漏损率高、水费实收率低等客观原因，我省部分农村供水工程运行仍然困难。另外在管理方式上有村集体管理、个人承包、特殊经营、水利站管理、专业化供水单位等多种形式，多数管理人员业务水平不高、水厂制度不健全、运行管理不规范，供水管理水平需进一步提高。

⑦ 水源保护难度大。农村供水水源特点：水源地数量多、单个水源取水量小、地域分布广、类型复杂；水源处于农民生产、生活范围中，农民生产生活对饮用水水源环境质量有着直接影响；供水处理比较简单，有的甚至缺乏净化设施，水源水质直接决定了供水水质。另外，不少山区引水工程受限于投资标准，水源多就近选择溪流、泉眼，在干旱季节，时有断流，水源保障程度不高。

⑧ 运行管理人员技能不高。目前农村供水工程中只有少量水厂由专业供水单位运行，更多的是由个人、村委会、企业主等非专业人员进行管理。其专业水平低、技术力量差，很难正确使用现有净水、消毒以及水质检测等设备。

五、农村饮水"十三五"需求分析

1. 指导思想

深入贯彻国家和省委省政府关于农村饮水安全工作的指示精神，结合全面建成小康社会、新型城镇化、美好乡村建设等要求，按照城乡供水一体化的新时期供水方向，注重轻重缓急、近远结合、量力而行、可以持续的原则，综合采取新建、扩建、配套、改造、联网等方式，进一步提高农村集中供水率、自来水普及率、水质达标率、供水保证率和工程运行管理水平，建立"从源头到龙头"的农村饮水工程建设和运行管护体系。

2. 发展目标

（1）总目标

到 2020 年，全面提高农村饮水安全保障水平。落实安徽省委、省政府 2011 年一号文件提出的"到 2020 年，全面解决农村饮水安全问题，实现农村自来水'村村通'"，同时，对已建农村供水工程进行巩固改造提升建设，保障供水安全。

（2）具体目标

工程建设：采取新建、扩建、配套、改造、联网等措施，到 2020 年，使我省农村集中供水率达到 90% 以上，农村自来水普及率达到 90% 以上，水质达标率比 2015 年提高 15 个百分点以上，供水保障程度进一步提升。

管理方面：推进工程管理体制和运行机制改革，建立健全县级农村供水管理机构、农村供水专业化服务体系、合理的水价及收费机制、工程运行管护经费保障机制和水质检测监测体系、水厂信息化管理，依法划定水源保护区或保护范围，加大对水厂运行管理关键岗位人员的业务能力培训。

（3）分区发展目标

根据水源条件及地形地貌条件，全省农村饮水工程总体上划分为淮北平原区、江淮丘陵区、沿江平原区、皖南山区和皖西大别山区等 5 个供水分区。到 2020 年，各供水分区发展目标建议如下：

① 淮北平原区、沿江平原区农村集中式供水受益人口达到 95% 左右，农村自来水普及率达到 95% 左右；

② 江淮丘陵区农村集中式供水受益人口达到 90% 左右，农村自来水普及率达到 90% 左右；

③ 皖西大别山、皖南山区农村集中式供水受益人口达到 85% 左右，农村

自来水普及率达到85%左右。

（4）我省农村饮水工程5～10年规划目标

① 自来水普及率

农村自来水普及率是指日供水规模$20m^3/d$以上、有完善的水质净化和消毒措施并供水到户的集中式供水工程受益人口占农村供水人口的比例。淮北平原、沿江平原区达到95%左右；江淮丘陵区达到90%左右；皖南山区、皖西大别山区达到85%左右。

② 水质达标率

水质达标率是指农村集中供水工程水质卫生监测水质综合合格率。Ⅰ～Ⅲ型集中式供水工程提高20个百分点以上；Ⅳ型集中式供水工程提高15个百分点以上；Ⅴ型集中式供水工程提高10个百分点以上。

③ 集中供水率

集中供水率是指农村集中供水受益人口占农村供水人口的比例。淮北平原、沿江平原区达到98%左右；江淮丘陵区达到96%左右；皖南山区、皖西大别山区达到91%左右。

④ 供水保证率

供水保证率指在多年供水中供水量得到充分满足的年数与总年数之比的百分率，按年统计计算。日供水$20m^3/d$以上的集中式供水工程不低于95%，其他小型供水工程或季节性缺水地区不低于90%。

⑤ 净水工艺配套率

净水工艺配套率是指集中式供水工程按规范要求和实际情况配套净水工艺设施设备的水厂比例。Ⅰ～Ⅳ型集中式供水工程达到90%；Ⅴ型集中式供水工程达到80%。

⑥ 化验室配套率

化验室配套率是指千吨万人规模以上集中式供水工程建立水质化验室的比例，要求达到100%（具备日检9项以上水质指标的检测能力）。

⑦ 水源保护划定率

水源保护划定率是指1000人以上的集中式供水水源保护区（保护范围）划定比例，要求达到90%。

⑧ 持证上岗率

Ⅰ～Ⅲ型集中式供水工程关键岗位人员持证上岗率达到100%；Ⅳ型集中式供水工程达到90%；Ⅴ型集中式供水工程达到80%。

3. 发展思路与对策

结合逐步建立"从源头到龙头"的工程和运行管护体系的要求，按照城乡供水一体化的发展方向，以水量充足、水质优良的可靠水源为基础，重点发展区域集中连片的规模化供水工程。采取"以城带乡、以大带小，以大并小、小小联合"的方式，"能延则延、能并则并、能扩则扩"，科学合理划定供水分区，确定工程布局与供水规模，研究提出区域农村饮水发展思路与对策措施。同时，着力加强工程运行管护，建立工程良性运行长效机制，通过明晰工程产权，保障合理水费收入，落实运行管护经费，保障工程长期发挥效益。

注：分区规划与分期规划问题

分区规划是从空间上落实县域规划的目标，分期规划是从时间上执行县域规划的任务。确定县域供水工程总体方案，分区规划、分期规划是基础。

（1）分区规划

① 规划分区。要分区规划，首先必须进行规划分区。规划分区是分区规划的前提和基础。即根据行政区划进行分区，根据地形条件进行分区，根据供水能力进行分区，根据实施顺序进行分区。

② 逐区规划

规划分区后，应对每一分区进行规划。分区供水工程规划是县域供水工程规划的细化。

（2）分期规划

先急后缓，确定重点；量力而行，适度超前；分清主次，近远结合。

4. "十三五"需求分析

根据县域农村饮水"十三五"发展目标，采取新建、扩建等工程措施和加强运行管理等非工程措施，巩固提升农村供水保障水平。

（1）划分供水分区

根据区域水资源条件、建设条件、供水方式、用水条件等分布情况，结合当地城镇化、乡村布点规划等，以县级行政区划为单元，科学划分供水分区，合理界定供水分区覆盖范围，明确提出各供水分区内供水规模与技术方案。供水工程规划应打破县、乡、村行政区划界限，充分考虑"一县一网、一乡一网、多乡一网"等规模化集中式供水工程，形成城乡供水一体化发展格局，使农村自来水覆盖全省绝大多数乡村。安徽省农村饮水工程供水分区情况表见表3。

表3 安徽省农村饮水工程供水分区情况表

分区名称	包含地市	包含县（市、区）	备注
淮北平原区	宿州市 淮北市 阜阳市 亳州市 蚌埠市 淮南市	淮北市濉溪县、相山区、杜集区、烈山区，宿州市砀山县、萧县、灵璧县、泗县、埇桥区，阜阳市界首市、颍上县、阜南县、太和县、临泉县、颍泉区、颍东区、颍州区，亳州市涡阳县、蒙城县、利辛县、谯城区，蚌埠市淮上区、固镇县、五河县、怀远县，淮南市凤台县、潘集区、毛集实验区	28个县（市、区）
江淮丘陵区	六安市 合肥市 滁州市 蚌埠市 淮南市 马鞍山市	六安市金安区、裕安区、舒城县、寿县、霍邱县、叶集试验区，合肥市庐阳区、瑶海区、蜀山区、包河区、肥东县、肥西县、长丰县、巢湖市、庐江县，滁州市明光市、天长市、全椒县、来安县、凤阳县、定远县、南谯区、琅琊区，马鞍山市含山县，淮南市八公山区、大通区、田家庵区、谢家集区，蚌埠市龙子湖区、蚌山区、禹会区；农垦系统、监狱系统和林场系统（为统计方便计入该区）	31个县（市、区）和农垦、监狱、林场
沿江平原区	安庆市 马鞍山市 铜陵市 芜湖市	安庆市大观区、迎江区、宜秀区、望江县、怀宁县、枞阳县，马鞍山市花山区、雨山区、金家庄区、博望区、当涂县、和县，芜湖市镜湖区、三山区、弋江区、鸠江区、芜湖县、繁昌县、无为县、南陵县；铜陵市铜官山区、狮子山区、郊区、铜陵县	24个县（市、区）
皖南山区	宣城市 池州市 黄山市	池州市贵池区、东至县、石台县、九华山风景区、青阳县，宣城市宣州区、广德县、泾县、宁国市、郎溪县、旌德县、绩溪县，黄山市徽州区、黄山区、屯溪区、祁门县、歙县、休宁县、黟县	19个县（市、区）
皖西大别山区	六安市 安庆市	六安市金寨县、霍山县，安庆市桐城市、潜山县、太湖县、岳西县、宿松县	7个县（市、区）

（2）主要技术措施（建设内容）

根据划定的供水分区，合理确定供水工程主要建设内容。

① 新建工程（新增供水受益人口）

A. 新建规模化供水工程。除山区受限于自然条件外，其他地区一律实行规模化供水。选择水量充沛、优质的水源，综合考虑管理、制水成本等因素，合理确定供水范围，兴建一批跨村、跨乡镇连片规模化集中式供水工程。两种情形可新建规模化供水工程：县域范围内尚存在大范围供水空白区域，需要进一步完善县域水厂布点建设，使得农村自来水覆盖绝大多数乡村；替代接近或超过使用年限的小型集中式和分散式供水工程，优化区域工程布局。

B. 现有水厂管网延伸工程。在距县城、乡镇等现有供水管网较近的农村，充分利用城镇自来水厂的富余供水能力，或通过对现有规模较大农村水厂扩容改造，延伸供水管网，扩大供水范围，进一步改善农村供水条件。现有水厂经扩容改造后，应达到规模化供水工程的规模。

C. 新建小型集中式供水工程。在山区且不适宜建规模化供水工程的区域，建设适度规模的小型集中式供水工程，解决山区农村部分区域供水空白的问题。小型集中式供水工程要充分论证水源的可靠性。

主要指标：新建工程数量（处）；新建水厂供水能力（m^3/d）；新建管网长度（km）；受益人口（万人）。现有水厂管网延伸新增供水能力（m^3/d）；新建管网长度（km）；受益人口（万人）。

② 改造工程（未新增供水受益人口）

A. 规模较大水厂配套改造工程。按照水源实际情况和供水水质要求，改造落后的制水工艺及供水工程构筑物，并配套改造管网，以解决部分规模较大的农村水厂水处理设施不完善、制水工艺落后、管网配套不完善等影响工程效益发挥的问题。

B. 小型单村供水设施改造或联村并网工程。对部分规模较小、设施简陋的单村供水工程构筑物进行配套改造。有条件的工程在改造的基础上，加大整合力度，推进联村并网集中供水。

C. 设计供水规模在 $20m^3/d$ 以下的集中式供水和分散式供水工程标准化改造。因地制宜采用生物慢滤等水处理技术，配套消毒设备或采用投加消毒（粉）片等措施，提高供水水质合格率；完善设计供水规模在 $20m^3/d$ 以下集中式供水工程和分散式供水工程水质检测制度，确保饮水安全。

主要指标：有改造工程数量（处），其中含改造水厂数量（处）；改造工程设计供水能力（m^3/d）；改造管网长度（km）；改造水处理设施的水厂数量（处）；改造消毒设备的水厂数量（处）；改造泵站的水厂数量（处）；受益人口（万人）；改造水井工程数量（处）；受益人口（万人）；改造引泉工程数量（处）；受益人口（万人）；改造水窖（水柜）工程数量（处）；受益人口（万人）。

③ 农村饮用水水源保护、水质检测能力建设以及水厂信息化建设

开展农村饮用水水源保护，推进水源保护区或保护范围划定、防护设施

建设和标志设置等工作。进一步加强农村饮用水水源保护和监测，强化供水水质检测能力建设，千吨万人以上工程配置水质化验室，健全水质卫生常规监测制度，完善农村饮水水质监测网络，全面提升农村饮水安全监管水平。加强工程管理人员技术培训，对集中式水厂负责人、净水工和水质检验员等关键岗位人员开展专业培训。有条件的地方，试点开展工程运行及主要水质指标在线监测及水厂信息化建设工程示范，积累经验后逐步推广。

主要指标：划定水源保护区或范围的工程数量（处）；千吨万人以上水厂新建化验室数量（处）；进行信息化建设的水厂数量（处）。

注："十三五"期间，着力开展五项工程建设

第一，开展联网并网增效工程建设。按照"能延则延、能并则并、能扩则扩"的原则，以跨村、跨镇规模化供水为发展方向，充分发挥规模水厂优势，管网向四周辐射延伸，扩大现有水厂供水范围。加大单村供水工程整合力度，推进联村并网集中供水工程建设，由单村小型供水向联村规模供水转变。

第二，开展供水水源提升工程建设。将取水水质存在污染隐患的取水工程迁移至水质良好地段；相邻水厂间原水管道相互连通，提高保证率；现有取水构筑物、取水设备达不到设计要求降低取水可靠性的予以更新；大型供水工程，应逐步建立备用水源等，使得水源水质、水量及保证率均达到规范要求。

第三，开展水厂达标工程建设。早期老化的水厂、初期低标准建设的农村供水工程，因地制宜进行制水工艺改造，配套完善的水处理净化、消毒以及安全防护等设施设备，对老化严重的水泵、电动机等予以更新，配备水质监测设备、自动化控制和视频安防系统，提高供水水质，实现标准化供水，完成水厂达标建设。

第四，开展供水管网改造工程建设。对2005年以前老旧不符合建设标准，影响供水水质、水量和水压的农村供水管网进行改造，消除"跑、冒、滴、漏"和管道二次污染等现象，减少管网漏损率、降低制水成本，提高供水保证率和水质。对管网入户率较低的，大力推进管网入户，使得农户受益、工程发挥效益。

第五，开展规模化供水工程建设。除现有农村供水工程的改造、提质增效外，按照普遍受惠的原则，制定农村供水"十三五"规划时，统筹考虑我省约1100万村镇人口尚未通自来水的实际情况，主要以新建规模化集中供水工程的方式，进一步提高我省农村自来水普及率。

另外，继续开展水质能力建设和加快水厂信息化示范建设。

（3）建立良性运行机制

推进工程运行机制改革，建立健全县级农村供水管理机构、农村供水专业化服务体系；落实运行管护经费制度，全面落实两部制水价政策；划定水源保护区，加强水源保护；健全应急响应机制，完善应急预案。积极探索信息化管理，加强专业人员技术培训，实行水厂运行管理关键岗位人员持证上岗制度。分别提出强化工程运行管理和水质保障的措施。

注：关于建立完善的运行管理机制的几点思考

一要建立农村供水工程改扩建专项资金投入体制。农村供水工程是公益性基础设施，鉴于农村实际情况，完全用市场的方式来解决今后农村供水工程改扩建资金是不现实的，应建立以财政资金为主、社会资金为辅的农村供水工程改扩建专项资金体制。

二要实施对农村饮水安全工程维修养护经费补助制度。目前，农村饮水安全工程运行普遍困难，绝大部分县（市、区）都已建立了县级农村饮水安全工程维修养护经费制度，经费来源仍以财政为主，而且资金缺口较大。因此，可参照工程建设投资补助方式，中央、省级以及市级财政均予以补助，确保供水工程正常运行，巩固农村饮水工程多年的建设与管理成果。

三要研究完善农村饮水安全工程管理体制。农村饮水安全工作日益受到党中央、国务院高度重视，明确提出了解决农村饮水安全问题的目标任务。随着农村饮水安全工程的建设目标任务不断推进，工程运行管理中的问题也逐渐暴露出来。应结合我省实际，研究建立完善农村饮水安全工程管理体制。例如，可以考虑由政府为主体进行管理的同时，组建区域农村供水管理运行公司，加强国有资产管理与经营管理。

四要明确水源保护和水质监测责任体制。要全面贯彻省人民政府颁发的《安徽省农村饮水安全工程管理办法》（省人民政府令第238号，自2012年5月1日起施行）和发改委、水利部、卫生委、环境部、财政部联合下发的《农村饮水安全工程建设管理办法》（发改农经〔2013〕2673号）等规章文件，各级人民政府相关部门，按有关规定切实履行职责，齐心协力共同抓好我省农村饮水安全工程运行管理工作。就省级层面而言，建议省环保系统采取有力措施抓好水源保护工作、省卫生系统对水质检测常态化管理、省水利系统从工程措施保证水源保护和水质检测管理工作。

六、农村饮水"十三五"资金需求测算

（1）采取典型工程法。典型工程类型选取要全面、有代表性，每种类型

选择的典型工程数量不少于 3 处。所有新建、改造供水工程均应依据典型工程投资估算进行合理测算。

（2）投资估算主要依据 2015 年初设（实施方案）批复概算、近期农饮招投标中标价格，同时考虑有关政府部门发布的主要材料价格。

（3）全县（市、区）农村饮水工程的投资规模应合理、可靠、有说服性，不得盲目贪大。否则，省级汇总时将该县调查报送数据予以移除。

（4）省级将通过典型县调查，进一步复核汇总各县（市、区）投资，测算全省工程总投资。

七、主要结论和建议

归纳总结工程现状与需求调查的主要结论，提出相关建议。

八、工作成果

（1）县级农村饮水工程现状与需求调查报告。

（2）省级农村饮水工程现状与需求调查报告。

质量要求：在各地开展现状与需求调查期间，水利部将同步委托第三方机构至各省部分市县开展数据复核工作。如发现与实际情况不符以及虚报等情况，水利部将取消该县纳入全国"十三五"农村饮水规划的资格。

注：目前我省规划已做的基础性工作与成果

（1）《关于安徽省农村供水工程现状和"十三五"提质增效需求调查情况的报告》（皖水农〔2014〕168 号），2014 年 12 月 5 日。

（2）《关于加快实施我省淮河以北地区农村人口安全饮水工程的请示》（皖水农〔2015〕37 号），2015 年 4 月 9 日。

（3）《关于切实保障农村居民饮水安全的意见》（皖水农函〔2015〕597 号），2015 年 5 月 25 日，并附《安徽省农村饮水专项规划（2016—2020 年)》。

（4）《安徽省农田水利工程典型图集》（农村饮水安全工程分册），安徽省水利厅，2015 年 3 月。

九、时间要求

2015 年 6 月 10 日前，正式发文布置各地组织开展全省农村饮水工程现状与需求调查工作，并进行人员技术培训。

2015 年 6 月 10 日～8 月 25 日，各县（市、区）开展农村饮水工程现状与需求调查，各地完成县级调查报告编制，同时开展省级典型县调查。其中，

8月15日前，各市完成市级表格汇总、审核工作，并发送市级表格、县级表格至 ahncys@163.com；8月25日前，市级将市级表格、县级调查报告（含县级表格）正式文件上报至省水利厅。

2015年9月，省级汇总县级调查数据，9月底前编制完成省级调查报告并上报水利部。

十、附录附件

1. 附录

农村饮水工程主要指标说明（略）

2. 附件

（1）省级农村饮水工程现状与需求调查报告编写提纲（参考，略）；

（2）县级农村饮水工程现状与需求调查报告编写提纲（参考）；

（3）县级、市级农村饮水工程现状与需求调查表（各6张，略）。

注：县级农村饮水工程现状与需求调查报告编写提纲

前　言

简述调查的背景、目的、意义、调查任务及主要工作过程、调查主要结论和建议等。

一、概述

1. 自然地理概况

简述项目县地理位置、地形地貌、河流水系分布和水文地质等。

2. 社会经济概况

行政区划及乡镇和行政村数量、人口（其中农村供水人口）和主要社会经济指标等。

3. 水资源及开发利用状况

水资源开发利用现状，包括现状地表水、地下水供水量及各行业用水量，水资源开发利用程度和水污染现状等。

二、农村饮水工程现状调查

1. 农村饮水现状

有关要求见《全省农村饮水工程现状与需求调查方案》（以下简称《全

省调查方案》）中"四、农村饮水现状调查评价"的"（一）农村饮水现状"。

2. 农村供水工程现状

有关要求见《全省调查方案》中"四、农村饮水现状调查评价"的"（二）农村供水工程现状"。

3. 农村供水工程管理现状

有关要求见《全省调查方案》中"四、农村饮水现状调查评价"的"（三）农村供水工程管理现状"。

三、成效与经验

采取定量与定性相结合的方法，深入分析总结自实施农村饮水安全工程以来取得的主要成效。认真总结"十二五"农村饮水安全工程建设与管理典型经验与做法。举出具体例子。

四、存在的主要问题

1. 工程设施方面

重点分析 2005 年以前建设的工程，从供水规模、水源可靠性、净水设施及入户管网配套情况以及工程的老化状况等方面进行论述。

2. 水质保障方面

从水源保护状况、水质净化处理、消毒设施设备配备与使用、水质达标情况和水质检测能力建设等方面论述。

3. 运行维护方面

从工程产权、管理体制与运行机制、水价形成机制、运行管护经费保障和运行状况、工程维修养护、专业化服务和人员培训等方面论述。

五、"十三五"需求分析

1. 发展目标和主要指标

根据全省和分区发展目标，并结合当地情况，研究提出县域农村饮水"十三五"发展目标和主要指标。

2. 发展思路和对策

简述全县农村饮水发展思路与对策措施。

1. 主要任务

（1）县域供水分区划分。有关要求见《全省调查方案》中"五、农村饮水'十三五'需求分析"的"1. 划分供水分区"。

（2）主要建设内容。有关要求见《全省调查方案》中"五、农村饮水'十三五'需求分析"的"2. 主要建设内容"。

（3）建立良性运行机制。有关要求见《全省调查方案》中"五、农村饮水'十三五'需求分析"的"3. 建立良性运行机制"。

六、农村饮水"十三五"资金需求测算

1. 编制依据；

2. 投资估算。

七、主要结论

归纳总结工程现状与需求调查的主要结论。

八、建议

根据调查成果，研究提出进一步加强农村饮水工程建设和运行管护，保障工程长效运行的建议。

附件1：6张县级附表（略）；

附件2：建设和运行管理成功的典型工程案例；

附件3：县级调查成果图（供水分区图、现状图和建设需求图）。

说明：供水分区图、现状图和建设需求图特性表内容

① 供水分区图特性表：分区名称、国土面积、农村人口和包含乡镇数量。

② 现状图特性表：分区名称、农村人口、集中式供水人口和自来水普及率。

③ 建设需求图特性表：分区名称、新增受益人口、工程处数、新建工程处数和改造工程处数。

农村饮水工程是一项利国利民的民生工程，长期而又艰巨。应认真贯彻"四个全面"的治国方略，围绕建设社会主义新农村的目标，通过科学规划、合理布局，加强对农村饮水工程的建设与管理，统筹解决存在的深层次问题。同时，加强对安全饮水的宣传，使水资源得到合理利用和有效保护，共同构建和谐社会，促进人口、资源、环境和经济的可持续发展。

回顾十年农村饮水建设管理历程，我们无愧于党和人民的重托；展望未来十年农村饮水规划目标，我们要增强工作自信心、责任心和事业心，为实现"江淮饮水梦"增添正能量。

农村饮水安全工程规划设计原则探讨

（2014 年 9 月）

摘　要： 农村饮水安全工程是一项涉及农村居民日常生活的民生工程，工程总体布置是工程设计的重要组成部分，关系到整个工程建设管理的成效，需要得到更多的关注和研究。基于此，本文在现行规范的基础上，结合安徽省农村饮水安全工程建设的经验，浅述农村饮水安全工程总体布置的设计原则问题，供设计单位参考。

关键词： 农村饮水安全工程；总体布置；原则

农村饮水安全工程总体布置对工程设计、建设及运行管理非常重要，需根据水源及供水区范围以及地形、地质等特点，通过对取水点及取水构筑物、输水管线、净（配）水厂位置及配水管网布设等的工程量、施工条件、投资、运行、管理诸方面的综合技术经济比较，选定取水点、净水厂位置，优选净水工艺及方案，确定输水线路及配水管网布置，提出科学合理的工程总体布置方案。

一、工程总体布置原则

1. 空间优化原则

总体布置根据水源与供水区（范围）之间的空间关系，充分利用自然地形条件，缩短供水线路，优化建（构）筑物布置，节约土地资源。

2. 节约投资原则

工程布置应考虑尽可能与现有工程设施相结合，避免浪费，节约投资。

3. 运行经济原则

通过对水源取水方式、线路及建筑物布置的方案比较，合理采用分区、分压和分质供水，供水范围内尽可能实现重力供水，减少加压供水范围和供水量，降低运行费用。建（构）筑物位置尽量靠近公路及现有道路，方便施工和运行管理期间的交通运输。

二、工程给水系统方案比选

根据水源条件、供水范围、建设周期，结合现有给水设施，提出方案进行比较，从技术、经济及耗用能源、主要材料等全面权衡，论证方案的合理性和先进性，择优选择推荐方案，列出所选方案的系统示意图。给水系统方案一般要综合考虑以下因素：

（1）充分考虑现有给水设施和构筑物的利用情况。

（2）当用水区地形高差较大时，宜采用分压供水。对于远离水厂或局部地形较大的供水区域，可设置加压泵站，采用分区供水。

（3）当水源地与供水区域有地形高差可以利用时，应对重力输配水与加压输配水系统进行技术经济比较，择优选用。

三、取水工程布置

在水源选择的基础上，通过取水方式等技术经济比较，提出取水工程方案。取水构筑物型式要符合有关规范规定，且结合工程实际进行选择。

附安徽省不同分区常见取水构筑物型式统计表（见表1），供参考。

1. 地表水取水构筑物型式选择

（1）岸边式取水构筑物：河（库、湖等）岸坡较陡、稳定、工程地质条件良好，岸边有足够水深、水位变幅较小、水质较好。

（2）河床式取水构筑物：河（库、湖等）岸边平坦、枯水期水深不足或水质不好，而河（库、湖等）中心有足够水深、水质较好且床体较稳定。

（3）缆车或浮船式取水构筑物：水源水位变幅大，但水位涨落速度小于2.0m/h、水流不急、枯水期水深大于1m、冬季无冰凌。

（4）低坝式取水构筑物：在推移质不多的山丘区浅水河流中取水，可选用。

（5）底栏栅式取水构筑物：在大颗粒推移质较多的山丘区浅水河流中取水，可选用。

2. 地下水取水构筑物型式选择

（1）管井：适用于含水层总厚度大于5m，且底板埋深大于15m。

（2）大口井：适用于含水层总厚度5～10m，且底板埋深小于20m。

（3）辐射井：适用于含水层有可靠补给、底板埋深小于30m。

（4）泉室：有泉水露头，水质良好，水量充足时选用。

表1　安徽省不同分区常见取水构筑物型式统计表

分区＼水源	地下水			地表水			
	浅层	中深层	泉水	河流	湖泊	水库	溪流
淮北平原区		①					
江淮丘陵区					③、④、⑤		
沿江平原区				③、④、⑤、⑥			
皖西山区			②	③、④、⑧		③、⑤	⑦、⑧
皖南山区			②	③、④、⑧		③、⑤	⑦、⑧

说明：（1）地下水取水构筑物：①管井，②泉室。地表水取水构筑物：固定式：③岸边式，④河床式。移动式：⑤浮船式，⑥缆车式，⑦低坝式，⑧底栏栅式。
（2）表中取水构筑物的选取是依据各地的水资源分布状况，结合统计的近年各地水厂取水型式得出，供参考。在实际选择时，主要应依据水源条件

3. 井群布置形式选择

总体来讲，井群布置靠近主要用水地区；井群布置要合理，平均井间距干扰系数宜为25%～30%；井位与建（构）筑物应保持足够的安全距离。井位及井群布置形式一般可按如下原则选择：

（1）冲、洪积平原地区，井群宜垂直地下水流方向等距离或梅花状布置，当有古河床时，宜沿古河床布置。

（2）大型冲、洪积扇地区，当地下水开采量接近天然补给量时，井群宜垂直地下水流方向呈横排或扇形布置；当地下水开采量小于天然补给量时，井群宜呈圆弧形布置；当开采储存量用作调节时，井群宜近似方格网布置。

（3）傍河地区，井群宜平行河流单排或双排布置。

（4）大厚度含水层或多含水层，且地下水补给充足地区，可分段或分层布置取水井群。

（5）间歇河谷地区，井群宜在含水层厚度较大的地段布置。

四、输水线路选择

水源距净水厂距离较远时，对输水线路选线、管径（断面）、条数、管道材料、设置加压泵站级数的方案做技术经济比较，择优选择推荐方案，列出方案的系统示意图。输水线路的选择，可综合考虑如下：

（1）整个供水系统布局要合理。

（2）尽量缩短线路长度，尽量避开不良地质构造（地质断层、滑坡等）处，尽量沿现有或规划道路敷设。

（3）尽量满足管道埋要求，避免急转弯、较大的起伏、穿越不良地质地段，减少穿越铁路、公路、河流等障碍物。

（4）充分利用地形条件，优先采用重力流输水。

（5）施工、运行和维护方便。

（6）考虑近、远期结合和分步实施的可能。

五、净（配）水厂总体设计

1. 厂址选择

根据工程水源位置、输水管线及供水区情况等因素，说明厂址选择的依据、把握的原则、厂址的具体位置和地面高程；厂址的选择，应通过技术经济比较后确定。水厂厂址选择一般综合如下因素确定：

（1）充分利用地形、靠近用水区和可靠电源，整个供水系统布局合理；

（2）与村镇建设规划相协调；

（3）满足水厂近、远期布置需要；

（4）不受洪水与内涝威胁；

（5）有良好的工程地质条件；

（6）有良好的卫生环境，并便于设立防护地带；

（7）有较好的废水排放条件；

（8）施工、运行管理方便。

2. 净水工艺选择

根据水源特点，通过净水工艺比选，提出水厂合理的净水工艺流程和净水设施形式，明确主要设计参数，列出净水工艺流程图。

（1）净水工艺选择前，宜收集掌握下列资料

① 原水水质的历史资料（分丰水期和枯水期）。

② 污染物的形成及发展趋势：对产生污染物的原因进行分析，寻找污染源。对潜在的污染影响和今后发展趋势做出分析和判断。

③ 当地或者相类似水源净水处理的实践。

④ 操作人员的经验和管理水平：应尽量选择符合当地习惯和使用要求的净水工艺。

⑤ 场地的建设条件：不同处理工艺对占地、地基承载等要求不同。

⑥ 经济条件：有些工艺对水质提高有较好的效果，但由于投资或运行费用较高，因此应结合经济条件考虑。

（2）地下水水源净水工艺

① 水质良好的地下水可只进行消毒处理。

② 铁、锰超标的地下水应采用氧化、过滤、消毒的净水工艺。

③ 氟超标的地下水可采用吸附过滤法、混凝沉淀法或反渗透法等净水工艺。

④ 砷超标的地下水可采用复合多介质过滤法或混凝沉淀法等净水工艺。

⑤ 硬度超标的地下水可采用离子交换法处理工艺。

⑥ 苦咸水淡化可采用电渗析或反渗透等处理工艺。

（3）地表水水源净水工艺

① 当原水水质符合《地表水环境质量标准》（GB 3838）要求时：

A. 原水浊度长期不超过 20NTU、瞬间不超过 60NTU 时，可采用慢滤加消毒或接触过滤加消毒的净水工艺。

B. 原水浊度长期低于 500NTU、瞬间不超过 1000NTU 时，可采用混凝沉淀（或澄清）、过滤加消毒的常规净水工艺。

C. 原水含沙量变化较大或浊度经常超过 500NTU 时，可在常规净水工艺前采取预沉措施；高浊度水应按《高浊度水给水设计规范》（CJJ 40）的要求进行净化。

② 地表水季节性浊度变化较大时宜设沉淀池超越管，水质较好时可超越沉淀池进行微絮凝过滤。

③ 微污染地表水可采用强化常规净水工艺，或在常规净水工艺前增加生物预处理或化学氧化处理，也可采用滤后深度处理。

④ 含藻水宜在常规净水工艺中增加气浮工艺，并符合《含藻水给水处理设计规范》（CJJ 32）的要求。

3. 水厂平面布置

概述布置的原则、具体布置形式及合理性、水厂的总占地面积和厂区内各构筑物、建筑物、设备、管道等的布置方式、位置及尺寸间距等。可参考如下内容设计：

（1）对水厂内的生产构筑物（如絮凝池、沉淀池、滤池等）、辅助及附属建筑物（包括加药间、值班室、消毒间、检验室等）的面积、结构形式、安全措施、装饰等进行设计。

（2）对厂区内的各种管道（包括各构筑物之间的连接管道、构筑物的排水、排泥管道、厂区排污管道等）的大小、走向进行设计。

（3）对进厂道路及厂区内绿化、大门、围墙等进行设计，并有必要的安全防护设施。

（4）工程永久占地包括工程占地和工程管理范围内的占地，以满足工程建设和运行管理的需要为准，不宜太大。

（5）水厂总平面布置一般综合考虑如下：

① 按照功能，分区集中。通常水厂分为生产区、生活区和维修区。

生产区：净水工艺流程布置类型有直线型、折角型和回转型三种。加药间应尽量靠近投加点，一般可设置在沉淀池附近，形成相对完整的加药区。冲洗泵房和鼓风机房宜靠近滤池布置，以减少管线长度和便于管理操作。

生活区：将办公楼、值班宿舍、食堂厨房、锅炉房等建筑物组合为一区。生活区尽可能放置在进门附近，便于外来人员联系，而使生产系统少受外来干扰。化验室可设在生产区，也可在生活区的办公楼内。

维修区：将维修车间、仓库以及车库等，组合为一区。该区占用场地较大，堆放配件杂物，宜与生产系统隔离，独立为一区块。

② 注意净水构筑物扩建时的衔接。净水构筑物通常可逐组扩建，但二级泵房、加药间，以及某些辅助设施，不宜分组过多，应考虑远期构筑物扩建后的整体性。

③ 考虑物料运输、施工和消防要求。一般在主要构筑物的附近应有道路到达，为了满足消防要求和避免施工影响，某些建筑物间必须留有一定间距。

④ 因地制宜，节约用地。

4. 水厂高程布置

简述各制水构筑物的高程布置、衔接以及正常工况下水位关系，阐述厂区内其他建筑物及厂区地坪的高程关系。可参考如下内容设计：

（1）水厂的高程布置应根据厂址地形、地质条件、周围环境以及进水水位标高确定。

（2）由于净水构筑物高程受控于净水流程，各构筑物间的高差应按净水流程计算决定，优先采用重力流布置。辅助构筑物以及生活设计则可根据具体场地条件作灵活布置，但应保持总体协调。净水构筑物的高程布置一般有如下 4 种类型：

① 高架式［图 1 （a）］：主要净水构筑物池底埋设地面下较浅，构筑物大部分高出地面，是目前采用最多的一种布置形式。

② 低架式［图1（b）］：净水构筑物大部分埋设地面以下，池顶离地面约1m左右。这种布置操作管理较为方便，厂区视野开阔，但构筑物埋深较大，增加造价和带来排水困难。当厂区采用高填土或上层土质较差时可考虑采用。

③ 斜坡式［图1（c）］：当厂区原地形高差较大，坡度又较平缓时，可采用斜坡式布置。设计地面高程从进水端坡向出水段，以减少土石方工程量。

④ 台阶式［图1（d）］：当厂区原地形高差较大，而其落差又呈台阶时，可采用台阶式布置，但要注意道路交通的畅通。

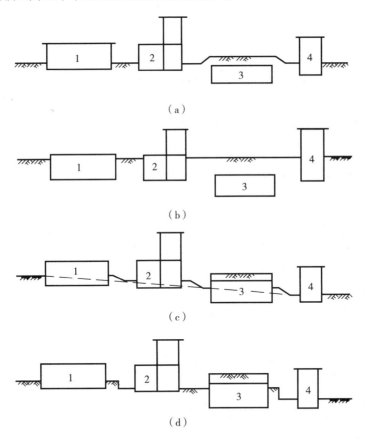

图1 净水构筑物高程布置图

1—沉淀池；2—滤池；3—清水池；4—二级泵房

（3）构筑物标高计算

① 取水口或水源井的最低运行水位。

② 计算取水泵房（一级泵房）在最低水位和设计流量条件下的吸水管水头损失。

③ 确定水泵轴心标高。

④ 确定泵房底板标高。

⑤ 计算水管水头损失。

⑥ 计算取水泵房至沉淀池（混合器、絮凝池）或澄清池的水头损失。

⑦ 确定沉淀池（混合器、絮凝池）或澄清池本身水头的水头损失。

⑧ 计算沉淀池（混合器、絮凝池）或澄清池与滤池之间连接管水头损失。

⑨ 确定滤池本身的水头损失。

⑩ 计算滤池至清水池连接管水头损失。

⑪ 由清水池最低水位计算配水泵房（二级泵房）水泵轴心标高。

（4）构筑物间要设方便和安全的通道，规模较小时，可采用组合式布置；净水构筑物上的主要通道应设防护栏杆，栏杆高度不宜小于 1.1m；尽可能有遮阳避雨措施。

六、配水管网布置

一般村庄及规模较小的镇，可布置成树枝状管网；规模较大的镇，有条件时，宜布置成环状或环、树结合的管网。可参考如下内容设计：

（1）管线宜沿现有道路或规划道路路边布置。管道布置应避免穿越毒物、生物性污染或腐蚀性地段，无法避开时可采取防护措施。干管布置应以较短的距离引向用水大户。

（2）管顶覆土应根据冰冻情况、外部荷载、管材强度、与其他管道交叉等因素确定。

（3）管道埋设应符合有关规范规定。

（4）给水管道与铁路、高等级公路等重要设施交叉时，应取得相关行业管理部门的同意，并按其技术规范执行。

（5）管道穿越河流、沟渠时，可采用沿现有桥梁架设水管，或管桥，或敷设倒虹管从河底穿越等方式。穿越河底时，管道管内流速应大于不淤流速，在两岸应设阀门井，应有检修和防止冲刷破坏的措施。管道在河床下的深度应在其相应防洪标准的洪水冲刷深度以下，且不小于1m。管道埋设在通航河道时，应符合航运部门的规定，并应在河岸设立标志，管道埋设深度应在航道底设计高程 2.00m 以下。

（6）露天管道应有调节管道伸缩的设施，并设置保证管道整体稳定的措施；冰冻地区尚应采取保温等防冻措施。

（7）穿越沟谷、陡坡等易受洪水或雨水冲刷地段的管道，应采取必要的保护措施。

（8）承插式管道在垂直或水平方向转弯处支墩和镇墩的设置，应根据管径、转弯角度、设计内水压力、接口摩擦力以及地基和回填土土质等因素确定。

（9）管道的冲洗和试压等应符合《给水排水管道工程施工及验收规范》（GB 50268）的有关规定。

七、输配水管道管材的选择

管材应根据使用条件和管材特点以及施工条件等因素综合考虑，并对经济、技术指标进行比较，择优选择。可参考如下内容设计：

（1）工程设计中，管径≥DN350mm 的宜选用球墨铸铁管，其余规格管径宜采用给水 PE 管，入户管则宜采用 PE 管或 PPR 管。

（2）供水管材选择应根据设计内径、设计内水压力、敷设方式、外部荷载、地形、地质、施工和材料供应等条件，通过结构计算和技术经济比较确定，并应符合有关规范规定。

（3）管道结构设计应符合《给水排水工程管道结构设计规范》（GB 50332）的规定。

（4）露天明设管道应选用金属管，采用钢管时应进行内外防腐处理，内防腐不应采用有毒材料，并严禁采用冷镀锌钢管。

（5）与管材连接的管件和密封圈等配件，宜由管材生产企业配套供应。

（6）长距离压力输水管道的公称压力应根据最大使用压力确定，其值应为最大使用压力加 0.2～0.4MPa 安全余量。当选用非金属管材时，安全余量可根据经验适当放大。输水管道的最大使用压力，应经过水锤计算确定。

农村饮水安全工程存在规模小，水源条件多样化，村民居住较分散以及地形较复杂等特点，这些特点使得工程总体布置需要全面分析、综合考虑，针对每个具体的农村饮水安全项目，分析其特点，研究其独特性，使得工程的总体布置更加的科学、合理、经济，有利于工程建设和运行管理，确保工程供水安全。

[参考文献]

[1] 倪文进，马超德等．中国农村饮水安全工程管理实践与探索［M］．北京：中国水利水电出版社，2010.

[2] 水利部农村水利司等．农村供水处理技术与水厂设计［M］．北京：中国水利水电出版社，2010.

[3] SL 687-2014 村镇供水工程设计规范［S］．北京：中国水利水电出版社，2014.

[4] GB 50013-2006 室外给水设计规范［S］．北京：中国计划出版社，2006.

[5] CJJ 123-2008 镇（乡）村给水工程技术规程［S］．北京：中国建筑工业出版社，2008.

设 计 篇

安徽省农村饮水安全工程前期工作概述

（2013 年 11 月）

"十一五"期间，我省农饮工程共解决农村饮水不安全人口 1223.3 万人、农村学校饮水不安全师生 23 万人；"十二五"期间，我省要解决农村饮水不安全人口 2151.1 万人、农村学校饮水不安全师生 171.8 万人；"十三五"期间，我省将实现"村村通"自来水的目标。截止到 2013 年年底，农村饮水安全工程累计完成总投资 114.9 亿元，解决了 2381.69 万农村居民和 118 万农村学校师生饮水不安全问题，建设工程 6550 处，其中规模水厂 870 处。前期工作是农村饮水工程建设管理的重要环节，我省农村饮水工程前期工作取得了很大成绩，也存在许多问题，加强前期工作管理，提高前期工作水平，重视农村饮水规划、实施方案和初设报告编制质量，势在必行。本文结合我省农村饮水工程前期工作的实际情况，简述了农村饮水规划、实施方案和初设报告编制要点，并提出工程设计中需要注意的若干问题。

一、农村饮水工程前期工作

简述我省农村饮水工程前期工作开展情况及审批程序问题。

（一）农村饮水规划方面

1. 我省规划编制情况

《安徽省农村饮水安全工程"十一五"规划》《2007—2011 年安徽省农村饮水安全项目可行性研究报告》《安徽省 2010—2013 年农村饮水安全工程规划人口调查复核报告》和《安徽省农村饮水安全工程"十二五"规划》。

2. "十二五"规划情况

国务院以《关于全国农村饮水安全工程"十二五"规划的批复》（国函〔2012〕52 号）进行了批复，四部委以《关于印发全国农村饮水安全工程"十二五"规划的通知》（发改农经〔2012〕2823 号）转发，省水利厅先后下发了《关于进一步完善县级农村饮水安全工程"十二五"规划工作的通知》（2013 年 3 月 29 日）、《关于做好县级农村饮水安全工程"十二五"规划修编工作的通知》（皖水农函〔2013〕360 号），对我省"十二五"规划修编工作进行部署。

3. 规划审批程序情况

阜阳市（太和县、颍上县）、亳州市（涡阳县、利辛县）和宿州市（埇桥区、灵璧县）由省水利厅进行技术审查，其余县（市、区）由市水利（水务）局负责技术审查，由县级人民政府审批，报省水利厅备案。

（二）实施方案方面

1. 实施方案编制情况

2005—2011 年，我省农村饮水工程大都以年度编制实施方案，基本按省水利厅下发的实施方案编制提纲进行编制；2012 年以后，按《农村饮水安全工程实施方案编制规程》（SL 559-2011）进行编制。

2. 方案审批程序情况

基本由市、县发改部门审批，技术审查由市、县水行政主管部门负责。

（三）初步设计方面

1. 初设报告编制情况

2005—2011 年初设编制没有制定统一的要求，各设计单位根据自己所理解进行编制，基本上是按照省水利厅下发的实施方案格式编制的；部分报告依据《水利水电工程初步设计报告编制规程》（DL 5021-93）进行编制；2012 年以后，按《安徽省农村饮水安全工程初步设计编制指南（试行）》（皖水农〔2012〕23 号）进行编制。

2. 初设审批程序情况

2005—2010 年规模水厂由市水行政及发改部门审批；根据《关于尽快组织编制和审批 2011 年农村饮水安全工程实施方案的通知》（皖发改农经函〔2011〕89 号），2011—2013 年由省水利厅及发改委审批。

3. 省级审批情况

按照《编制指南》《村镇供水工程技术规范》（SL 310-2004）及相关规范进行审查，2013 年又下发了《安徽省农村饮水安全工程初步设计审批管理办法（试行）》（皖水农函〔2013〕358 号），进一步规范审查审批相关工作。

省级已累计批复规模水厂 251 处（省水利厅批复 196 处，省发改委批复 55 处），其中：2011 年 50 处（省水利厅批复 42 处，省发改委批复 8 处），2012 年 64 处（省水利厅批复 52 处，省发改委批复 12 处），2013 年 136 处（省水利厅批复 103 处，省发改委批复 33 处）。

4. 市级审批情况

根据《关于调整农村饮水安全工程初步设计审批权限的通知》（皖水农函〔2013〕1748 号）规定，自 2013 年 12 月 12 日起，原由省水利厅商省发改委审批的总投资 1000 万元以下的千吨（万人）规模水厂初步设计审批权限下放到市级水利（水务）局商市级发改委审批。同时下发了《关于加强农村饮水安全工程初步设计市级审查审批工作的指导意见》，该指导意见的主要内容在本讲义第六章《前期工作文本编制中的若干具体问题思考》中均有体现。

二、农村饮水工程前期工作存在的主要问题

简述农饮规划、实施方案及初步设计编制中存在的问题，重点谈谈初设存在的问题。

（一）规划存在的主要问题

1. "过去（十一五规划）"总结不到位。

2. "现在（十二五规划修编）"特色不突出。

3. "将来（展望十三五规划）"方向不明确。

（二）实施方案存在的主要问题

1. 从文本编制形式上看，未按规程编制。

2. 从文本编制内容上看，编制质量不高。

（三）初步设计存在的主要问题

1. 报告的形式及资质

（1）封面中报告完成的年月（未按实际报送日期填写）、版本性质（遗漏了送审稿、修订稿、报批稿等内容）不符合格式要求。

（2）扉页中批准、审核、项目负责人签名不符合要求；设计人员、项目负责人、审核人、批准人未认真履行职责。

（3）盖章不符合要求（如封面盖章为复印件）。

（4）设计单位资质不符合要求及设计资质证书已过有效期。

2. 报告的内容及深度

（1）综合说明章节

① 设计单位未对水厂改扩建工程中原水厂概况，以及本次工程改扩建拟利用原水厂场地、设备、设施、管道等进行说明。

② 工程特性表备注内容不完整，并与报告内容不一致。

③ 所附工程地理位置图不符合要求（未标明水厂厂区及受益行政村等位置）。

（2）项目区概况及项目建设的必要性章节

① 未说明项目区目前的饮水不安全因素、居民饮水现状等与本次工程建设之间的联系。

② 规划内解决农村饮水不安全人数及学校师生人数不准确，有的不在原规划内。

③ 工程建设的必要性阐述混乱。

（3）工程建设条件章节

工程地质中未提及岩土物理力学性质参数建议值，未针对存在的问题提出处理意见。

（4）设计依据及原则章节

① 在设计依据中列入了一些与本工程建设无关的或者已经过时作废的规范、规程，如列入了《农村实施〈生活饮用水卫生标准〉准则》等。

② 缺少必要的设计规范。

③ 所列设计原则，未能在初设文本中体现。

（5）工程规模章节

① 供水规模取值参数不合理，如村镇企业用水量过大（非调查统计测算结果），导致工程供水规模偏大。

② 将水厂自用水量列入了供水规模的计算中。

③ 时变化系数取值不合理。

（6）水源选择章节

① 地下水源中：未提及项目区现有水源井的相关信息，未说明其与拟建水源井的相互关系；未提供项目区已有的成井物探报告。

② 地表水源中：未提供水源的流域面积、径流量、特征水位、库容等相关特征值，未分析95%取水保证率时水量能否满足取水水量要求。

③ 管网延伸工程中：未提供管网接入点的流量、水压、管径等相关参数。

④ 缺少原水水质检测报告。

（7）工程总体布置章节

① 不根据水源特点对净水工艺进行比选。

② 总平面布置和加药消毒间布置方案不够优化。

③ 缺少净水工艺流程布置及净水构筑物的高程布置。

（8）工程设计章节

① 工程设计标准中的最小服务水头确定不合理。

② 未编制工程防洪设计、抗震设计。

③ 净水工艺选择和净水构筑物设计参数取值不合理。

④ 取水构筑物设计中水泵设计流量计算错误（不包括水厂自用水量），未考虑防止水锤现象的措施。

⑤ 输水管道及附属设施设计中管道经济流速取值不合理。

⑥ 水厂及附属构筑物设计中设计参数取值不合理、清水池不分格、消毒设计内容不全等。

⑦ 最小服务水头选择前后不一致，配水工程及入户工程设计中水泵选型不合理及配水管道选型与水力计算结果不对应。

⑧ 结构设计未考虑。

⑨ 供配电设计中变压器选型不合理。

⑩ 水质检测仪器及设备配置与水厂类型不匹配。

（9）施工组织设计章节

① 主要体现为深度不够，如未说明取水建筑物、泵站、净水厂区等部分主体工程施工方法、施工程序、地基处理方式等。

② 没有试运行内容。

（10）环境影响、水土保持及水源保护章节

① 未提出环境影响的解决措施。

② 未提出水土保持的解决措施。

③ 未提出水源保护的解决措施。

（11）工程管理章节

仅一般性叙述，没有结合工程实际提出对工程实体的管理问题。

（12）设计概算和资金筹措章节

① 项目名称不合要求，如未标明管材管件的材料等级、压力等级，未标明消毒设备的参数。

② 工程量不正常，有计算错误偶然因素，也有人为因素（如工程征地面积过大、管理房建筑面积过大等）。

③ 单价不正常（如管材管件价格严重偏高或偏低）。

④ 漏项，如建筑工程中未考虑三池的模板工程，机电设备安装工程中未考虑购安适当数量的闸阀、消防栓以及管道试压、消毒费用等，独立费用项下的个别费用漏列（如新建工程生产准备费中的生产人员培训费及提前进场费）及个别费用计算方法错误、参数取值不合理等。

⑤ 增项，如水质检测设备与水厂实际需要不符。

⑥ 列重，如建筑工程中已考虑适当的绿化费后，在水保及环境保护工程

继续考虑了内容相近项目的实施费用。

（13）经济评价章节

未结合当地及工程实际进行经济评价，成果可信度不高。

（14）附录、附件、附图章节

① 附录中水源水质化验报告不符合要求，如化验日期过于久远、化验项目不全、化验的次数不对（仅附地表水丰水期水源水质化验报告，未附枯水期水源水质化验报告）。

② 附件中地勘报告不符合要求，如根本就未做工程勘察。

③ 缺少水资源论证批复材料。

④ 附图中少配水管平面设计图及纵断面设计图、供配电设备布置图、自动化控制系统拓扑图等。

三、农村饮水工程规划编制

简述农饮规划编制要点，主要参照《全国农村饮水安全工程"十二五"规划》《安徽省农村饮水安全工程"十二五"规划报告》《城市给水工程规划规范》（GB 50282-98）等规划文本及相关规范，建议分如下章节。

前 言

一、农村饮水安全现状

1. 农村饮水安全工程建设进展和成效

2. 存在的主要困难和问题

3. 农村饮水安全状况调查评估

二、指导思想、目标任务、技术路线和规划分区

1. 规划依据

2. 规划范围

3. 指导思想

4. 基本原则

5. 规划目标

6. 技术路线与规划分区

三、主要建设标准和内容

1. 建设标准

2. 建设内容

3. 建设规模

4. 不同类型问题规划方案与技术措施

5. 典型工程设计

6. 水资源供需分析

四、工程管理

1. 工程前期工作

2. 工程建设管理

3. 工程运行管理

4. 管理体制创新

五、投资估算与资金筹措

1. 编制依据

2. 投资估算方法

3. 人均综合投资估算

4. 投资估算

5. 资金筹措

6. 地方投资和农民自筹能力分析

六、效益分析

1. 社会效益分析

2. 经济效益分析

七、环境影响评价

1. 评价依据

2. 评价原则及目的

3. 评价工作程序

4. 环境现状分析

5. 环境影响评价

6. 环境保护对策与减缓影响的措施

八、保障措施

1. 组织领导方面

2. 投资融资方面

3. 前期工作方面

4. 建设管理方面

5. 运行管理方面
6. 社会监督方面
7. 宣传培训方面
8. 其他方面

九、展望

附表、附图

四、农村饮水工程实施方案编制

简述实施方案编制要点,主要根据《农村饮水安全工程实施方案编制规程》(SL 559-2011)、《村镇供水工程技术规范》(SL 310-2004)等有关规范。根据国家发展改革委、水利部《关于改进中央补助地方小型水利项目投资管理方式的通知》(发改农经〔2009〕1981号)文件规定,农村饮水安全项目属小型水利项目,可编制项目实施方案,实施方案由可行性研究和初步设计合并而成,达到初步设计深度。我省规定规模水厂编制初步设计,非规模水厂可编制实施方案。具体章节如下,详见《农村饮水安全工程实施方案编制规程》(SL 559-2011)。

(一)综合说明

要点:简述工程背景、设计依据、建设任务与目标及工程建设的必要性与可行性;简述工程规模、水源选择、工程总体布置及净水厂位置、占地面积;简述工程设计主要内容、主要工程量和材料及设备、概算与资金筹措方案及经济评价的结论;附工程特性表。

(二)工程背景与设计依据

要点:工程背景,设计依据,建设任务与目标。

(三)工程建设的必要性与可行性

要点:项目区概况,供水现状,工程建设的必要性与可行性。

(四)总体设计

要点:工程设计标准,工程规模,水源选择,工程总体布置。

(五)工程设计

要点:工程防洪和抗震标准,取水工程设计,输水工程设计,净水厂工程设计,输配水工程设计,建筑设计,结构设计,供配电设计,自动控制设计,采暖通风与空气调节设计,机械设备选型及金属结构设计,节能与节水设计,防火与安全及劳动保护。

（六）施工组织设计

要点：施工条件和方法，施工总布置，施工进度计划。

（七）工程管理

要点：建设管理，运营管理，应急管理。

（八）环境保护与水土流失防治措施

要点：提出环境保护措施和水土流失防治措施。

（九）概算与资金筹措

要点：概算编制说明，概算表及附表，资金筹措与管理。

（十）经济评价

要点：评价依据及参数，国民经济评价，供水成本及水价，财务分析。

（十一）结论与建议

要点：综述实施方案的主要成果，提出下阶段工作的建议。

附录 工程设计图、工程特性表

五、农村饮水工程初设报告编制

简述初步设计报告编制要点，主要根据《水利水电工程初步设计报告编制规程》（SL 619-2013）、《村镇供水工程技术规范》（SL 310-2004）、《安徽省农村饮水安全工程初步设计编制指南（试行）》（皖水农〔2012〕23 号）等有关规范规定。分如下章节，详见《编制指南》。

（一）综合说明

主要内容：简述工程的地理位置、前期工作成果、初步设计编制依据和过程；简述供水区社会经济状况、供水现状、存在的主要问题以及工程建设的必要性；简述项目区概况、工程规模、工程布置、施工组织设计、工程管理、主要工程量、设计概算和水价等。

（二）项目区概况及项目建设的必要性

主要内容：简述项目区自然和社会经济概况，说明供水现状、存在的主要问题和区域供水规划，阐述解决供水问题的思路和措施，论证工程建设的必要性。

（三）工程建设条件

主要内容：区域水资源概况，地质情况。

（四）设计依据及原则

主要内容：具体设计依据和设计原则。

（五）工程规模

主要内容：论证分析供水范围、对象的水量、水质要求，合理选用生活用水定额，时变化系数，日变化系数，确定取水工程、泵站、输水管道、净（配）水厂规模。

（六）水源选择

主要内容：对供水范围内及其周边地区可能利用的各种水源进行调查，收集当地水文、现有供水设施及用水情况等资料。重点分析论证工程各种可能水源的水质及不同保证率时的水量，并通过技术经济比较，确定工程采用的水源方案。

（七）工程总体布置

主要内容：根据水源及供水区范围以及地形、地质等情况，通过对取水工程、输水管线、净（配）水厂位置及配水管网布设等的工程量、施工条件、投资、运行、管理诸方面的综合技术经济比较，选定取水点、净水厂位置、确定输水线路、比选净水工艺及方案，确定配水管网布置，提出科学合理的工程总体方案。

（八）工程设计

主要内容：根据水源水质、供水规模、供区范围、地理地质等情况，对各类净水构筑物进行具体设计。Ⅰ～Ⅲ型供水工程应采用土工构筑物，Ⅳ～Ⅴ型供水工程宜采用土工构筑物。

（九）施工组织设计

主要内容：简述工程施工组织、主要施工方法、施工进度安排及质量和进度保证措施。

（十）环境影响、水土保持及水源保护

主要内容：简述供水工程建设前后，工程对所在地区的自然环境和社会环境的有利与不利影响。根据工程建设影响所产生的水土流失等问题，提出水土保持方案。根据水源地具体情况及存在的问题，提出水源保护措施和保护方案。

（十一）工程管理

主要内容：调查研究规模相近的同类供水工程管理运用的现状及存在的问题，结合工程的建设管理、资产管理、运行管理，分析建立有效的建设和运行管理体制和机制，提出管理单位设置和人员编制建议以及有关管理制度，明确管理及运行费用来源等。工程管理设计原则是保证建设、运行和维护的有效性和可持续性。根据工程的规模、管理的任务、工作特点和具体运行情况等，按现行有关规定，合理拟定管理机构的组成和人员编制，提出相应的管理设施、设备等以及对管理的要求等。

（十二）设计概算和资金筹措

主要内容：工程设计概算应按安徽省水利厅皖水建〔2008〕139 号文《安徽省水利水电工程设计概（估）算编制规定》（以下简称 139 号文）等规定以及工程所在地编制年当时的价格水平进行编制。

（十三）经济评价

主要内容：根据规范规定建设项目经济评价是项目前期工作的重要内容，农村饮水安全工程经济评价工作拟作适当简化：国民经济评价仅分析计算主要评价指标，并说明国民经济评价结果；财务评价仅就供水成本进行分析，同时测算项目区群众对水价的承受能力。

（十四）附录、附件、附图

六、前期工作文本编制中的若干具体问题思考

结合我省农村饮水安全工程前期工作开展情况以及 2011—2013 年省水利厅对规模水厂初步设计审查、审批过程中发现的问题，笔者在对规模水厂初步设计和农饮工程"十二五"规划修编审查工作中的体会，提出前期工作文本编制要注意的问题，供大家参考。

（一）农村饮水安全工程规划编制

1. 规划思路

（1）统筹兼顾，分步实施。（2）规模发展，注重实效。

（3）防治结合，确保水质。（4）科技支撑，引领示范。

（5）建管结合，良性运行。（6）政府主导，农民参与。

2. "十二五"规划修编

在完成规划任务的同时，要有效解决已建工程存在的问题。

3. "十三五"规划有关文件及论述

（1）国家层面上对今后农村饮水工作的论述

①《中共中央　国务院关于加快水利改革发展的决定》（中发〔2011〕1号）文件提出：到 2020 年，城乡供水保证率显著提高，城乡居民饮水安全得到全面保障。

②国务院批复的《全国农村饮水安全工程"十二五"规划》提出：根据城乡统筹，以人为本，全面建设小康社会的要求，将根据国家经济社会总体发展目标任务，尤其是社会主义新农村建设的具体任务、目标和要求，结合农村供水事业发展具体情况，通过工程配套、改造、升级、联网，进一步提

高全国农村集中式供水工程完好率和水质监测合格率,重点是配套或改造净化消毒、水质检测设施以及严重老化的机电设备和管网设施。

③《水利部办公厅关于印发 2014 年农村水利工作要点的通知》(办农水函〔2014〕195 号)第 16 条"完善农村水利发展规划":开展农村饮水提质升级"十三五"规划编制前期工作。

④ 水利部 2013 年 11 月举办的《全国农村饮水安全工程建设和管理研讨班》上,要求各地尽早谋划好"十三五"农村饮水安全工作。

⑤ 水利部陈雷部长在 2014 年全国水利厅局长会议上的讲话提出:超前科学谋划,抓好"十三五"规划研究,着手启动"十三五"规划编制工作。并指出今后农村饮水安全工程发展方向为:围绕农村饮水安全问题,以城乡发展一体化为方向,优先实施城镇供水管网向农村延伸,大力发展规模化集中供水和村村通自来水工程,对农村饮水安全工程进行配套改造和联网提升。

⑥ 2013 年 12 月 20 日,水利部农村水利司司长王爱国在"贯彻省政府 66 号文件,推进小型水利工程改造提升培训班"〔《安徽省人民政府关于深化改革推进小型水利工程改造提升的指导意见》(皖政〔2013〕66 号)〕的讲话中提出:按照统筹城乡基础设施建设,推进城乡基本公共服务均等化的要求,提高农村饮水安全工程投资和建设标准,加快推进城镇供水管网向农村延伸和规模化集中供水工程建设。加强农村供水水源地保护和农村饮水安全工程水质检测能力建设。谋划农村饮水安全工程配套改造和升级联网,提高自来水普及率和水质合格率,力争到 2020 年农村集中供水受益比例达到 85% 以上(到 2015 年全国农村集中供水受益比例约 73%),促进城乡发展一体化。

(2)部分省开展"十三五"规划工作情况

① 陕西省水利厅下发了《关于开展〈陕西省城乡供水中长期发展规划〉编制工作的通知》(陕水供发〔2013〕9 号),并全面开展规划编制工作。主要涉及建制镇供水、移民搬迁安置点供水、农村新型社区供水、部分供水设施改造提高工程、水质改善供水等五部分。

② 湖南省人民政府办公厅下发了《关于进一步做好农村饮水安全工作的意见》(湘政办发〔2013〕64 号),明确提出"到 2020 年,通过提质改造和配套完善,实现 100% 的乡镇、90% 的行政村通自来水,农村自来水普及率达到 80% 以上"的目标。

③ 江苏省发改委、水利厅、卫生厅 2012 年 1 月联合下发了《关于抓紧开展全省农村饮水安全工程现状调查评估工作的通知》,经调查评估,江苏省苏中、苏北 8 市共有农村饮水不达标人口 1482 万人。

④ 江西省发改委、水利厅、卫生厅、财政厅、住建厅及省委农工部等 6 部门 2012 年 1 月联合下发《关于抓紧组织开展农村自来水工程规划编制工作的通知》。突破"行政区划、投资规模、建设主体、已建水厂"4 个影响,统筹水源和供水区,以优质水源为核心,统筹城乡供水进行规划;全省共规划 512 个供水分区,规划建设水厂 1193 座,覆盖人口 4340.4 万人,覆盖率为 92.06%;其中日"千吨万人"以上规模水厂 832 座,覆盖城乡总人口为 4260.8 万人,覆盖率为 90.91%;到 2020 年基本实现农村自来水全覆盖目标。

⑤ 重庆市人民政府批复的《重庆市 2013—2017 年农村饮水安全工作方案》提出"到 2017 年底,全面解决全市 1131 万农村居民饮水安全问题,使农村集中式供水人口比例达到 80% 以上,供水水质合格率 85% 以上"的工作目标。

⑥ 山东省 2013 年农村自来水普及率达到了 92%,该省计划从 2016 年开始实施农村饮水安全提升工程。

(3) 外省村村通自来水工程实施情况

广东、山东、江西、湖北、甘肃等 5 省,按照城乡供水一体化以及农村自来水工程覆盖行政村、自来水入户率和供水水质达标率"三个 90%"以上的要求,优先实施城镇供水管网延伸,大力实施"一县一网、多乡一网、一乡一网"等区域性规模化集中供水工程建设,强化水源保护和水质检测能力建设,提高了供水工程的工艺水平、管理水平和水质合格率,提高了供水保证率和入户率。

(4) 我省农村饮水工作目标及开展情况

中共安徽省委 安徽省人民政府《关于贯彻〈中共中央 国务院关于加快水利改革发展的决定〉的实施意见》(皖发〔2011〕1 号)文件提出"到 2020 年,全面解决农村饮水安全问题,实现农村自来水村村通"的目标。

我省到 2015 年农村自来水覆盖率约 64%,低于全国 73% 的平均水平。

(5) 我省部分县区农村饮水规划目标及开展情况

中共庐江县委 庐江县人民政府《关于进一步加快水利和加强农村饮水安全建设的实施意见》(庐发〔2012〕20 号)提出:根据选择的八大水源点对各水源点的供水区域进行划分;到 2020 年,计划将现有水厂整合为 8 家水厂;供水总人口 102.09 万人,农村供水普及率提高至 91.05%,基本解决全县农村饮水安全问题。

(6) 编制县级"十三五"规划的原则

① 坚持实事求是、调查研究的原则,摸清农村供水现状。

② 坚持区域统筹的原则，合理确定供水分区。

③ 坚持与城镇规划、美好乡村建设相衔接的原则，预留供水能力及主供水管道接口。

④ 坚持以水源定规模的原则，适度扩大供水规模。

⑤ 坚持水质达标的原则，选择成熟的技术路线。

⑥ 坚持突显地方特色的原则，做到工程与自然环境及人文历史相结合。

⑦ 坚持多元化投资的原则，发挥财政资金投入主渠道的作用。

⑧ 坚持为人民服务的原则，善于担当，切实抓好行业管理工作。

（二）农村饮水安全工程实施方案编制

编制实施方案（或初步设计）工程类型划分，按四部委下发的《农村饮水安全项目建设管理办法》（发改农经〔2007〕1752 号）第二章第八条规定：日供水 1000 立方米（或供水人口 1 万人）以上的单项工程编制初步设计，其他工程可编制实施方案。

我省基本按此规定执行。个人认为：Ⅳ型供水工程宜编制单项工程实施方案，Ⅴ型供水工程及分散工程宜编制综合实施方案，综合实施方案编制提纲详见《农村饮水安全工程实施方案编制规程》（SL 559-2011）第 15 章。

（三）农村饮水安全工程初步设计编制

1. 几个重要参数选择：供水规模、时变化系数、日变化系数、设计现状年、设计水平年、工程设计年限、最不利节点自由水头、主管网末梢设计水压等。

2. 流量问题：取水流量、净水流量和配水流量。

3. 净水厂平面布置：生产区、生活区和维修区。

4. 净水工艺流程和净水构筑物高程布置：流程布置有直线型、折角型和回转型，高程布置有高架式、低架式、斜坡式和台阶式。

5. 净水工艺设计：净水工艺选择一般以原水浑浊度（NTU）为标准，20NTU、60NTU、500NTU 和 1000NTU 为选择工艺的界限值。

6. 除氟除铁锰工艺设计：我省常用的除氟工艺有吸附法、反渗透法和膜处理法；除铁锰工艺常用曝气氧化法和接触氧化法，主要看水中的二价铁是否易被空气氧化。易被氧化可采用曝气氧化法，反之（或受硅酸盐影响），采用接触氧化法。

7. 消毒剂选择：氯气及游离氯制剂（游离氯，mg/L）、一氯胺（总氯，mg/L）、臭氧（O_3，mg/L）、二氧化氯（CLO_2，mg/L）等，详见《生活饮用水卫生标准》（GB 5749-2006）。

8. 水泵选型：分单泵选型和水泵机组组合，结合工程实际给予考虑。

9. 小水厂并网设计：供水规模、水力计算统一考虑，充分利用原供水设施；可分为环状并网设计和树状并网设计。

10. 规模水厂分期设计：科学划定分期实施范围，应从水源选择、净水厂平面布置、净水工艺设计、水力计算、管网设计等方面统筹考虑。

11. 管网延伸工程设计：原则上该类工程不考虑原水厂的改扩建问题，应从原水厂供水规模、接管点水压及水力计算等方面给予综合考虑。

12. 自动控制系统设计：自动控制系统根据功能配置由高到低依次分为三类：分布式计算机控制系统、集中式计算机控制系统和现地控制单元。可参考北京市质量技术监督局发布的《村镇供水工程自动控制系统设计规范》（DB11/T 341-2006），结合工程实际进行具体设计。

（四）初设报告（或实施方案）设计范围和重点

1. 设计范围：按四部委下发的《农村饮水安全项目建设管理办法》（发改农经〔2007〕1752号）第二章第九条规定：集中供水工程细化到自然村，家庭水窖、水池等分散工程细化到户；我省要求均设计到户。

2. 设计重点：水源选择、净水工艺设计、管网设计、供配电设计和设计概算等。

（五）关于净水器的使用问题

原则上我省不提倡使用一体化净水器，从使用效果上看，不尽理想，达不到设计要求。虽《村镇供水工程技术规范》（SL 310-2004）允许Ⅳ～Ⅴ型供水工程使用；基于使用效果问题，《安徽省农村饮水安全工程初步设计编制指南（试行）》（皖水农〔2012〕23号）规定Ⅰ～Ⅲ型供水工程应采用土工构筑物、Ⅳ～Ⅴ型供水工程宜采用土工构筑物，个人认为如建设条件限制，Ⅴ型供水工程可采用。

（六）水质检测能力建设问题

按四部委下发的《关于加强农村饮水安全工程水质检测能力建设的指导意见》（发改农经〔2013〕2259号）有关规定：2014年国家启动农村饮水安全工程水质能力建设，2015年全面建设。县级水质监测中心的检测能力要达到42项常规指标及本地区存在风险的非常规指标的检测能力。中央预算内投资主要用于购置仪器设备和水质检测车辆。

已有89个县区建立了水质检测中心，其中水利部门建设的有16个。

（七）关于设计资质的问题

按规定不得出借、借用设计资质开展农饮工程设计。《编制指南》已明确对设计资质的要求：对于Ⅰ～Ⅲ型供水工程，承担设计任务及其相应的勘察、试验、研究工作的单位，必须具有水利工程（或相关专项）或市政行业（给水工程）乙级或乙级以上设计资质；对于Ⅳ～Ⅴ型供水工程，承担设计任务及其相应的勘察、试验、研究工作的单位，必须具有水利工程（或相关专项）或市政行业（给水工程）丙级或丙级以上设计资质。需要说明的是，个别工程虽从规模上属Ⅳ型供水工程，但受益人口达到万人及以上，也要编制初步设计，因此，设计资质按Ⅰ～Ⅲ型供水工程规定的资质要求执行。

设计单位应合理配备相关专业人员，并认真审核把关，设计单位负责人要参加报告专家审查会。报告设计质量达不到要求的，将按规定对设计单位进行相应处罚。

（八）关于工程设计内容的完整性问题

对于跨年度实施的项目，按"整体设计，分期实施"的原则，一次性设计到位，不得为控制投资额，减少或缺失配水管网等相关内容。

此外，根据省水利厅《关于农村饮水安全工程建设和管理的若干意见》（皖水农〔2008〕155号）第三条"进一步加强建设资金筹措与管理"规定还应将入户部分（一般大于10户）纳入设计中，保持工程的完整性。

（九）关于水厂受益人口问题

报告中应明确新建设水厂受益总人口及规划内人口（包括农村居民和学校师生），并将人口分解到每个村和学校。改、扩建水厂以及并网原有小水厂，应对原水厂受益总人口和规划内人口分别进行说明。

（十）关于水质检测资料问题

报告中应附具水质检测资料，作为水质处理工艺选择的依据。水质检测资料应具有可参考性，如应在项目区附近的、近期的，检测指标要齐全，取地下水其井深应相当，取地表水的要附丰、枯水期水源水质化验报告。

（十一）关于工程设计概算中的几个问题

（1）参照各地中标价和市场行情，合理确定管材价格；按有关规定控制水厂占地面积、办公管理用房、生产用房面积。

（2）按规定不能计列车辆，不能设计住宅用房（可考虑少量值班用房）。

（3）临时工程按建安工程投资（计算基数不含管材、管件投资）的2.0%控制。

（4）参考水源的含氟量不高于1.0mg/L，不应计列除氟设备，但如处于高氟地区应考虑预留除氟工艺位置及生产房。小型集中式供水（指日供水在1000m³以下或供水人口在1万人以下）按1.2mg/L控制。

（5）原则上不予列支备用电源的费用。

（十二）关于报告附图问题

除按编制指南要求附图外，还要注意以下几点：

（1）附具项目所在县（市、区）的农村饮水安全工程"十二五"规划布置图。

（2）附具体工程位置图，是指在县域图上标明工程所在位置、水厂服务范围及解决不安全人口的范围（如没有合适的图可在县级水利工程位置图上标）。

（3）工程总体布置图、管网布置图等用彩色图（在地形图上标注管网等黑白的看不清）。

（4）给水管网应布置到每户门前水表井，而不是到村口或居民点，否则没法计算工程量。如布置在总平面图上看不清，可另外单独附图。

（5）设计中应统一相关标志、标牌：如入户门牌号、水厂水源保护牌、标志桩、水表井盖等。

（6）图幅大小要合适，确保能看得清。

（十三）关于水资源论证问题

省水利厅下发的《关于加强农村饮水工程水源安全保障工作的通知》（皖水资源函〔2012〕304 号）第一条规定：对新建的农饮工程，要有经批准的水源分析论证材料，作为项目审批和办理取水申请的依据。第二条规定：对已建工程，在办理取水许可证时，应补充水源地水量、水质及应急供水等评价材料，并经有管辖权的水行政主管部门确认，否则不予核发取水许可证。

（十四）关于"双水源工程"设计问题

选择水源时，既要考虑水质问题，也要考虑水量问题，同时要兼顾工程运行的经济性问题。根据《村镇供水工程技术规范》（SL 310-2004）3.3、4.1.3、6.0.2 等条的有关规定，结合农饮工程的实际情况，可按如下形式进行"双水源工程"设计。

（1）地表水：地表水与地表水、地表水与地下水、地表水与调蓄池等，均应建取水泵站、输水管道及相关附属物。

（2）地下水：地下水与地下水、地下水与调蓄池等，均应建取水泵站、输水管道及相关附属物，个人认为地下水可单井设计、双井布置和循环运行较合适。

（十五）关于洪水影响评价问题

根据省水利厅下发的《安徽省河道及水工程管理范围内建设项目管理办法（试行）》（皖水管〔2005〕107 号）有关规定：水利工程可不做洪水影响

评价；国家发展改革委、水利部《关于改进中央补助地方小型水利项目投资管理方式的通知》（发改农经〔2009〕1981号）文件规定，农村饮水安全项目属小型水利项目。

按上述文件精神，农饮工程可不做洪水影响评价，但文本应给予说明。

（十六）关于环境影响评价问题

福建省环保厅结合农饮工程的实际，把环境影响评价列入《福建省建设项目环境影响评价豁免管理名录（试行）》（闽环发〔2012〕17号）。从我省农饮工程建设项目实际情况看，没有因环境影响评价延误项目建设，但前期工作文本中均应有相关内容的评价及具体措施。

（十七）农村饮水工程结余资金使用问题

按省水利厅下发的《关于中小河流治理国家规划小型病险水库除险加固和农村饮水安全三类项目结余资金使用管理的意见》（皖水基函〔2013〕1087号）文中《农村饮水安全工程结余资金使用》部分的规定：在本行政区域内与规划内其他农村饮水安全项目调剂使用；对规划内已建规模小，水质较差小水厂的联网、并网建设和改造；未按规定采取水质处理措施、修建调节构筑物及管理设施等已建农村饮水安全工程，利用结余资金对原有工程进行更新改造、购置相关设备等；用于县级水质检测中心建设。

（十八）农村饮水工程农户自筹资金问题

依据《安徽省农村饮水安全工程管理办法》（省人民政府第238号令）第二章第九条规定：农村饮水安全工程入户部分，由农村居民自行筹资，建设单位或供水单位统一组织施工建设。

按省水利下发的《关于农村饮水安全工程建设管理有关问题的通报》（皖水农函〔2013〕719号）文中第二条相关规定：按当前物价水平，入户管网材料费不应超过300元/户。

根据上述规定，入户时收取一定的费用是合规的，但应按规定收取；不收取入户费用也是违反规定的，也不利于农饮工程建设管理。

（十九）关于维修养护经费问题

《农村饮水安全工程建设管理办法》（发改农经〔2013〕2673号）第二十四条规定：水费收入低于工程运行成本的地区，要通过财政补贴、水费提留等方式，加快建立县级农村饮水安全工程维修养护基金，专户存储，统一用于县域内工程日常维护和更新改造。

《安徽省农村饮水安全工程管理办法》（省人民政府第238号令）第五章第三十二条规定：市、县级人民政府负责落实农村饮水安全工程运行维护专项经费。运行维护专项经费主要来源：市、县级财政预算安排资金，通过承包、租赁等方式转让工程经营权的所得收益。

《关于印发〈2012 年全省农田水利建设高潮年工作方案〉的通知》（皖水农〔2012〕62 号）文件中"工作安排"第三条（分项推进）第 6 项（农村饮水安全工程）规定：督促各地设立县级农村饮水安全工程维修基金，按照年度总投资 1% 的标准，落实农村饮水安全工程维修养护经费，加强工程维修养护，保证工程充分发挥效益。

"按照年度总投资 1% 的标准，落实农村饮水安全工程维修养护经费"应理解为"县级财政按该标准落实维修养护经费，不是从项目建设资金提取"。

县级养护基金落实情况：已有 92 个县区建立了县级维修养护经费制度，累计落实资金 1.2 亿元，其中 2013 年落实 0.48 亿元。

（二十）关于水价问题

根据《农村饮水安全工程建设管理办法》（发改农经〔2013〕2673 号）第二十四条规定：农村饮水安全工程水价，按照"补偿成本、公平负担"的原则合理确定，根据供水成本、费用等变化，并充分考虑用水户承受能力等因素适时合理调整。有条件的地方，可逐步推行阶梯水价、两步制水价、用水定额管理与超定额加价制度。对二、三产业的供水水价，应按照"补偿成本、合理盈利"的原则确定。

已有 62 个县区实施了两步制水价，其中县区政府出台文件的有 8 个，物价部门出台文件的有 19 个。

（二十一）前期工作经费问题

《农村饮水安全工程建设管理办法》（发改农经〔2013〕2673 号）第十四条规定：各地可在地方资金中适当安排部分经费，用于项目审查论证、技术推广、人员培训、检查评估、竣工验收等前期工作和管理支出。

（二十二）农饮专管管理机构及队伍建设问题

《农村饮水安全工程建设管理办法》（发改农经〔2013〕2673 号）第二十五条规定：各地原则上应以县为单位，建立农村饮水安全工程管理服务机构，建立健全供水技术服务体系和水质检测制度，加强水质检测和工程监管，提供技术和维修服务，保障工程供水水量和水质达标。

1. 水利部农村饮水安全中心

水利部于 2006 年 11 月成立了"水利部农村饮水安全中心"。批文为：《关于中国灌溉排水发展中心加挂水利部农村饮水安全中心的牌子的批复》（水人教〔2006〕540 号）。

2. 全国部分省机构成立情况

（1）甘肃省农村饮水安全管理办公室：正处级事业单位。

（2）陕西省城乡供水管理办公室：正处级事业单位。

（3）湖北省农村饮水安全工程管理办公室：副厅级单位。

（4）云南省水利厅农村水利二处：厅机关内设处室。

（5）贵州省水利厅饮水安全处：厅机关内设处室。

（6）浙江省农村水利总站：正处级事业单位。

（7）辽宁省农水局：副厅级单位。

（8）山西省水利厅供水排水处：厅机关内设处室。

3. 我省机构成立情况

（1）省农村饮水管理总站

2010 年 3 月，省编办以《关于同意省水利综合经营总站更名的批复》（皖编办〔2010〕20 号），省农饮总站正式成立，正处级差额事业单位。

（2）市级机构成立情况

目前我省仅有池州市、阜阳市成立了市级管理机构，正科级事业单位。

（3）县级机构成立情况

已有 91 个县区成立了专管机构，其中确定为事业单位的有 79 个。

七．农村饮水工程前期工作的建议

（一）超前谋划前期工作

（1）宏观系统化；

（2）微观节点化。

（二）重视规划、实施方案及初设报告编制工作

（1）编制理念；

（2）主体功能；

（3）彰显特色。

（三）重视审批工作

（1）重视程序；

（2）突出重点；

（3）结合实际。

（四）重视业务能力的提升

（1）理论素养；

（2）实践能力。

八、农村饮水安全工程建设管理办法

五部委（发改委、水利部、卫生委、环境部和财政部）下发的《农村饮水安全工程建设管理办法》（发改农经〔2013〕2673号）自2013年12月31日起执行，原办法同时废止。该办法既是过去农饮工程建设管理工作的经验总结，也是今后农饮工程建设管理工作的总纲，特收录一章，与大家共同学习。

农村饮水安全工程建设管理办法

第一章 总 则

第一条 为加强农村饮水安全工程建设管理，保障农村饮水安全，改善农村居民生活和生产条件，根据《中央预算内投资补助和贴息项目管理办法》（国家发展改革委第3号令）等有关规定，制定本办法。

本办法适用于纳入全国农村饮水安全工程规划、使用中央预算内投资的农村饮水安全工程项目。

第二条 纳入全国农村饮水安全工程规划解决农村饮水安全问题的范围为有关省（自治区、直辖市）县（不含县城城区）以下的乡镇、村庄、学校，以及国有农（林）场、新疆生产建设兵团团场和连队饮水不安全人口。因开矿、建厂、企业生产及其他人为原因造成水源变化、水量不足、水质污染引起的农村饮水安全问题，按照"污染者付费、破坏者恢复"的原则由有关责任单位和责任人负责解决。

第三条 农村饮水安全保障实行行政首长负责制，地方政府对农村饮水安全负总责，中央给予指导和资金支持。

"十二五"期间，要按照国务院批准的《全国农村饮水安全工程"十二五"规划》和国家发展改革委、水利部、卫生计生委、环境保护部与各有关省（自治区、直辖市）人民政府、新疆兵团签订的农村饮水安全工程建设管理责任书要求，全面落实各项建设管理任务和责任，认真组织实施，确保如期实现规划目标。

第四条 农村饮水安全工程建设应当按照统筹城乡发展的要求，优化水资源配置，合理布局，优先采取城镇供水管网延伸或建设跨村、跨乡镇联片集中供水工程等方式，大力发展规模集中供水，实现供水到户，确保工程质量和效益。

第五条　各有关部门要在政府的统一领导下，各负其责，密切配合，共同做好农村饮水安全工作。发展改革部门负责农村饮水安全工程项目审批、投资计划审核下达等工作，监督检查投资计划执行和项目实施情况。财政部门负责审核下达预算、拨付资金、监督管理资金、审批项目竣工财务决算等工作，落实财政扶持政策。水利部门负责农村饮水安全工程项目前期工作文件编制审查等工作，组织指导项目的实施及运行管理，指导饮用水水源保护。卫生计生部门负责提出地氟病、血吸虫疫区及其他涉水重病区等需要解决饮水安全问题的范围，有针对性地开展卫生学评价和项目建成后的水质监测等工作，加强卫生监督。环境保护部门负责指导农村饮用水水源地环境状况调查评估和环境监管工作，督促地方把农村饮用水水源地污染防治作为重点流域水污染防治、地下水污染防治、江河湖泊生态环境保护项目以及农村环境综合整治"以奖促治"政策实施的重点优先安排，统筹解决污染型水源地水质改善问题。

第六条　农村饮水安全工程建设标准和工程设计、施工、建设管理，应当执行国家和省级有关技术标准、规范和规定。工程使用的管材和设施设备应当符合国家有关产品质量标准及有关技术规范的要求。

第二章　项目前期工作程序和投资计划管理

第七条　农村饮水安全项目区别不同情况由地方发展改革部门审批或核准。对实行审批制的项目，项目审批部门可根据经批准的农村饮水安全工程规划和工程实际情况，合并或减少某些审批环节。对企业不使用政府投资建设的项目，按规定实行核准制。

各地的项目审批（核准）程序和权限划分，由省级发展改革委商同级水利等部门按照国务院关于推进投资体制改革、转变政府职能、减少和下放投资审批事项、提高行政效能的有关原则和要求确定。项目建设涉及占地和需要开展环境影响评价等工作的，按规定办理。

第八条　各地要严格按照现行相关技术规范和标准，认真做好农村饮水安全工程勘察设计工作，加强水利、卫生计生、环境保护、发展改革等部门间协商配合，着力提高设计质量。工程设计方案应当包括水源工程选择与防护、水源水量水质论证、供水工程建设、水质净化、消毒以及水质检测设施建设等内容。其中，日供水 1000 立方米或供水人口 1 万人以上的工程（以下简称"千吨万人"工程），应当建立水质检验室，配置相应的水质检测设备和人员，落实运行经费。

农村饮水安全工程规划设计文件应由具有相应资质的单位编制。

第九条　农村饮水安全工程应当按规定开展卫生学评价工作。

第十条　根据规划确定的建设任务、各项目前期工作情况和年度申报要求，各省级发展改革、水利部门向国家发展改革委和水利部报送农村饮水安全项目年度中央补助投资建议计划。

第十一条　国家发展改革委会同水利部对各省（自治区、直辖市）和新疆兵团提出的建议计划进行审核和综合平衡后，分省（自治区、直辖市）下达中央补助地方农村饮水安全工程项目年度投资规模计划，明确投资目标、建设任务、补助标准和工作要求等。

中央补助地方农村饮水安全工程项目投资为定额补助性质，由地方按规定包干使用、超支不补。

第十二条　中央投资规模计划下达后，各省级发展改革部门要按要求及时会同省级水利部门将计划分解安排到具体项目，并将计划下达文件抄送国家发展改革委、水利部备核。分解下达的投资计划应明确项目建设内容、建设期限、建设地点、总投资、年度投资、资金来源及工作要求等事项，明确各级地方政府出资及其他资金来源责任，并确保纳入计划的项目已按规定履行完成各项建设管理程序。项目分解安排涉及财政、卫生计生、环境保护等部门工作的，应及时征求意见和加强沟通协商。

在中央下达建设总任务和补助投资总规模内，各具体项目的中央投资补助标准由各地根据实际情况确定。

第三章　资金筹措与管理

第十三条　农村饮水安全工程投资，由中央、地方和受益群众共同负担。中央对东、中、西部地区实行差别化的投资补助政策，加大对中西部等欠发达地区的扶持力度。地方投资落实由省级负总责。入户工程部分，可在确定农民出资上限和村民自愿、量力而行的前提下，引导和组织受益群众采取"一事一议"筹资筹劳等方式进行建设。

鼓励单位和个人投资建设农村供水工程。

第十四条　中央安排的农村饮水安全工程投资要按照批准的项目建设内容、规模和范围使用。要建立健全资金使用管理的各项规章制度，严禁转移、侵占和挪用工程建设资金。

各地可在地方资金中适当安排部分经费，用于项目审查论证、技术推广、人员培训、检查评估、竣工验收等前期工作和管理支出。

第十五条 解决规划外受益人口饮水安全问题、提高工程建设标准以及解决农村安全饮水以外其他问题所增加的工程投资由地方从其他资金渠道解决。对中央补助投资已解决农村饮水安全问题的受益区，如出现反复或新增的饮水安全问题，由地方自行解决。

第四章 项目实施

第十六条 农村饮水安全项目管理实行分级负责制。要通过层层落实责任制和签订责任书，把地方各级政府农村饮水安全保障工作的领导责任、部门责任、技术责任等落实到人，并加强问责，确保农村饮水安全工程建得成、管得好、用得起、长受益。

第十七条 农村饮水安全工程建设实行项目法人责任制。对"千吨万人"以上的集中供水工程，要按有关规定组建项目建设管理单位，负责工程建设和建后运行管理；其他规模较小工程，可在制定完善管理办法、确保工程质量的前提下，采用村民自建、自管的方式组织工程建设，或以县、乡镇为单位集中组建项目建设管理单位，负责全县或乡镇规模以下农村饮水安全工程建设管理。

鼓励推行农村饮水安全工程"代建制"，通过招标等方式选择专业化的项目管理单位负责工程建设实施，严格控制项目投资、质量和工期，竣工验收后移交给使用单位。

第十八条 加强项目民主管理，推行用水户全过程参与工作机制。农村饮水安全工程建设前，要进行广泛的社区宣传，就工程建设方案、资金筹集办法、工程建成后的管理体制、运行机制和水价等充分征求用水户代表的意见，并与受益农户签订工程建设与管理协议，协议应作为项目申报的必备条件和开展建设与运行管理的重要依据。工程建设中和建成后，要有受益农户推荐的代表参与监督和管理。

第十九条 农村饮水安全工程投资计划和项目执行过程中确需调整的，应按程序报批或报备。对重大设计变更，须报原设计审批单位审批；一般设计变更，由项目法人组织参建各方及有关专家审定，并将设计变更方案报县级项目主管部门备案。重大设计变更和一般设计变更的范围及标准由省级水利部门制定。

因设计变更等各种原因引起投资计划重大调整的，须报该工程原审批部门审核批准。

第二十条 各地要根据农村饮水安全项目特点，建立健全行之有效的工程质量管理制度，落实责任，加强监督，确保工程质量。

第二十一条　国家安排的农村饮水安全项目要全部进行社会公示。省级公示可通过政府网站、报刊、广播、电视等方式进行，市（地）、县两级的公示方式和内容由省级发展改革和水利部门确定。乡、村级公示在施工现场和受益乡村进行，内容应包括项目批复文件名称、文号，工程措施、投资规模、资金来源、解决农村饮水安全问题户数、人数及完成时间、水价核算、建后管理措施等。

第二十二条　项目建设完成后，由地方发展改革、水利部门商卫生计生等部门及时共同组织竣工验收。省级验收总结报送水利部。验收结果将作为下年度项目和投资安排的重要依据之一。对未按要求进行验收或验收不合格的项目，要限期整改。

第五章　建后管理

第二十三条　农村饮水安全工程项目建成，经验收合格后要及时办理交接手续，明晰工程产权，明确工程管护主体和运行管理方式，完善管理制度，落实管护责任和经费，确保长期发挥效益。以政府投资为主兴建的规模较大的集中供水工程，由按规定组建的项目法人负责管理；以政府投资为主兴建的规模较小的供水工程，可由工程受益范围内的农民用水户协会负责管理；单户或联户供水工程，实行村民自建、自管。由政府授予特许经营权、采取股份制形式或企业、私人投资修建的供水工程形成的资产归投资者所有，由按规定组建的项目法人负责管理。

在不改变工程基本用途的前提下，农村饮水安全工程可实行所有权和经营权分离，通过承包、租赁等形式委托有资质的专业管理单位负责管理和维护。对采用工程经营权招标、承包、租赁的，政府投资部分的收益应继续专项用于农村饮水工程建设和管理。

第二十四条　农村饮水安全工程水价，按照"补偿成本、公平负担"的原则合理确定，根据供水成本、费用等变化，并充分考虑用水户承受能力等因素适时合理调整。有条件的地方，可逐步推行阶梯水价、两部制水价、用水定额管理与超定额加价制度。对二、三产业的供水水价，应按照"补偿成本、合理盈利"的原则确定。

水费收入低于工程运行成本的地区，要通过财政补贴、水费提留等方式，加快建立县级农村饮水安全工程维修养护基金，专户存储，统一用于县域内工程日常维护和更新改造。

第二十五条　各地原则上应以县为单位，建立农村饮水安全工程管理服务机构，建立健全供水技术服务体系和水质检测制度，加强水质检测和工程监管，提供技术和维修服务，保障工程供水水量和水质达标。要全面落实工程用电、用地、税收等优惠政策，切实加强工程运行管理，降低工程运行成本。加强农村饮水安全工程从业人员业务培训，提高工程运行管理水平，保障工程良性运行。

第二十六条　各级水利、环境保护等部门要按职责做好农村饮水安全工程水源保护和监管工作，针对集中式和分散式饮用水水源地的不同特点，依法划定水源保护区或水源保护范围，设置保护标志，明确保护措施，加强污染防治，稳步改善水源地水质状况。

农村饮水安全工程管理单位负责水源地的日常保护管理，要实现工程建设和水源保护"两同时"，做到"建一处工程，保护一处水源"；加强宣传教育，积极引导和鼓励公众参与水源保护工作；确保水源地管理和保护落实到人，责任落实到位。

第二十七条　各级水利、卫生计生、环境保护、发展改革等部门要加强信息沟通，及时向其他部门通报各自掌握的农村饮水安全工程建设和项目建成后的供水运行管理情况。

第六章　监督检查

第二十八条　各省级发展改革、水利部门要会同有关部门全面加强对本省农村饮水安全工程项目的监督和检查。检查内容包括组织领导、相关管理制度和办法制定、项目进度、工程质量、投资管理使用、合同执行、竣工验收和工程效益发挥情况等。

中央有关部门对各地农村饮水安全工程实施情况进行指导和监督检查，视情况组织开展专项评估、随机抽查、重点稽察、飞行检查等工作，建立健全通报通告、年度考核和奖惩制度，引导各地合理申报和安排项目，强化管理，不断提高政府投资效率和效益。

第七章　附　则

第二十九条　本办法由国家发展改革委商水利部、卫生计生委、环境保护部、财政部负责解释。各地可根据本办法，结合当地实际，制定实施细则。

第三十条　本办法自发布之日起施行，原《农村饮水安全项目建设管理办法》（发改投资〔2007〕1752号）同时废止。

九、我省农村饮水工程前期工作设想

结合当前农村饮水管理工作的实际情况，提出我省农村饮水安全工程前期工作的设想及要开展的工作。

1. 抓好农村饮水安全工程"十三五"规划编制的前期准备工作。

2. 启动我省农村饮水安全工程"十三五"规划文本提纲草拟工作。

3. 指导各地 2014—2015 年农村饮水安全工程规模水厂初步设计和年度实施方案的审查审批工作。

4. 开展规模水厂初步设计编制质量评价工作。

5. 编撰农村饮水安全工程初步设计典型设计图册。

6. 加强农村饮水安全工程前期工作业务培训。

农村饮水安全工程设计中几点问题探讨

（2013 年 3 月）

摘　要：农村饮水安全工程是一项涉及农村居民日常生活的民生工程。对于工程而言，一个非常关键的问题就是工程的设计，工程的设计意义重大，需要得到更多的关注和研究。基于此，文章对农村饮用水安全工程设计过程中需要注意的几点问题进行探讨。

关键词：农村饮水安全工程；设计；水源；水处理工艺；构筑物

水资源是人类生存和发展不可缺少、不可替代的自然资源，是人类生活和生产的基本保证，也是社会发展必不可少的重要基础性资源、战略性经济资源和公共性社会资源。搞好社会主义新农村建设，解决新农村建设中的饮水困难和安全问题是关键，这既是保证人民群众饮水安全卫生、保障身体健康的有效途径之一，也是解放农村劳动力、提高人民群众生活水平的核心问题之一。怎样规划和解决好农村饮水困难和安全问题，是各级人民政府和当代水利人最热门的话题。故而，深入的探讨和研究农村饮水安全工程的具体设计非常的重要，现实意义也更加突出。

一、水源的选择

对于农村饮水安全工程设计而言，一个关键性、制约性的因素就是水源的问题，这个问题也是饮水安全工程本身的核心所在。在工程设计中，必须对供水范围内及其周边地区可能利用的各种水源进行调查，收集当地水文、现有供水设施及用水情况等资料[1]。重点分析论证工程各种可能水源的水质及不同保证率时的水量，并通过技术经济比较，确定工程采用的水源方案。

1. 水源选择的要求

（1）水源水量充沛可靠。用地表水作水源时，枯水期流量的保证率应不低于95%；以地下水作水源时，其取水量应小于可开采量。

（2）水源水质：地下水水源水质符合文献[2]的要求；地表水水源水质应符合文献[3]的要求。

（3）水源选择应考虑安全、经济以及便于水源保护等因素。

（4）利用现有水源工程作为工程水源时，如改变工程原设计任务，应取得原工程主管部门书面同意，并作为初设报告附件。

（5）有多处水源可供选择时，应对其水量、水质、投资、运行成本、施工和管理条件等进行全面的技术经济比较后择优确定。

（6）当现有城镇和村镇集中供水工程水源水量充沛、设施可靠、技术可行时，周边村镇供水宜采用现有工程管网的延伸供水；城市周边地区宜优先采用市政管网延伸供水[4~5]。

（7）当地下水、地表水均可满足要求时，应优先采用地表水和泉水水源。

（8）采用地表水水源时，应优先采用有一定调节能力的水库供水。

（9）供水区周边没有可供利用的水库，且地下水无法利用，若有水质较好的地表径流时，可在适当位置修建引水工程供水。设计时应对小河、溪流的枯水流量、洪水情况等进行调查分析，论证水源可靠性。

2. 水源选择的具体方法

（1）地表水水源

① 工程一般应根据水文基本资料进行径流计算，评价计算结果，确定成果采用值。无实测资料，可采用地区水文手册推荐的相关方法，推求径流成果。对受人类活动（治水，用水）影响较大的实测径流资料应进行还原计算；对影响较小的，可直接引用实测径流代替天然径流。对水库应进行水库径流调节计算[6]。

② 对多泥沙河流应说明泥沙来源、统计和估算悬移质和推移质的特征值，分析论证对工程建设和运行的影响。

（2）地下水和泉水水源

地下水作为水源时应查明水源区水文地质条件[7]。

① 区域地形、地层、地质构造和主要含水层的分布范围，埋藏条件，富水性，单井出水量等。

② 水源开采层深度，主要含水层岩性特征，地下水类型，单井出水量，各含水层开采量，供水工程项目可开采总量等。

③ 供水区域及其周边影响范围内地下水开发利用现状、动态变化趋势、开采潜力。

④ 地下水资源评价应执行文献[8-9]的规定。对于供水规模小，可采用工

程类比法借用周边地区现有供水管井作为参证井进行评价。

⑤ 泉水若有长系列观察资料，其流量计算可采用长系列进行分析确定；无资料时，可先通过调查方法估算，并通过实测，复核流量及过程分配。

二、水处理工艺选择

根据水源特点，通过净水工艺比选，提出水厂合理的净水工艺流程和净水设施形式，明确主要设计参数，列出净水工艺流程图[10]。

1. 净水工艺选择前，宜收集掌握下列资料

（1）原水水质的历史资料。

（2）污染物的形成及发展趋势：对产生污染物的原因进行分析，寻找污染源。对潜在的污染影响和今后发展趋势做出分析和判断。

（3）当地或者相类似水源净水处理的实践。

（4）操作人员的经验和管理水平：应尽量选择符合当地习惯和使用要求的净水工艺。

（5）场地的建设条件：不同处理工艺对占地或地基承载等要求不同。

（6）经济条件：有些工艺对水质提高有较好的效果，但由于投资或运行费用较高，因此应结合经济条件考虑。

2. 地下水水源净水工艺

（1）原水水质符合《地下水质量标准》时，可只进行消毒处理。

（2）铁、锰超标的地下水应采用氧化、过滤、消毒的净水工艺。

（3）氟超标的地下水可采用吸附过滤法、混凝沉淀法或反渗透法等净水工艺。

（4）砷超标的地下水可采用复合多介质过滤法或混凝沉淀法等净水工艺。

（5）苦咸水淡化可采用电渗析或反渗透等处理工艺[11]。

3. 地表水水源净水工艺

（1）当原水水质符合文献[3]要求时：①原水浊度长期不超过20NTU、瞬间不超过60NTU时，可采用慢滤加消毒或接触过滤加消毒的净水工艺。②原水浊度长期低于500NTU、瞬间不超过1000NTU时，可采用混凝沉淀（或澄清）、过滤加消毒的常规净水工艺。③原水含沙量变化较大或浊度经常超过500NTU时，可在常规净水工艺前采取预沉措施；高浊度水应按文献[12]的要求进行净化。

（2）微污染地表水可采用强化常规净水工艺，或在常规净水工艺前增加生物预处理或化学氧化处理，也可采用滤后深度处理。

（3）含藻水宜在常规净水工艺中增加气浮工艺，并符合文献[13]的要求。

三、工程构筑物与工程设计

农村饮水安全工程在具体的设计阶段依赖和参考的主要规范为文献[1]及其他相关的主要规范，不过对于用水的具体标准和构筑物本身在进行测算的时候，一定要结合工程本身的实际情况予以具体地调整。尤其对于山区的农村饮水安全工程，分散、规模小是其主要特点，这些特点提升了投资成本，管道为主要的投资项目，对管道产生很大制约性影响的因素是地形，地形本身也不能够很简单地调整和改变，不过一个主要的因素为管径的具体大小，这将极大地影响到输水量，所以，对工程整体的投资而言，对水量进行科学正确地计算是关键[14~15]。第二点，工程的建设不能固定化，要结合地区本身的具体特性，比如经济发展情况进行具体地设定和选择。在整个过程中，核心的也是最主要的建筑物就是构筑物，按照文献[16]，Ⅴ等供水工程对构筑物的调节可以依据最高日用水量的40%～60%进行具体地计算，不过在供水很小的时候，这种计算方法就不能够满足需求，所以如果用水较小的单位，对调节构筑物应该给予适当变通和调整[16]。

综上所述，农村饮水安全工程存在规模较小，水源条件多样化，村民居住较分散以及地形较复杂等特点，这些特点使得设计过程中需要全面分析、综合考虑，针对每个具体的农村饮水安全项目，分析其特点，研究其独特性，使得工程的设计方案更加的科学、合理、经济，使得农村饮水安全工程在社会主义新农村建设过程中发挥出更加重要的作用。

[参考文献]

[1] SL 310-2004，村镇供水工程技术规范 [S]．北京：中国水利水电出版社，2005．

[2] GB/T 14848-93，地下水质量标准 [S]．北京：中国标准出版社，1993．

[3] GB 3838-2002，地表水环境质量标准 [S]．北京：中国环境科学出版社，2002．

[4] 金利强．基于农村饮水安全工程勘测设计中应注意的问题 [J]．黑龙江水利科技，2012（9）：204~205．

[5] 李钰．农村饮水安全工程规划设计中常见问题及解决思路 [J]．能源研究与管理，2012（2）：90~91．

［6］刘晓宇，马春霞，刘春林．农村安全饮水工程设计要点［J］．内蒙古水利，2012（3）：100~101.

［7］辛永福，晏俊波．浅谈农村安全饮水工程的水源选择［J］．陕西水利，2012（4）：99~100.

［8］SL 256-2000，机井技术规范［S］．北京：中国水利水电出版社，2000.

［9］GB 50296-99，供水管井技术规范［S］．北京：中国计划出版社，1999.

［10］李健．吕梁市农村饮水安全问题探讨［J］．城乡供水，2008（8）：14~35.

［11］于宏佳．绥滨县农村饮水安全工程地下水处理设计方案［J］．黑龙江水利科技，2012（3）：223.

［12］CJJ 40-91，高浊度水给水设计规范［S］．北京：中国建筑工业出版社，1992.

［13］CJJ 32-2011，含藻水给水处理设计规范［S］．北京：中国建筑工业出版社，2011.

［14］侯红英．农村饮水安全工程集中供水方案比选［J］．陕西水利，2012（2）：65~66.

［15］李茜，王杰．桐柏县董老庄集中供水工程设计［J］．科技视界，2012（7）：208~209.

［16］王萌，李刚，陈战军．浅析淄川区农村饮水安全设计方案［J］．中国水利，2012（11）：12~13.

浅谈我省农村饮水安全工程县级
水质检测中心实施方案编制问题

（2015 年 2 月）

　　摘　要：饮用水水质直接关系广大人民群众的身体健康和生命安全，加强农村饮水工程水质检测工作，是近期水质达标和提高水质合格率的重要手段。县级水质检测中心的建设是水质检测工作的物质保障，也是农村饮水安全工程建设管理的重要组成部分，需要得到更多的关注和研究。本文在现行规范及有关文件精神的基础上，结合我省实际，浅述农村饮水安全工程县级水质检测中心实施方案编制格式及技术要点，供设计单位参考。

　　关键词：农村饮水安全工程；水质检测；实施方案

　　2015 年，安徽省将按照"科学规划，合理布局；因地制宜，整合资源；可靠性、实用性、先进性和经济性相结合；完善机制，长效运行；强化预防，源头治理；示范引领，全面推进"等 6 项原则，采取建设县级农村饮水安全工程水质检测中心的措施，用 1 年时间，完成所有县（市、区）农村饮水安全工程水质检测能力建设。县级农村饮水安全工程水质检测中心具备《生活饮用水卫生标准》（GB 5749–2006）中 42 项指标的检测能力；建立健全农村饮水安全工程水质常规检测制度，提出合理可行的管理机制与运行机制，逐步建立农村饮水安全工程供水水质检测体系，不断提升工程水质检测设施装备水平和检测能力，满足区域内农村饮水安全工程的常规水质检测需求。

一、自然地理和社会经济概况

　　简要介绍当地自然概况、人口、社会经济发展状况等。

二、农村供水现状情况

1. 农村供水工程基本情况

（1）集中式供水工程情况，包括建设年度、工程处数、供水人口、供水规模、工程类型、水源类型、水处理设施等，重点说明规模水厂建设情况，填写附表1。

（2）分散式供水工程情况，包括建设年度、工程处数、工程类型、供水人口、供水规模、水源类型等。

2. 农村饮用水源保护现状及水质状况

（1）主要水源情况；

（2）水源可能存在的污染及水质超标的指标；

（3）当地特殊的水质检测要求及放射性指标超标的情况。

因地表水源存在生活污染风险以及航行船只油类污染和装载货物对水源存在污染威胁，增加石油类和氨氮指标的检测；放射性指标如未有污染源，可不考虑。

3. 采用的主要水处理工艺、消毒方法和供水水质

阐述不同水源主要水处理工艺、全县各水厂的消毒方法和各类供水工程出厂水质及主要超标项目等。

三、全县饮用水水质检测能力现状

1. 县级水质检测机构情况及建设情况

主要简述包括水质检测机构、机构隶属关系（卫生、水利、城建部门等）、人员编制、实验室建设和仪器设备配置，检测能力以及经费渠道等，填写附表2。

2. 农村饮水安全工程水质检测开展情况

主要简述包括水质检测机构、检测方法、检测项目、检测频次、检测经费与渠道，以及存在的主要问题等，填写附表3。

3. 水厂化验室建设情况

主要简述包括水厂名称、规模、隶属关系（水利、城建部门等）、人员编制、化验室建设和仪器设备配置，检测能力以及经费渠道等。

4. 现有检测能力的可利用情况

通过现有水质检测能力的分析，对本区域水质检测中心建设过程中充分利用现有水质检测能力，避免重复投资和建设。

四、水质检测中心建设的必要性

结合当地实际情况，论述建设水质检测中心的必要性。

五、水质检测中心建设方案

第一，水质检测中心主要职能。一是对本区域内较大规模集中式供水工程开展水源水、出厂水、管网末梢水水质自检的抽检；二是对区域内设计供水规模 20m³/d 以下的集中式供水工程和分散式供水工程进行水质巡检；三是为供水单位和农村饮水安全专管机构提供技术支撑。

第二，水质检测中心实验室建设原则。一要确保实验设施、实验环境、仪器设备以及检测人员满足工作要求；二要尽量满足《实验室资质认定评审准则》（计量认证），为今后获取计量认证资质奠定基础。

第三，按建设形式，我省县级水质检测中心建设有依托已有检测机构合作共建、依托规模水厂、水利部门单独建立等三类，各县（市、区）应按照县级人民政府文件明确的建设方式，明确水质检测指标，统筹配备检测仪器设备，合理建设实验室及办公场所，落实专业技术人员，填写水质检测中心综合情况汇总表。

1. 水质检测指标

明确本县农村供水工程需要检测具体水质指标，可参照下列要求，结合本县实际确定。

（1）以地下水为水源的供水工程，县级检测指标在《生活饮用水卫生标准》（GB 5749-2006）规定的 42 项常规指标中，筛除总 α 放射性、总 β 放射性 2 项放射性指标，筛除甲醛、溴酸盐和臭氧 3 项与消毒有关的指标（个别地区如有，应增加），实际检测指标共计 37 项。

（2）以地表水为水源的供水工程，县级检测指标在《生活饮用水卫生标准》（GB 5749-2006）规定的 42 项常规指标中，筛除总 α 放射性、总 β 放射性 2 项放射性指标，筛除甲醛、溴酸盐和臭氧 3 项与消毒有关的指标，同时增加非常规检测指标氨氮，以及《地表水环境质量标准》（GB 3838-2002）总磷、总氮、高锰酸盐指数、五日生化需氧量等 5 项指标，实际检测指标共计 42 项。以船舶行驶的江河为水源时应增加石油类指标的检测。

（3）个别地区既有地下水为水源的供水工程，又有地表水为水源的供水工程，应统筹兼顾，确定检测指标。

2. 检测仪器设备配置

根据水质检测中心的建设目的，确定仪器设备配置，并掌握以下原则：仪器设备技术成熟、检测结果稳定；设备尽可能通用，节约场地，便于操作人员一机多用；所选设备应当价格合理，优先选用国产成熟产品。

（1）主要仪器标准和计量检定规程

《单光束紫外可见分光光度计》（GB/T 26798-2011）、《双光束紫外可见分光光度计》（GB/T 26813-2011）、《原子吸收分光光度计》（GB/T 21187-2007）、《原子吸收分光光度计》（JJG 694-2009）、《原子荧光光谱仪》（GB/T 21191-2007）、《气相色谱仪检定规程》（JJG 700-1999）、《离子色谱仪》（JJG 823-2014）、《低本底 α 和/或 β 测量仪》（GB/T 11682-2008）等标准和规程。

（2）实验室检测仪器设备

参照《农村饮水安全工程水质检测中心建设导则》（发改农经〔2013〕2259 号，下同），列出主要检测仪器设备和辅助检测仪器设备配置清单，填写附表 4 和附表 5。

（3）水质检测车和便携式水质检测设备

参照《农村饮水安全工程水质检测中心建设导则》，列出相应设备清单，填写附表 6。

3. 实验室场所和办公设施建设

参照《农村饮水安全工程水质检测中心建设导则》，在充分利用现有条件的基础上，进行实验室总体布局，建筑面积可参考下列原则和控制指标，结合实际，合理确定建筑面积。

（1）实验室宜相对独立，各类实验室宜设独立房间，空间应满足仪器设备安装和操作等需要（天平室不宜小于 8 平方米，药剂室不宜小于 10 平方米，理化室不宜小于 30 平方米，微生物室不宜小于 20 平方米，大型分析仪器室面积根据仪器种类和数量确定，不宜小于 20 平方米，放射室不宜小于 20 平方米），合计 108 平方米。

（2）有条件的可适当增加实验室面积。

（3）办公室面积根据具体条件确定。

4. 机构设置和检测专业人员配备

（1）机构组建方式

说明本县农村饮水安全工程水质检测中心的组建方式，并分析该种建设方式的有利条件。

如是依托建设，则需说明依托部门已有水质检测条件，主要包括具体的检测指标、仪器设备台数和型号、实验室面积、现有人员情况及需要补充更新的设备等情况。

（2）人员配备

说明拟配备人员的来源、编制、数量和学历及专业要求。

建议每个水质检测中心至少配备专业人员 3 人，另外 3 人可采取定期聘请和兼业等方式解决。

5. 建设进度安排

农村饮水安全工程县级水质检测中心建设，计划在 2015 年底前全部建成。其中，3 月份完成县级水质检测中心实施方案编制；4 月份完成审查审批、项目招投标工作；5 月份至 8 月份采购仪器设备、实施场地建设；9 月安装调试仪器设备、人员上岗培训；10 月份基本建成，确保 2015 年底投入运行。

县级应根据上述要求，合理划分文本编制、审查审批、招投标、开工建设、竣工验收等时间控制节点。

六、检测任务、运营成本和资金渠道

1. 检测任务分析

水质检测中心的主要检测任务包括：集中供水工程的日常现场检测和常规水质指标定期检测。可根据工程类型、检测指标和检测频次分别对水源水、出厂水和管网末梢水检测任务分析。

2. 年运营成本测算

水质检测中心的年运行费用主要包括：人员费、巡查及现场采样的交通费、检测药剂和试剂费、仪器设备及交通车的维护费、办公费（包括水、电、暖、纸张等管理费用）和不可预见费（包括应急供水的检测费用，小型水厂的义务检测服务费用）等，可根据以下要求确定：

（1）人员费用可按当地助理工程师或工程师（考虑发展和人员稳定）的标准估算；

（2）交通费可根据当地的集中水厂数量及分布、巡查及现场采样频率等估算；

（3）检测药剂和试剂费可根据年检测指标和频次等估算；

（4）仪器设备年运行维护费按相关规定估算。

3. 资金渠道

要具体明确落实运行经费来源。

七、管理体制与运行机制

1. 管理体制

结合本地实际，阐述拟采取的管理措施和体制。

2. 运行机制

结合本地实际，阐述拟采取的运行措施和机制。

八、建设经费概算及资金筹措

1. 编制依据

投资估算主要编制依据水利部《水利工程设计概（估）算编制规定》和《安徽省水利水电工程设计概（估）算编制规定》，同时参考有关投资概算定额。

2. 建设经费概算

（1）水质检测中心建设费用主要包括：①实验室、办公场所建筑工程费用；②实验室仪器设备购置及安装费用、现场采样及检测仪器设备购置费用、办公设施购置费等。

（2）参考《安徽省农村饮水安全工程初步设计编制指南（试行）》第12章（设计概算及资金筹措）、有关行业的规定和定额，结合实际情况具体编制概算。

（3）概算表：概算总表、建筑工程概算表、仪器设备及安装工程概算表、主要材料预算价格汇总表、主要仪器设备预算价格汇总表等。

3. 资金筹措

简述资金筹措方案，中央财政定额补助、省和地方财政配套。

九、运行保障措施

主要从机构、财务、人才、制度、水源保护等方面进行论述。

十、附件

1. 附表（仅列表名，具体内容略）

（1）县级农村集中式供水工程基本情况表

（2）县级饮用水水质检测能力基本情况表

（3）县级农村饮水安全工程水质检测开展情况表

（4）县级水质检测中心主要仪器设备配备表

（5）县级水质检测中心辅助仪器设备配备表

（6）县级水质检测中心现场采样及检测所需仪器设备表

（7）县级水质检测中心综合情况汇总表

2. 附图

（1）县级水质检测中心总布置图

（2）实验室平面及主要仪器设备布置图

（3）主要建筑物设计图

（4）供电系统和主要变、配电布置图

十一、结束语

农村饮水安全工程自 2005 年实施以来，我省有 105 个县（市、区）涉及农村饮用水水质检测问题。根据《安徽省农村饮水安全工程水质检测能力总体建设方案》，2015 年我省要完成 80 个县级农村饮水安全工程水质检测中心的建设。时间紧，任务重，抓好实施方案的编制工作尤为重要，为保质保量地完成建设任务提供技术支撑。

[参考文献]

［1］GB 5749-2006 生活饮用水卫生标准［S］. 北京：中国标准出版社，2006.

［2］SL 689-2013 村镇供水工程运行管理规程［S］. 北京：中国水利水电出版社，2013.

［3］王跃国. 安徽省村镇供水工程设计指南［M］. 合肥：合肥工业大学出版社，2014.

［4］国家发展和改革委员会等. 农村饮水安全工程水质检测中心建设导则. 2013.

安徽省农村饮水安全工程初步
设计编制及审查注意的问题

（2014 年 3 月）

"十一五"期间，我省农饮工程共解决农村饮水不安全人口 1223.3 万人、农村学校饮水不安全师生 23 万人；"十二五"期间，我省又解决农村饮水不安全人口 2151.1 万人、农村学校饮水不安全师生 171.8 万人；"十三五"期间，我省将实现"村村通"自来水的目标。截止到 2013 年底，农村饮水安全工程累计完成总投资 114.9 亿元，解决了 2381.69 万农村居民和 118 万农村学校师生饮水不安全问题，建设工程 6550 处，其中规模水厂 870 处。前期工作是农饮工程建设管理的重要环节，我省农饮工程前期工作取得了很大成绩，也存在许多问题，加强前期工作管理，提高初设审批质量，重视农饮规划、实施方案和初设报告编制质量，十分必要。本文结合我省农饮工程前期工作的实际情况，简述农饮工程初设报告编制和审核要点，并提出工程设计及审批中注意的问题。

一、农村饮水工程初设报告编制要点

（一）综合说明

主要内容：简述工程地理位置、前期工作成果、初步设计编制依据和过程；简述供水区社会经济状况、供水现状、存在的主要问题以及工程建设的必要性；简述项目区概况、工程规模、工程布置、施工组织设计、工程管理、主要工程量、设计概算和水价等。

（二）项目区概况及项目建设的必要性

主要内容：简述项目区自然和社会经济概况，说明供水现状、存在的主要问题和区域供水规划，阐述解决供水问题的思路和措施，论证工程建设的必要性。

（三）工程建设条件

主要内容：区域水资源概况，地质情况。

（四）设计依据及原则

主要内容：具体设计依据和设计原则。

（五）工程规模

主要内容：论证分析供水范围、对象的水量、水质要求，合理选用生活用水定额，时变化系数，日变化系数，确定取水工程、泵站、输水管道、净（配）水厂规模。

（六）水源选择

主要内容：对供水范围内及其周边地区可能利用的各种水源进行调查，收集当地水文、现有供水设施及用水情况等资料。重点分析论证工程各种可能水源的水质及不同保证率时的水量，并通过技术经济比较，确定工程采用的水源方案。

（七）工程总体布置

主要内容：根据水源及供水区范围以及地形、地质等情况，通过对取水工程、输水管线、净（配）水厂位置及配水管网布设等的工程量、施工条件、投资、运行、管理诸方面的综合技术经济比较，选定取水点、净水厂位置、确定输水线路、比选净水工艺及方案，确定配水管网布置，提出科学合理的工程总体方案。

（八）工程设计

主要内容：根据水源水质、供水规模、供区范围、地理地质等情况，对各类净水构筑物进行具体设计。Ⅰ～Ⅲ型供水工程应采用土工构筑物，Ⅳ～Ⅴ型供水工程宜采用土工构筑物。

（九）施工组织设计

主要内容：简述工程施工组织、主要施工方法、施工进度安排及质量和进度保证措施。

（十）环境影响、水土保持及水源保护

主要内容：简述供水工程建设前后，工程对所在地区的自然环境和社会环境的有利与不利影响。根据工程建设影响所产生的水土流失等问题，提出水土保持方案。根据水源地具体情况及存在的问题，提出水源保护措施和保护方案。

（十一）工程管理

主要内容：调查研究规模相近的同类供水工程管理运用现状及存在问题，结合工程的建设管理、资产管理、运行管理，分析建立有效的建设和运行管理体制和机制，提出管理单位设置和人员编制建议以及有关管理制度，明确管理及运行费用来源等。工程管理设计原则是保证建设、运行和维护的有效性和可持续性。根据工程的规模、管理的任务、工作特点和具体运行情况等，按现行有关规定，合理拟定管理机构的组成和人员编制，提出相应的管理设施、设备以及对管理的要求等。

（十二）设计概算和资金筹措

主要内容：工程设计概算应按安徽省水利厅皖水建〔2008〕139号文《安徽省水利水电工程设计概（估）算编制规定》（以下简称139号文）等规定以及工程所在地编制年当时的价格水平进行编制。

（十三）经济评价

主要内容：根据规范规定建设项目经济评价是项目前期工作的重要内容，农村饮水安全工程经济评价工作拟作适当简化：国民经济评价仅分析计算主要评价指标，并说明国民经济评价结果；财务评价仅就供水成本进行分析，同时测算项目区群众对水价的承受能力。

（十四）附录、附件、附图

二、农村饮水工程初设报告编制中的若干具体问题思考

（一）初设报告编制几个技术问题

1. 几个重要参数选择：供水规模、时变化系数、日变化系数、设计现状年、设计水平年、工程设计年限、最不利节点自由水头、主管网末梢设计水压等。

2. 流量问题：取水流量、净水流量和配水流量。

3. 净水厂平面布置：生产区、生活区和维修区。

4. 净水工艺流程和净水构筑物高程布置：流程布置有直线型、折角型和回转型，高程布置有高架式、低架式、斜坡式和台阶式。

5. 净水工艺设计：净水工艺选择一般以原水浑浊度（NTU）为标准，20NTU、60NTU、500NTU和1000NTU为选择工艺的界限值。

6. 除氟除铁锰工艺设计：我省常用的除氟工艺有吸附法、反渗透法和膜处理法；除铁锰工艺常用曝气氧化法和接触氧化法，主要看水中的二价铁是否易被空气氧化，易被氧化可采用曝气氧化法，反之（或受硅酸盐影响），采用接触氧化法。

7. 消毒剂选择：氯气及游离氯制剂（游离氯，mg/L）、一氯胺（总氯，mg/L）、臭氧（O_3，mg/L）、二氧化氯（ClO_2，mg/L）等，详见《生活饮用水卫生标准》（GB 5749–2006）。

8. 水泵选型：分单泵选型和水泵机组组合，结合工程实际给予考虑。

9. 小水厂并网设计：供水规模、水力计算统一考虑，充分利用原供水设施；可分为环状并网设计和树状并网设计。

10. 规模水厂分期设计：科学划定分期实施范围，应从水源选择、净水厂平面布置、净水工艺设计、水力计算、管网设计等方面统筹考虑。

11. 管网延伸工程设计：原则上该类工程不考虑原水厂的改扩建问题，应从原水厂供水规模、接管点水压及水力计算等方面给予综合考虑。

12. 自动控制系统设计：自动控制系统根据功能配置由高到低依次分为三类：分布式计算机控制系统、集中式计算机控制系统和现地控制单元。可参考北京市质量技术监督局发布的《村镇供水工程自动控制系统设计规范》（DB11/T 341-2006），结合工程实际进行具体设计。

（二）初设报告（或实施方案）设计范围和重点

1. 设计范围：按四部委下发的《农村饮水安全项目建设管理办法》（发改农经〔2007〕1752号）第二章第九条规定：集中供水工程细化到自然村，家庭水窖、水池等分散工程细化到户；我省要求均设计到户。

2. 设计重点：水源选择、净水工艺设计、净水厂平面布置、管网设计、供配电设计和设计概算等。

（三）关于净水器的使用问题

原则上我省不提倡使用一体化净水器，从使用效果上看，不尽理想，达不到设计要求。虽《村镇供水工程技术规范》（SL 310-2004）允许Ⅳ～Ⅴ型供水工程使用；基于使用效果问题，《安徽省农村饮水安全工程初步设计编制指南（试行）》（皖水农〔2012〕23号）规定Ⅰ～Ⅲ型供水工程应采用土工构筑物、Ⅳ～Ⅴ型供水工程宜采用土工构筑物，个人认为如建设条件限制，Ⅴ型供水工程可采用。

（四）水质检测能力建设问题

按四部委下发的《关于加强农村饮水安全工程水质检测能力建设的指导意见》（发改农经〔2013〕2259号）有关规定：2014年国家启动农村饮水安全工程水质能力建设，2015年全面建设。县级水质监测中心的检测能力要达到42项常规指标及本地区存在风险的非常规指标的检测能力。中央预算内投资主要用于购置仪器设备和水质检测车辆。按照《村镇供水工程技术规范》要求，在规模较大的农村供水工程设置水质化验室，配备相应的检验人员和仪器设备，具备日常指标检测能力；规模较小的供水工程可配备自动检测设备或简易检验设备，也可委托具有生活饮水化验资质的单位进行检测。

《农村饮水安全工程水质检测中心建设导则》3.1.3 条规定，设计供水规模 20m³/d 及以上的集中式供水工程日常现场水质检测：

1. 出厂水主要检测：浑浊度、色度、pH 值、消毒剂余量、特殊水处理指标（如铁、锰、氨氮、氟化物等）等。

2. 末梢水主要检测：浑浊度、色度、消毒剂余量等。

我省计划 2014 年编制水质能力建设总体建设方案，2015 年启动项目建设。

已有 89 个县区建立了水质检测中心，其中水利部门建设的有 16 个。

（五）关于设计资质的问题

按规定不得出借、借用设计资质开展农饮工程设计。《编制指南》已明确对设计资质的要求：对于 Ⅰ～Ⅲ型供水工程，承担设计任务及其相应的勘察、试验、研究工作的单位，必须具有水利工程（或相关专项）或市政行业（给水工程）乙级或乙级以上设计资质；对于 Ⅳ～Ⅴ型供水工程，承担设计任务及其相应的勘察、试验、研究工作的单位，必须具有水利工程（或相关专项）或市政行业（给水工程）丙级或丙级以上设计资质。需要说明的，个别工程虽从规模上属 Ⅳ 型供水工程，但受益人口达到万人及以上，也要编制初步设计，因此，设计资质按 Ⅰ～Ⅲ型供水工程规定的资质要求执行。

设计单位应合理配备相关专业人员，并认真审核把关，设计单位负责人要参加报告专家审查会。报告设计质量达不到要求的，将按规定对设计单位进行相应处罚。

（六）关于工程设计内容的完整性问题

对于跨年度实施项目，按"整体设计，分期实施"的原则，一次性设计到位，不得为控制投资额，减少或缺失配水管网等相关内容。

此外，根据省水利厅《关于农村饮水安全工程建设和管理的若干意见》（皖水农〔2008〕155 号）第三条"进一步加强建设资金筹措与管理"规定还应将入户部分（一般大于 10 户）纳入设计中，保持工程的完整性。

（七）关于水厂受益人口问题

报告中应明确新建设水厂受益总人口及规划内人口（包括农村居民和学校师生），并将人口分解到每个村和学校。改、扩建水厂以及并网原有小水厂，应对原水厂受益总人口和规划内人口分别进行说明。

（八）关于水质检测资料问题

报告中应附具水质检测资料，作为水质处理工艺选择的依据。水质检测资料应具有可参考性，如应在项目区附近的、近期的，检测指标要齐全，取地下水其井深应相当，取地表水的要附丰、枯水期水源水质化验报告。

（九）关于工程设计概算中的几个问题

1. 参照各地中标价和市场行情，合理确定管材价格；按有关规定控制水厂占地面积、办公管理用房、生产用房面积。

2. 按规定不能计列车辆，不能设计住宅用房（可考虑少量值班用房）。

3. 临时工程按建安工程投资（计算基数不含管材、管件投资）的 2.0%控制。

4. 参考水源的含氟量不高于 1.0mg/L，不应计列除氟设备，但如处于高氟地区应考虑预留除氟工艺位置及生产房。小型集中式供水（指日供水在 1000m³ 以下或供水人口在 1 万人以下）按 1.2mg/L 控制。

5. 原则不予列支备用电源的费用。

（十）关于报告附图问题

除按编制指南要求附图外，还要注意：

1. 附具项目所在县（市、区）的农村饮水安全工程"十二五"规划布置图。

2. 附具工程位置图，是指在县域图上标明工程所在位置、水厂服务范围及解决不安全人口的范围（如没有合适的图可在县级水利工程位置图上标）。

3. 工程总体布置图、管网布置图等用彩色图（在地形图上标注管网等黑白的看不清）。

4. 给水管网应布置到每户门前水表井，而不是到村口或居民点，否则没法计算工程量。如布置在总平面图上看不清，可另外单独附图。

5. 设计中应统一相关标志、标牌：如入户门牌号、水厂水源保护牌、标志桩、水表井盖等。

6. 图幅大小要合适，确保能看得清。

（十一）关于水资源论证问题

省水利厅下发的《关于加强农村饮水工程水源安全保障工作的通知》（皖水资源函〔2012〕304 号）第一条规定：对新建的农村饮水工程，要有经批准的水源分析论证材料，作为项目审批和办理取水申请的依据。第二条规定：对已建工程，在办理取水许可证时，应补充水源地水量、水质及应急供水等评价材料，并经有管辖权的水行政主管部门确认，否则不予核发取水许可证。

（十二）关于洪水影响评价问题

根据省水利厅下发的《安徽省河道及水工程管理范围内建设项目管理办

法（试行）》（皖水管〔2005〕107 号）有关规定：水利工程可不做洪水影响评价；国家发展改革委、水利部《关于改进中央补助地方小型水利项目投资管理方式的通知》（发改农经〔2009〕1981 号）文件规定，农村饮水安全项目属小型水利项目。

按上述文件精神农饮工程可不做洪水影响评价，但文本应给予说明。

（十三）关于环境影响评价问题

福建省环保厅结合农饮工程的实际，把环境影响评价列入《福建省建设项目环境影响评价豁免管理名录（试行）》（闽环发〔2012〕17 号）。从我省农饮工程建设项目实际情况看，没有因环境影响评价延误项目建设，但前期工作文本中均应有相关内容的评价及具体措施。

（十四）农村饮水工程结余资金使用问题

按省水利厅下发的《关于中小河流治理国家规划小型病险水库除险加固和农村饮水安全三类项目结余资金使用管理的意见》（皖水基函〔2013〕1087 号）文中《农村饮水安全工程结余资金使用》部分的规定：在本行政区域内与规划内其他农村饮水安全项目调剂使用；对规划内已建规模小、水质较差小水厂的联网、并网建设和改造；未按规定采取水质处理措施、修建调节构筑物及管理设施等已建农村饮水安全工程，利用结余资金对原有工程进行更新改造、购置相关设备等；用于县级水质检测中心建设。

（十五）农村饮水工程农户自筹资金问题

依据《安徽省农村饮水安全工程管理办法》（省人民政府令第238 号）第二章第九条规定：农村饮水安全工程入户部分，由农村居民自行筹资，建设单位或供水单位统一组织施工建设。

按省水利下发的《关于农村饮水安全工程建设管理有关问题的通报》（皖水农函〔2013〕719 号）文中第二条相关规定：按当前物价水平，入户管网材料费不应超过300 元/户。

根据上述规定，入户时收取一定的费用是合规的，但应按规定收取；不收取入户费用也是违反规定的，也不利于农村饮水工程建设管理。

（十六）关于维修养护经费问题

《农村饮水安全工程建设管理办法》（发改农经〔2013〕2673 号）第二十四条规定：水费收入低于工程运行成本的地区，要通过财政补贴、水费提留等方式，加快建立县级农村饮水安全工程维修养护基金，专户存储，统一用于县域内工程日常维护和更新改造。

《安徽省农村饮水安全工程管理办法》（省人民政府令第238 号）第五章

第三十二条规定：市、县级人民政府负责落实农村饮水安全工程运行维护专项经费。运行维护专项经费的主要来源：市、县级财政预算安排资金，通过承包、租赁等方式转让工程经营权的所得收益。

《关于印发〈2012 年全省农田水利建设高潮年工作方案〉的通知》（皖水农〔2012〕62 号）文件中"工作安排"第三条（分项推进）第 6 项（农村饮水安全工程）规定：督促各地设立县级农村饮水安全工程维修基金，按照年度总投资 1% 的标准，落实农村饮水安全工程维修养护经费，加强工程维修养护，保证工程充分发挥效益。

"按照年度总投资 1% 的标准，落实农村饮水安全工程维修养护经费"应理解为"县级财政按该标准落实维修养护经费，不是从项目建设资金提取"。

县级养护基金落实情况：已有 92 个县区建立了县级维修养护经费制度，累计落实资金 1.2 亿元，其中 2013 年落实 0.48 亿元。

（十七）关于水价问题

根据《农村饮水安全工程建设管理办法》（发改农经〔2013〕2673 号）第二十四条规定：农村饮水安全工程水价，按照"补偿成本、公平负担"的原则合理确定，根据供水成本、费用等变化，并充分考虑用水户承受能力等因素适时合理调整。有条件的地方，可逐步推行阶梯水价、两部制水价、用水定额管理与超定额加价制度。对二、三产业的供水水价，应按照"补偿成本、合理盈利"的原则确定。

已有 62 个县区实施了两步制水价，其中县区政府出台文件的有 8 个，物价部门出台文件的有 19 个。

目前，省水利厅正在和省物价局商谈，争取今年出台省级"两步制"水价政策。

（十八）前期工作经费问题

《农村饮水安全工程建设管理办法》（发改农经〔2013〕2673 号）第十四条规定：各地可在地方资金中适当安排部分经费，用于项目审查论证、技术推广、人员培训、检查评估、竣工验收等前期工作和管理支出。

（十九）农饮专管管理机构及队伍建设问题

《农村饮水安全工程建设管理办法》（发改农经〔2013〕2673 号）第二十五条规定：各地原则上应以县为单位，建立农村饮水安全工程管理服务机构，建立健全供水技术服务体系和水质检测制度，加强水质检测和工程监管，提供技术和维修服务，保障工程供水水量和水质达标。

三、农村饮水工程初设报告审查要点

(一)行政审查

序号	项 目	审查内容	重要程度
1	工程投资	概算必须在 1000 万元（不含）以下	★★★
2	送审资料	市局委托审查单（如有）	
3		审批申请文件（1 份）	★★★
4		初步设计报告（3 套）	★★★
5	报告编制规范性	设计文本、设计概算、设计图纸齐全	★★★
6		设计文本、设计概算 A4 版面装订	
7		设计图纸单独装订	
8	设计单位	资质等级是否符合要求	★★★
9		资质在有效期内	
10		主要设计人员在署名页签字确认	

(二)技术审查

1 综合说明

序号	项 目	审查内容	重要程度
1	文字	文字能简要、明确说明项目设计情况	
2	项目高程系	明确工程设计所选用的高程系	★★
3	工程特性表	附有工程特性表并按要求填写	
4	工程地理位置图	附有工程地理位置图	★★

2. 项目区概况及项目建设的必要性

序号	项 目	审查内容	重要程度
1	供水范围	合理选择工程供水范围	
2	现有供水设施	现有设施的建设年代、产权归属、运行管理、净水工艺、设施完好程度以及目前存在问题	★★
3	饮水不安全人口	饮水不安全问题所属类型	
4		农村居民人数及分布	★★★
5		农村学校师生人数及分布	

3. 工程建设条件

序号	项 目	审查内容	重要程度
1	工程地质	文本对工程地质的描述	
2		是否具有工程地质勘查报告	

4. 设计依据及原则

序号	项 目	审查内容	重要程度
1	引用的文件	名称是否正确、是否有效、是否齐全	
2	引用的规范	是否最新、是否齐全	

5. 工程规模

序号	项 目		审查内容	重要程度
1	设计年限		一般取 15 年	
2	供水规模	居民生活用水	1. 最高日居民生活用水定额选取； 2. 居民人口的预测； 3. 集镇、乡村宜分开计算	★★
3		村镇企业用水	据实际情况计算	
4		公共建筑用水	按居民生活用水量估算	
5		消防用水	一般不单列	
6		浇洒道路和绿地	一般不计此项	
7		管网漏损水量和未预见水量	一般按上述和的 10% ~ 20% 计列	
8	人均综合用水量		一般不宜大于 100L/（人·d）	★★
9	水厂自用水量		1. 一般为供水规模的 5% ~ 10%； 2. 地表水厂取大值，地下水厂取小值	
10	时变化系数 K_h		按规模计算进行取值	★★
11	日变化系数 K_d		一般取 1.5	

6. 水源选择

（1）以地下水为取水水源

序号	项　目	审查内容	重要程度
1	区域地下水开发利用情况	说明地下水开发、利用状况	
2	区域水文地质图	地下水的补、径、排关系； 区域含水层分布以及富水性； 地下水埋深情况	★★
3	参证井水质化验报告	原水水质是否达标的依据； 净水工艺选择的依据	★★★
4	参证井与拟开采井位置关系	通过区域水文地质图可判断参证井资料的可靠性	
5	拟开采井物探报告	开采井结构设计依据	
6	水文地质参数选取	计算最大涌水量、单井开采量、影响半径的依据	
7	开采井影响半径	开采井群合理布置的依据	
8	区域安全开采量评价	测算其供水保证率	

注：淮河以北通常以中深层地下水为水源，沿淮部分县区如五河县、怀远县、颍上县等也有部分工程采用淮干及保证率高的支流作水源。

（2）地表水为取水水源

序号	项　目		审查内容	重要程度
1	区域水资源开发利用情况		说明区域水资源开发利用	
2	区域水系图		是否有区域水系图	★★
3	水库型	原水水质化验报告	DO、氨氮、COD、总磷等	★★
4		水量保证程度	径流调节计算	★★
5		水位分析	注意与死水位关系	
6		取水口位置	选择水质较好处	

序号	项 目		审查内容	重要程度
7	河流型	原水水质化验报告	浊度、DO、氨氮等	★★
8		水量保证程度	径流调节计算	★★
9		水位分析	保证率下的水位	
10		取水口位置	城镇和工业用水区上游；弯曲河段宜设在凹岸	

注：①江淮丘陵区多采用水库；沿江圩区采用长江及主要支流为水源。

②DO：溶解氧；COD：化学需氧量。表征水体污染程度，特别是有机污染。

7. 工程总体布置

序号	项 目	审查内容	重要程度
1	给水系统方案确定	①供水方式比选： a. 水厂规模在大的前提下考虑适度原则； b. 对现有水厂并网和新建水厂应方案比选。 ②供水水质方案：原则上不允许分质供水。 ③供水压力方案： a. 地形起伏较大区域，优先考虑给水系统整体上为重力输配水； b. 采用分压供水时，加压方式应经比选确定。 ④要充分考虑对现有供水设施的利用	★★★
2	取水工程	①取水口/水源井位置的比选； ②取水构筑物形式确定	
3	输水线路选择	确定原水输水线路	
4	净水厂总体设计	①厂址选择； ②净水工艺选择：工艺可靠，针对地下水氟后期易超标地区要适当做好预留； ③水厂平面布置：分区并布置紧凑； ④水厂高程布置：合理利用地形	★★★

（续表）

序号	项　目	审查内容	重要程度
5	配水管网	配水线路选择	
6	输配水管材选择	①过路、过桥宜采用球墨铸铁管； ②一般干管、支管宜采用PE管； ③主要干管采用PE管或球墨铸铁管宜比选确定	
7	征地拆迁	按照节约用地的原则尽量减少征地	

8. 工程设计

序号	项　目	审查内容	重要程度
1	工程类型	按照《村镇供水工程技术规范》划分	★★
2	工程设计标准	①水质：符合GB 5749的要求； ②方便程度：供水入户； ③入户水压：一般应不低于12m	
3	防洪、抗震标准	按《编制指南》要求	
4	设计流量	①在不考虑原水管道漏损的前提下，取水、输水、净水三个环节，其设计流量一致； ②配水管网设计流量应考虑时变化系数 K_h 因素	★★★
5	竖向设计	①构筑物、连接管道水损取值合理； ②净水构筑物尺寸、埋深在符合工艺要求前提下使得造价低	
6	取水工程	①管井： a. 井深、取水层位；b. 井径、过滤管设计； c. 单井设计取水量；d. 开采井群的布置； e. 深井泵选择；f. 自动水位监测系统 ②地表水取水构筑物： a. 取水头部（或进水室）的设计； b. 取水泵房的设计； d. 构筑物取水能力校核	★★

（续表）

序号	项 目	审查内容	重要程度
7	输水工程	①输水管道管径、长度、埋深和防腐措施； ②管道穿越道路等工程措施； ③管道附属设施设计（排气阀等）	★★
8	净水工程	①原则上不允许使用一体化净水设备； ②净水构筑物选型及主要设计参数、尺寸、主要设备型式及主要性能参数、数量等； ③制取二氧化氯的原材料必须分开单独贮存	★★
9	配水工程	①管网水力计算正确； ②管道压力不宜大于40m，否则对入户要考虑减压措施； ③适当、合理设置消火栓； ④有节点信息表、管道信息表； ⑤入户典型设计符合要求	★★
10	泵站设计	①水泵选型是否合理； ②附所选泵型的特性曲线	
11	其他	①排泥水处里设计； ②水厂检验仪器及设备； ③自动控制、仪表及通讯设计	

9. 施工组织设计

序号	项 目	审查内容	重要程度
1	输配水管网	①过桥、过沟应有防护措施； ②埋深应符合规范要求； ③入户安装水管应考虑防冻措施	★★
2	试运行	按《村镇供水工程技术规范》要求编写	

10. 环境影响、水土保持及水源保护

序号	项 目	审查内容	重要程度
1	文字	包含环境影响、水土保持及水源保护等内容	

11. 工程管理

序号	项目	审查内容	重要程度
1	建设管理	规范项目建设法人，落实项目法人责任制	
2	运行管理机构	明确运行管理单位	

12. 设计概算和资金筹措

序号	项目	审查内容	重要程度
1	概算编制说明	编制说明是否符合《编制指南》要求	
2	工程部分投资	①核实是否有漏加、重复计算的分项； ②管理房面积是否符合要求； ③管材单价是否合理； ④临时工程一般控制在建安工程的2%； ⑤工程监理费的费率为2.5%； ⑥工程勘测费用据合同结算； ⑦工程设计费的费率符合规定	★★★
3	基本预备费	费率为工程部分投资的5%	
4	工程占地拆迁费	合理核定征地面积及征地标准	
5	资金筹措	符合现行农村饮水安全工程资金使用政策	

13. 经济评价

重点对工程运行成本进行审查即可。

14. 附录、附件、附图

序号	项目	审查内容	重要程度
1	附录	①规划报告批复文件； ②水源水质化验报告； ③主要材料及设备清单	
2	附件	①取水许可批件； ②工程供电协议； ③用地预审文件； ④地勘、物探报告	★★

（续表）

序号	项　目	审查内容	重要程度
3	附图	①工程总体布置图； ②水厂总体平面布置图； ③工艺流程断面图； ④管网水力计算图； ⑤给水管平面设计图、纵断面设计图； ⑥主要构筑物工艺设计图； ⑦主要建筑物、构筑物建筑图； ⑧供电系统和主要变、配电设备布置图； ⑨自动控制仪表系统布置图； ⑩机械及金属结构设计图	★★

四、概算审核内控标准

（一）人均投资标准

水厂规划内人口人均投资标准控制在 500 元/人以内。

（二）管材价格

按 1.8 万元/吨综合价控制。管材价格超过此控制价的部分应核除，但上报值在 1.6 万 ~ 1.8 万元/吨的，原则上不作调整。

（三）净水厂占地面积

1. 根据工程规模等情况，以地下水为水源的净水厂占地面积控制在 4 ~ 5 亩（0.27 ~ 0.33hm²）；地表水厂控制在 5 ~ 6 亩（0.33 ~ 0.4hm²）。

2. 征地标准如有协议，按协议价审核，没有协议或协议金额高于征地标准按规定的标准审核。

3. 预留用地征地费不在本期工程中列支。

（四）净水厂房屋建筑面积

1. 地下水厂：净水厂办公管理房（含办公室、化验室、控制室、值班室、仓库、食堂、浴室）总面积控制在 300 ~ 350m²，生产用房面积控制在 120 ~ 150m²。

2. 地表水厂：净水厂办公管理房（含办公室、化验室、控制室、值班室、仓库、食堂、浴室）总面积控制在 350 ~ 400m²，生产用房面积控制在 120 ~ 150m²。

3. 净水厂外的加压站、高位水池、泵站等用房根据实际需要建设。

（五）除氟设备

对报告中参考水源的含氟量不高于 1.0mg/L，不考虑计列除氟设备，但如处于高氟地区应考虑预留除氟工艺位置及生产房。

小型集中式供水（指日供水在 1000m³ 以下或供水人口在 1 万人以下）按 1.2mg/L 控制。

（六）临时工程

按建安工程投资（不含管材、管件投资）的 2.0% 控制。

（七）独立费用

1. 设计费：根据专家打分及报告修改情况确定等级，审核设计费。

2. 勘测费：没有正式勘测报告的，按 3 万～5 万元控制；有报告的，按概算总表一至三部分投资之和的 1.5%～2.0% 控制；有协议的，如协议金额低于审核标准，按协议执行，如高于审核标准，按审核标准执行。

3. 如确需水资源论证的，其费用可以在概算中列支。农村饮水安全工程属水利工程，按规定可不开展防洪评价。

（八）基本预备费

按概算总表一至四部分投资之和的 5% 控制。如上报值低于 5% 的，可不作调整。

（九）其他

1. 对工程量和工程单价要进行审核，不合理的要进行调整。

2. 概算中不得计列购置车辆，应核除住宅用房（可考虑少量值班用房）。

3. 概算审核表中，对核增（减）项应在备注栏中作说明。

建 设 篇

安徽省农村饮水安全工程企业信用档案备案管理工作简述

安徽省农村饮水安全工程管材管件质量管理综述

安徽省农村饮水安全工程建设管理实务

安徽省农村饮水安全工程企业信用档案备案管理工作简述

（2014 年 2 月）

"十一五"期间，我省农村饮水安全工程共解决农村饮水不安全人口约 1223 万人、农村学校饮水不安全师生 23 万人；"十二五"期间，我省再解决农村饮水不安全人口约 2151 万人、农村学校饮水不安全师生约 171 万人；"十三五"期间，我省将实现"村村通"自来水的目标。截止到 2013 年底，农村饮水安全工程累计完成总投资 114.9 亿元，解决了 2381.7 万农村居民和 118 万农村学校师生饮水不安全问题，建设供水厂 6550 处，其中规模水厂 870 处。企业信用档案备案是安徽省水利建设市场主体信用信息管理的重要组成部分，我省农村饮水安全工程管材管件及设备生产企业信用档案备案管理工作取得了很大成绩，也存在较多问题；加强信用档案备案管理工作，提高信用档案备案管理工作水平，规范信用档案备案信息更新工作，进一步发挥信用档案备案的作用，为全省农村饮水安全工程管材管件招标、投标和评标工作，提供基础信息支撑。本文结合我省农村饮水安全工程信用档案备案管理的实际情况，简述了信用档案备案管理工作开展情况、备案主要内容及存在的问题、文本申报注意的事项、备案管理的目标以及示范文本变更的内容、管材质量省级抽检情况等。

一、企业信用档案备案管理工作概述

简述我省农村饮水安全工程企业信用档案备案管理工作开展情况。

根据《关于建立农村饮水安全工程管材管件及设备生产企业信用档案备案管理工作的通知》（皖水农函〔2011〕1517 号）文件精神，我站自 2011 年 12 月开展了农村饮水安全工程管材管件及设备生产企业信用档案备案管理工作，具体情况如下。

1. 发布配套文件

《关于农村饮水安全工程管材管件及设备生产企业信用档案备案信息更新的通知》（皖农饮〔2012〕128号）、《关于报送农村饮水安全工程管材管件及设备生产企业备案信息更新资料的通知》（皖农饮〔2013〕201号）和《关于催报农村饮水安全工程管材管件及设备生产企业备案信息更新资料的函》（皖农饮函〔2013〕40号）等文件。

2. 制定审核手册

《农村饮水安全工程管材管件及设备生产企业信用档案备案资料审核手册》和《农村饮水安全工程管材管件及设备生产企业信用档案备案信息更新审核手册》。

3. 规范审核程序

审核组、复核人和批准人均在审核手册签字后，方可办文公示。备案企业：公示期为30个工作日，公示期无异议后，正式公告。信息更新按月发布，实行动态管理。

4. 建立退出机制

截止到2014年3月，分六批进行了审核公示、公告，有82家企业通过审核。其中，备案更新审核通过有56家；未通过备案更新审核有26家。

目前，我省水利建设市场基本形成了施工、监理、设计、招标代理及管材管件生产企业等5类信用档案备案管理的制度。

二、企业信用档案备案管理有关文件

简述国家及我省企业信用档案备案管理主要文件及内容，重点介绍农村饮水安全工程企业信用档案备案管理方面的文件内容。

一、《国务院办公厅关于社会信用体系建设的若干意见》（国办发〔2007〕17号）

二、水利部印发的《水利建设市场主体信用信息管理暂行办法》（水建管〔2009〕496号）

三、水利部办公厅印发的《水利部办公厅关于进一步加强农村饮水安全工程管材及其施工质量监督的通知》（办农水〔2014〕40号）

第三条规定：为保证管材质量，各地可根据实际情况，实行农村饮水安全工程管材供应企业备案管理，加强对管材供应企业的监督管理。

第四条规定：对存在严重不良行为的单位，在招标投标中进行限制直至清除出农村饮水安全工程建设市场。建立严重不良行为黑名单制度，并向社会公布。

四、《安徽省水利建设市场主体信用信息管理实施细则》（皖水基〔2011〕244号）

第五条规定：水利建设市场主体基本信息实行备案制度。

五、《关于建立农村饮水安全工程管材管件及设备生产企业信用档案备案管理工作的通知》（皖水农函〔2011〕1517号）

主要内容如下：

（一）备案范围

1. 管材管件类：生产PE、PVC等适用于农村饮水安全工程供水管材管件的企业。

2. 水质处理类：生产一体化净水器、特殊水处理设备、二氧化氯发生器装置等水质处理产品的企业。

3. 机电设备类：生产恒压供水变频设备、气压水罐、水泵等产品的企业（暂不备案）。

4. 计量检测类：生产水表、闸阀、水质检测仪器、自动化系统等产品的企业（暂不备案）。

（二）备案企业资格要求

满足以下条件企业均可申请备案。

1. 管材管件类企业必须是入选水利部农村饮水安全中心、中国农业节水和农村供水技术协会联合发布的《全国农村饮水安全工程材料设备产品信息年报》中的企业（以最新信息年报为准）。

2. 具有独立法人资格，具有承担相应民事责任的能力。

3. 依法纳税，遵守国家相关法律法规。

4. 备案企业必须是生产企业。

（三）企业备案资料

详见《安徽省农村饮水安全工程管材管件及设备生产商备案手册（试行)》（以下简称《备案手册》），有关备案要素、条件和用途在《备案手册》中均已注明。

（四）备案受理及审查

安徽省水利厅负责农村饮水安全工程管材管件及设备生产企业的备案和管理工作，对全省农村饮水安全工程进行行业监督管理。企业备案受理及审查工作委托安徽省农村饮水管理总站具体负责。市、县（市、区）水行政主管部门负责对本行政区内从事农村饮水安全工程管材管件及设备企业的日常监督管理，认真执行相关规定，发现不良行为，记录在案并及时上报省水利厅。

1. 自愿申请

参与安徽省农村饮水安全工程招投标活动的管材管件及设备生产商请将《备案手册》等申请材料如实填写后加盖公章，于 2011 年 12 月 26 日前送至安徽省农村饮水管理总站。

2. 组织初审

收到企业备案材料后，一般在 30 个工作日内，安徽省农村饮水管理总站组织对企业备案信息进行审查工作。

3. 审查公示

安徽省水利厅在安徽水利信息网、安徽省水利工程招标信息网和安徽农村饮水网相关栏目公示经审查后的企业备案信息，并在公示期内对反馈意见进行核实。公示期为 30 个工作日。

4. 备案公告

经审核通过的备案企业，在安徽水利信息网、安徽省水利工程招标信息网和安徽农村饮水网上发布备案信息，作为企业参与我省农村饮水安全工程招投标活动的基础信息资料。

（五）其他事项说明

1. 凡在我省行政区域内从事农村饮水安全工程招投标活动的管材管件及设备企业，应自觉接受各级水行政主管部门的监督管理，并在安徽省水利厅完成企业和相关人员信息备案工作后，方可参加安徽省农村饮水安全工程投标和从事农村饮水安全工程建设等活动。

2. 企业可从安徽水利信息网、安徽省水利工程招标信息网和安徽农村饮水网相关栏目下载《备案手册》电子文档，按要求收集整理和填报相关材料，向安徽省农村饮水管理总站递交申请材料，办理备案手续，提供电子文档一份及纸质材料三份。企业获取备案资格后，应主动接受安徽省各级水行政主管部门监管、考核；对存在违法、违规行为的企业和人员，一经查实，我厅将不予备案或取消其备案资格。

3. 管材管件类生产企业备案时必须明确 1~3 名法定代表人的委托代理人、外省企业驻皖管理机构和每个代理商各明确 1 名委托代理人，受法定代表人委托，专职在我省参加水利招投标活动，其他人员（招标文件另有规定的除外）以企业名义参与招投标活动的，不予认可。

4. 企业办理该备案时，其法定代表人须持中华人民共和国居民第二代身份证，到备案受理单位签署《备案手册》中的承诺书，承诺本企业在我省办理管材管件及设备企业备案、从事水利投标和建设活动所提供的资料、印鉴、证件、业绩等材料真实有效，若有弄虚作假，愿意接受相关处罚。

5. 2012 年 3 月 1 日以后，安排在工作日内正常受理备案和信息更新，原则上每季度第 1 个月 5 个工作日内集中公布审核结果。审核部门可对登记备案企业及其驻皖管理机构和代理商的办公场所、设备、管理人员及产品进行现场查验，必要时向企业所在地有关主管部门和单位调查核实有关情况。

6. 在备案公告后，继续接受对企业相关备案信息举报投诉，经查属实，视情节对被举报企业进行处罚。

六、《关于农村饮水安全工程管材管件及设备生产企业信用档案备案信息更新的通知》（皖农饮〔2012〕128 号）

主要内容如下：

（一）信息更新对象

进行信用档案信息更新的对象为已按《通知》要求申请备案并经审核公告的管材管件及设备生产企业。

（二）信息更新内容

按照《安徽省农村饮水安全工程管材管件及设备生产商备案手册（试行）》（以下简称《备案手册》）的要求，对需要变更的企业基本情况、资质情况、人员及社保情况、业绩情况、年度财务审计报表等信息进行更新。

（三）更新受理及时间要求

1. 报送材料

申请备案信息更新的企业应准备以下材料：

（1）要求信息更新的正式文件（格式见附件 1）；

（2）备案信息更新要素汇总表（格式见附件 2）；

（3）《备案手册》：如实填写申请更新的内容并加盖公章。对于已公告且无变化的非更新内容，在备案手册中无须再次填写。

（4）备案信息更新内容相关材料的复印件，应装订成册，并加盖公章。

上述材料一式三份，并附材料（2）、（3）的电子版提交我站。请于每季度第 1 个月底前提交下季度初待更新的资料。

2. 组织初审

收到企业报送的相关资料后，一般在 15 个工作日内，我站及时对更新信息进行审查。

3. 审查公示

经审查后的信息更新资料在安徽水利信息网、安徽省水利工程招标信息网和安徽农村饮水网相关栏目进行公示，并对反馈意见进行核实。公示期一般为 10 个工作日。

4. 备案公告

经公示无异议的相关内容，予以更新在原公告的企业《安徽省农村饮水安全工程管材管件及设备生产商备案手册（试行）》上。原则上每季度第 1 个月 5 个工作日内集中公告。

（四）更新其他事项

1. 生产企业办理信用档案备案、更新不收取任何费用。

2. 企业可从安徽水利信息网、安徽省水利工程招标信息网和安徽农村饮水网相关栏目下载《备案手册》电子文档。

3. 生产企业须对备案信息更新内容盖章确认，对于企业法人代表变更的，需法人代表持中华人民共和国居民第二代身份证到我站签署《备案手册》中的承诺书。

4. 备案资料应真实无误，一经发现存在造假或不实的情形，取消该企业备案资格并予以公告。

七、《关于印发〈安徽省农村饮水安全工程管材采购招标示范文本〉的通知》（皖农水函〔2013〕1681 号）

主要内容如下：

（一）凡我省境内列入国家和地方投资计划的农村饮水安全工程使用《管材采购招标文件示范文本》，其余管材采购项目可参照使用。

（二）在使用中对招标文件示范文本进行修改的，应在招标文件核备时说明，并报项目主管部门审核同意，审核意见同时报省水利工程招标投标管理办公室备案，若发现违反规定的，予以纠正。

（三）管材供货单位应及时更新业绩及有关证书等信用档案备案资料，经公告的上述资料将作为农村饮水安全工程招标、投标和评标工作依据。供货单位提供虚假资料的，将依据《安徽省农村饮水安全工程管材供货单位不良记录管理办法》予以处理；未经公告的资料，评标时不予认可。

（四）《管材采购招标文件示范文本》自 2014 年 3 月 1 日起执行，在此之前发布招标公告的项目，可执行原示范文本。

（五）各单位在执行中发现的问题，可及时向省水利工程招标投标管理办公室或省水利工程招标投标服务中心反映。

八、《关于报送农村饮水安全工程管材管件及设备生产企业备案信息更新资料的通知》（皖农饮〔2013〕201号）

主要内容如下：

（一）按照《关于建立农村饮水安全工程管材管件及设备生产企业信用档案备案管理工作的通知》（皖水农函〔2011〕1517号）、《关于农村饮水安全工程管材管件及设备生产企业信用档案备案信息更新的通知》（皖农饮〔2012〕128号）等文件要求，各备案企业应及时、真实和准确的报送备案信息更新资料。

（二）根据《关于印发〈安徽省农村饮水安全工程管材采购招标文件示范文本〉的通知》（皖水农函〔2013〕1681号）文件精神，新的示范文本自2014年3月1日起执行，招标、投标和评标工作以备案信息审核公告为依据，企业备案业绩含外省公开招标的农村饮水安全工程管材采购项目。

（三）我站在2014年2月10日前集中公示、公告一次企业备案信息更新资料；2014年2月10日后，按有关规定，正常办理备案企业信息更新工作。

九、《关于催报农村饮水安全工程管材管件及设备生产企业备案信息更新资料的函》（皖农饮函〔2013〕40号）

主要内容如下：

（一）备案企业信息更新内容。按照《关于建立农村饮水安全工程管材管件及设备生产企业信用档案备案管理工作的通知》（皖水农函〔2011〕1517号）和《示范文本》的有关规定，各备案企业均应报送备案信息更新材料。

（二）备案企业信息更新程序。按照《关于农村饮水安全工程管材管件及设备生产企业信用档案备案信息更新的通知》（皖农饮〔2012〕128号，以下简称《通知》）要求执行，各备案企业应按《通知》中规定的时间，真实和准确地报送备案信息更新资料；申报材料如有弄虚作假等现象，一经查实，将按《安徽省农村饮水安全工程管材管件供货单位不良记录管理办法》（皖水农函〔2013〕1686号）等文件规定给予处理；未及时更新的备案企业，将按有关规定暂停备案。

（三）《示范文本》自2014年3月1日起执行，招标、投标和评标工作以备案信息审核公告为依据，企业备案业绩含外省公开招标的农村饮水安全工程管材采购项目。

（四）我站将按照《关于报送农村饮水安全工程管材管件及设备生产企业备案信息更新资料的通知》（皖农饮〔2013〕201号）文件精神，近期拟集中公示、公告一次企业备案信息更新资料。

（五）各备案企业 2013 年度信息更新报送材料时间，截止到 2014 年 1 月 15 日；逾期未更新的备案企业，将按有关规定暂停备案。

（六）企业备案及信息更新有关文件及表格可在安徽水利信息网、安徽省水利工程招标信息网和安徽农村饮水网相关栏目下载。

十、关于发布《安徽省农村饮水安全工程管材管件及设备生产商备案手册（修订版）》的通知（皖农饮〔2014〕15 号）（详见网上公告）

十一、《关于加强备案企业管材管件质检报告审核工作的通知》（皖农饮〔2014〕19 号）

主要内容如下：

根据水利部办公厅《关于进一步加强农村饮水安全工程管材及其施工质量监管的通知》（办农水〔2014 号〕40 号）文件精神，为加强对备案企业管材管件质量的监督，现将备案企业管材管件质检报告审核事宜通知如下：

（一）凡我省农村饮水安全工程招标所需的管材管件规格，备案企业均要按要求提供质检报告。

（二）管材管件质检报告审核要求。

1. 原则上以管材直径（公称外径）为单元提供至少一份检验报告（含对应的管件检验报告）。

2. 检验报告类别为备案企业送样检测或国家产品质量监督部门及行业主管部门抽样检测。

3. 为近 3 年有资质检测单位出具的报告。

4. PE 管材检验报告至少应涵盖管材尺寸、纵向回缩率、断裂伸长率、静液压强度和卫生性能检测指标，PVC 管材检验报告至少应涵盖管材尺寸、密度、维卡软化温度、纵向回缩率、液压试验和卫生性能检测指标。

（三）备案产品目录仅公示合格质检报告的规格，如未提供合格的质检报告，将不予备案公示。

（四）已公示的备案企业，2014 年 8 月底前务必提供合格的质检报告，否则暂停备案资格；首次申报的备案企业，应按要求提供合格质检报告，否则不予备案。

十二、《安徽省农村饮水安全工程供货单位不良记录管理办法》（皖农水函〔2013〕1681 号）

主要内容如下，该办法并通过省政府法制办合法性审查：

第一条 为加强安徽省农村饮水安全工程管材管件供货单位市场行为信息管理，依据水利部《水利建设市场主体不良行为记录公告暂行办法》及国家有关规定，制定本办法。

第二条 本办法适用于参与我省农村饮水安全工程建设活动的管材管件供货单位不良行为记录和公告。

本办法所称的不良行为，是指在我省从事农村饮水安全工程建设活动的管材管件供货单位违反有关法律、法规和规章，受到县级以上人民政府、行政主管部门或相关专业部门的行政处理的行为；对于违反我省农村饮水安全工程建设有关规章制度、存在合同履行严重不到位、影响工程建设的行为，参照不良行为管理。

本办法所称的不良行为记录，是指省水行政主管部门根据不良行为性质和情节，认定为 A、B 两个等级的不良行为记录，并予以公告。

第三条 省水行政主管部门负责全省农村饮水安全工程管材管件供货单位不良行为记录采集、认定和公告。

市、县水行政主管部门依照管理权限，负责本辖区内农村饮水安全工程管材管件供货单位不良行为记录采集和报送，配合省水行政主管部门开展不良行为记录认定和公告。

第四条 农村饮水安全工程管材管件供货单位不良行为记录管理工作应坚持准确、及时、客观、公正的原则。

第五条 具有水利部《水利建设市场主体不良行为记录公告暂行办法》认定标准中规定的情形，受到行政处罚的，应认定作为 A 级不良行为记录，并对下列情形予以重点监管：

1. 伪造、变造资格、资质证书或者其他许可证件骗取中标，以及其他弄虚作假骗取中标情节严重的行为；

2. 投标人相互串通投标或者与招标人串通投标的；

3. 非因不可抗力原因，中标人不按照与招标人订立的合同履行义务的；

4. 在产品供货过程中，以假充真，以次充好，或者以不合格产品冒充合格产品的；

5. 其他违法行为受到行政处罚的。

第六条 管材管件供货单位存在水利部《水利建设市场主体不良行为记录公告暂行办法》认定标准中规定的情形，造成一定的不良影响和后果，但未受到行政处罚的，应作为 B 级不良行为记录；存在以下情形之一，造成一定的不良影响和后果的，视同 B 级不良行为：

1. 在参加信用档案备案时，存在弄虚作假行为的；

2. 无正当理由放弃投标、中标，投标报价超出最高限价、以无效资料投标，以及其他有意造成无效投标文件的；

3. 因管材管件供货单位原因，投标文件承诺或合同约定的人员和设备、材料未到现场的；

4. 因管材管件供货单位原因造成停工、拖延工程工期，不能按期完工，或完工后不能及时组织验收的；

5. 因管材管件供货单位原因，被建设单位解除合同的；

6. 不接受质量监督机构监督以及造成事故的；

7. 其他影响管材质量和进度的违规行为，受到项目法人或县以上水行政主管部门通报的。

第七条 管材管件供货单位存在第五条、第六条情形，未造成不良影响和后果的，由主管部门或项目法人下达警示通知书，要求限期整改，整改不力的，视其情节，按照第五条、第六条规定，认定为不良行为。

第八条 质量和安全监督机构、项目法人、监理等单位和人员发现农村饮水安全工程建设活动中管材管件供货单位的不良行为，应及时报告水行政主管部门。

市、县水行政主管部门对有关单位和人员报告的管材管件供货单位不良行为记录应及时进行核实、上报。

省水行政主管部门对各市、县水行政主管部门上报的管材管件供货单位不良行为记录以及其他单位、部门和人员报送的管材管件供货单位不良行为记录，经核实后认定、公告。

第九条 各有关单位和人员对所报送的不良行为记录的真实性负责，市、县水行政主管部门对报送的不良行为记录的准确性负责。

第十条 省水行政主管部门认定管材管件供货单位不良行为记录后20个工作日内，通过安徽水利信息网或安徽水利建设市场信息管理平台公告。

不良行为记录公告的基本内容为：被处理的管材管件供货单位名称、具体行为、处理依据、处理决定和意见、处理时间和处理机关等。

第十一条 不良行为记录公告期限为6个月，公告期满后，转入后台保存。依法限制管材管件供货单位主体资格等方面的行政处理决定，所认定的限制期限长于6个月的，公告期限从其决定。

第十二条 管材管件供货单位不良行为记录公告不得公开涉及国家秘密、商业秘密、个人隐私的记录。但是，经权利人同意公开或者行政机关认为不公开可能对公共利益造成重大影响的涉及商业秘密、个人隐私的不良行为记录，可以公开。

第十三条　省行政主管部门在不良行为记录公告前应告知被公告单位，被公告单位有权进行申诉和解释。

被公告的管材管件供货单位对公告记录有异议的，可向省水行政主管部门提出书面更正申请，并提供相关证据。省水行政主管部门接到书面申请后，应在 5 个工作日内进行核对，并将核对结果告知申请人。

行政处理决定在被行政复议或行政诉讼期间，公告部门依法不停止对不良行为记录的公告。原行政处理决定被依法变更和撤销的，公告部门应及时对公告记录予以变更或撤销，并在公告平台上予以公告。

第十四条　公告部门及其工作人员在不良行为记录相关工作中玩忽职守、弄虚作假或者徇私舞弊的，由其所在单位或者上级主管部门予以通报批评，并依法依纪追究直接责任人和有关领导的责任，涉嫌犯罪的，移送司法机关追究刑事责任。

第十五条　本办法自 2013 年 12 月 11 日起执行。

备注：该办法执行后，已有一家企业记不良记录 B，并公告。

三、企业信用档案备案信息主要内容

简述企业信用档案备案信息及更新的主要内容。拟对部分备案内容结合管材管件类企业的实际情况及《示范文本》的要求适当删减、备案信息审核标准和有关证书更新启用日期等问题，具体内容如下：

（一）企业基本资料

1. 企业法人代表及公章

（1）法人代表：投标要素，如更换企业法人代表，则必须到我站当面签署法人代表承诺书，并留存二代身份证复印件。

（2）企业公章：投标要素，应出具新公章印鉴样，并说明启用时间。

2. 企业经营资格文件

（1）营业执照：投标要素，如换证、有效期、年检（如 2012 年工商年检）等。

（2）组织机构代码证：如换证、有效期等。

（3）税务登记证：如换证、有效期等。

（4）商标注册证（如有）：如换证、有效期等。

（5）产品卫生许可证：投标要素，如许可范围、换证、有效期等。

（6）产品质量检测报告：投标要素，必须提供近 3 年（如 2011—2013 年）的检测项目完整的质检报告。

（7）生产许可证（如有要求）：如许可范围、有效期等。

（8）国家强制性产品认证（如有要求）：如认证范围、有效期等。

（9）制造计量器具许可证（如有要求）：如许可范围、有效期等。

（10）计量（测量）认证证书：评标要素，如换证、有效期等。

（11）技术鉴定证书。

（12）企业基本账户：投标要素，如换账号、批件号等。

3. 企业其他证书文件

（1）管理体系（含质量、环境）认证：评标要素，如换证、有效期等。

（2）全国农村饮水安全工程材料设备信息年报证书：评标要素，可由审核人员网上查询，必须提供近3年（如2011—2013年）的年报证书。

（3）农业节水灌溉和农村供水产品认证证书。

4. 外省企业驻皖管理机构及代理商

如驻皖管理机构和代理商变动等。

（二）备案企业人员基本信息

1. 生产商人员

（1）企业5类管理人员：如身份证、社保材料、劳动合同、职务任命书等原件及复印件（盖企业公章）等。

（2）专职投标委托代理人：投标要素，需要的材料有身份证、社保材料（至少满一年）、劳动合同等原件及复印件。

2. 驻皖管理机构及代理商人员

如负责人及专职投标委托代理人变动等。

（三）企业社保花名册

投标要素，如更新备案人员最新缴费记录等。

（四）备案企业业绩信息

评标要素，要求提供近3年的（如2011—2013年）通过公开招标或政府采购方式中标的农饮项目（含外省），必须可在网上查询并附加盖企业公章的网上查询页面。

（五）财务审计报表

投标要素，必须提供近3年（如2010—2012年）的财务审计报告。

注：①以上更新材料均需要按照《关于农村饮水安全工程管材管件及设备生产企业信用档案备案信息更新的通知》（皖农饮〔2012〕128号）格式要求，一式三份，A4纸装订，外加备案企业信息表电子版一份；②2014年2月10日后报送的更新材料，按上述标准审核，审核通过后，放在下次

更新。

四、企业信用档案备案管理存在的问题

简述企业信用档案备案信息及更新存在的主要问题:

1. 文本格式不符合要求,未提供电子文档;
2. 部分资质证书不一定可信,甚至涉嫌造假;
3. 信息更新不及时,格式不符合要求;
4. 质检报告内容不全,不是备案企业委托检测的;
5. 提供的业绩无法核实;
6. 个别备案企业并非十分重视备案工作;
7. 需修订完善备案信息审核标准;
8. 备案信息核实工作有待加强;
9. 信用档案备案管理水平需进一步提升。

五、企业备案信息修订事项的说明

简述备案信息修订过程、依据、内容和审核标准等。

2013 年 12 月,省水利厅印发了新《管材采购招标文件示范文本》,并明确经公告的有关管材供货单位"业绩及有关证书等信用档案资料"将作为我省农村饮水安全工程招标、投标和评标的依据。因此,农村饮水安全工程管材管件生产企业备案信息的审核工作责任较大,将直接影响到企业招投标行为。为切实抓好企业备案信息审核工作,结合 2013 年 12 月 11 日召开的管材企业座谈会征求意见情况,我站对原《备案手册》给予了修订和完善,并于2014 年 4 月 10 日发布执行。

(一)备案审核依据

1. 省水利厅《关于建立农村饮水安全工程管材管件及设备生产企业信用档案备案管理工作的通知》(皖水农函〔2011〕1517 号);

2. 省水利厅《关于印发〈安徽省农村饮水安全工程管材采购招标文件示范文本〉的通知》(皖水农函〔2013〕1681 号);

3. 省农村饮水管理总站《关于农村饮水安全工程管材管件及设备生产企业信用档案备案信息更新的通知》(皖农饮〔2012〕128 号);

4. 省农村饮水管理总站《关于报送农村饮水安全工程管材管件及设备生产企业备案信息更新资料的通知》(皖农饮〔2013〕201 号);

5. 省农村饮水管理总站《关于催报农村饮水安全工程管材管件及设备生

产企业备案信息更新资料的函》（皖农饮函〔2013〕40 号）。

（二）备案审核开展思路

鉴于省水利厅厅长办公会已研究决定不再对管材管件生产企业实施信用评价制度，而且新出台的《管材招标示范文本》对原评标要素也进行了较多删减，因此，《管材管件及设备生产商备案手册》（皖水农函〔2011〕1517 号）（以下简称《备案手册》）中原考虑开展企业信用评价、招标示范文本调整所要求的部分备案要素已不再需要。

结合新形势下省水利厅加强农村饮水管材市场管理的要求，以企业备案信息审查紧密服务工程招投标为目的，对《备案手册》中的备案要素实行分类审核。凡与工程招投标密切关联的，严加审查、公告；凡无关的，予以取消，不再进行审查、公告，确保审核工作目标明确、重点突出、条理清晰。

（三）备案审核要求

依据备案要素在工程招投标中所起到的作用，将各要素划分为投标要素、赋分要素和相关要素三类，见表1。根据各备案要素的审核要点进行审核，见表2。

（四）其他事项

1.《全国农村饮水安全工程材料设备信息年报证书》由企业提供原件及复印件，审核人员应在中国农村饮水安全网上查询核对；企业提供的业绩，由企业提供中标结果公告网址，审核人员网上查询核对。

2. 企业备案产品应与《全国农村饮水安全工程材料设备信息年报证书》和涉水产品卫生许可批件相一致，并分别提供管材和管件卫生许可证、管材和管件质量检测报告、对应管材业绩材料等。

3. 审核人员按照明确的审核要点进行备案要素审核，认真填写审核手册，对企业提供的证书原件、材料原件和复印件（加盖企业公章）一致性负责，并逐步完善重要原件现场拍照存档工作；对于不符合要求的报送材料，应当场予以退回，并告知原因。

4. 我站在 2014 年 2 月 10 日前集中公告一次企业备案更新资料，在此之后正常办理备案更新工作；备案更新时限由季度公告调整为原则上按月公告。

5. 产品质量检验报告审核方面，水利部农村饮水安全中心要求申报企业提供管材直径 90～110mm，压力等级为常规压力的产品质量检测报告。

表 1　备案要素

序号	原备案要素	备案要素	说明
1	二、企业法人代表承诺书	√	投标要素，法人签署承诺书是投标的前提备案，允许
(1)	法人代表姓名		
(2)	法人代表身份证号码		
(3)	法人代表签字		
(4)	企业公章		
2	四、企业基本资料统计		
2.1	(一) 企业基本信息		
(1)	企业名称	√	投标要素，企业投标基本信息
(2)	注册地址	√	投标要素，企业投标基本信息
(3)	法定代表人	√	投标要素，企业投标基本信息
(4)	网址	√	相关要素
(5)	传真	√	相关要素
(6)	邮编	√	相关要素
2.2	(二) 企业经营资格文件		
(1)	营业执照	√	投标要素，投标人投标人投标前附表"的 1.4.1：具有独立资质条件，见《招标示范文本》"法人资格

（续表）

序号	原备案要素	备案要素	说明
（2）	组织机构代码证	√	相关要素
（3）	税务登记证		
（4）	商标注册证		
（5）	产品卫生许可批件	√	投标要素，投标人资质条件，见《招标示范文本》的"投标人资格前附表"的1.4.1：取得省级及以上卫生许可批件
（6）	产品质量检验报告	√	投标要素，投标人资质条件，见《招标示范文本》的"投标人资格前附表"的1.4.1：有资质的单位出具的产品质量检验报告
（7）	生产许可证		
（8）	国家强制性产品认证		
（9）	制造计量器具许可证		
（10）	计量检测体系合格证书	√	赋分要素，见《招标示范文本》的"投标人有关证书"：计量检测体系（测量管理体系）合格证书
（11）	技术鉴定证书		
（12）	企业基本账户	√	投标要素，《招标示范文本》要求投标保证金应从企业基本账户转出，并作为"评标办法"中"响应性评审"条件之一

（续表）

序号	原备案要素	备案要素	说明
2.3	（三）企业其他证书文件		
（1）	管理体系认证		
	ISO9001 质量管理体系认证证书	√	赋分要素，见《招标示范文本》"评标办法""投标人有关证书"：ISO9001 质量管理体系认证书
	ISO14001 环境管理体系认证证书	√	赋分要素，见《招标示范文本》"评标办法""投标人有关证书"：ISO14001 环境管理体系认证书
（2）	全国农饮工程材料设备信息年报证书	√	赋分要素，见《招标示范文本》"评标办法""投标人有关证书"：入选水利部农村饮水安全工程材料设备信息年报
（3）	农业节水灌溉和农村供水产品认证证书		
2.4	（四）外省企业驻皖管理机构及代理商		
2.5	（五）企业备案产品目录	√	相关要素
2.6	（六）备案企业联系人信息	√	相关要素
3	五、企业概况	√	相关要素
4	六、备案企业人员备案		
4.1	（一）生产商人员备案		
（1）	法定代表人		

（续表）

序号	原备案要素	备案要素	说明
(2)	企业负责人		
(3)	质量负责人		
(4)	技术负责人		
(5)	财务负责人		
(6)	专职投标委托代理人	√	投标要素：按皖水农函〔2011〕1517号要求，只有经备案的专职委托代理人方可代表企业参加招投标活动
4.2	（二）驻院管理机构及代理商人员备案		
(1)	法定代表人		
(2)	专职投标委托代理人		
5	七、备案企业人员职称信息		
6	八、备案企业社保花名册		
6.1	（一）生产商人员社保		
(1)	法定代表人		
(2)	专职投标委托代理人	√	同上
6.2	（二）驻院管理机构及代理商人员社保		
(1)	法定代表人		
(2)	专职投标委托代理人		

（续表）

序号	原备案要素	备案要素	说明
7	九、备案企业业绩信息汇总表	√	赋分要素，见《招标示范文本》"评标办法"
8	十、备案企业业绩详细信息表	√	的"其他商务部分"：投标人业绩
9	十一、备案企业财务报表	√	投标要素，投标人资质条件，见《招标示范文本》"投标人投标前附表"的1.4.1：财务要求（投标人投标状况良好）

表2　备案要素审核要点

序号	备案要素	审核要点
1	一、企业法人代表承诺书	
（1）	法人代表姓名	1. 企业法人代表须到我站当面签署企业法人代表承诺书； 2. 核验企业法人代表第二代身份证原件，留存复印件
（2）	法人代表身份证号码	
（3）	法人代表签字	
（4）	企业公章	对于企业公章更新的，应出具新公章印鉴，并明确启用时间
2	二、企业基本资料统计	
2.1	（一）企业基本信息	
（1）	企业名称	1. 企业名称与入选最新《全国农村饮水安全工程材料设备信息年报证书》名称一致； 2. 名称、地址、法人必须与企业营业执照内容相一致
（2）	注册地址	
（3）	法定代表人	
（4）	网址	
（5）	传真	
（6）	邮编	
2.2	（二）企业经营资格文件	
（1）	营业执照	1. 注册号、名称、住所、法定代表人姓名、注册资本、实收资本、公司类型、经营范围、成立日期、营业期限、年检情况等； 2. 复印件应与原件一致，并加盖单位公章； 3. 经营范围必须涵盖生产备案产品的能力； 4. 必须要有最近年份的年检标识（如2014年7月1日前为2012年，7月1日后为2013年）
（2）	税务登记证	1. 税字号、纳税人名称、法定代表人、地址、登记注册类型、经营范围、批准设立机关、扣缴义务、发证税务机关、日期等； 2. 复印件应与原件一致，并加盖单位公章； 3. 有关信息应与营业执照一致

序号	备案要素	审核要点
（3）	涉及饮用水卫生安全产品卫生许可批件	1. 产品名称、产品类别、产品规格或型号、产品技术信息、申请单位、实际生产企业、实际生产企业地址、审批结论、批准文号、批准日期、批件、发证机关、有效期等； 2. 复印件应与原件一致，并加盖单位公章； 3. 有关信息应与营业执照一致
（4）	产品质量检验报告	1. 检测单位、报告编号、检验依据、检验结论及检验日期； 2. 检验项目：PE 须涵盖管材尺寸、纵向回缩率、断裂伸长率、静液强度和卫生性能，PVC 须涵盖管材尺寸、密度、维卡软化温度、纵向回缩率、液压试验和卫生性能； 3. 时限及资质要求：须为近 3 年（如 2011—2013 年）有资质检测单位出具的报告； 4. 检验报告类别：备案企业送样检测、国家法定检测机构抽样检测； 5. 样品规格：原则上以管材公称外径为单元提供至少一份检测报告，应与备案产品目录一致； 6. 复印件应与原件一致，并加盖单位公章； 7. 有关信息应与营业执照一致
（5）	计量检测体系合格证书	1. 注意领证单位、批准部门、有效期限、认证等级、证书编号等； 2. 计量主管部门颁发的分地市级、省级和国家级，中启认证分 A 级、AA 级和 AAA 级，认证机构必须是国家认证委员会和质量主管机构批准的； 3. 复印件应与原件一致，并加盖单位公章； 4. 有关信息应与营业执照一致
（6）	企业基本账户	1. 注意企业账户开户许可证上开户单位及法人代表名称、发证机关、核准号、编号等； 2. 复印件应与原件一致，并加盖单位公章； 3. 有关信息应与营业执照一致

（续表）

序号	备案要素	审核要点
2.3	（三）企业其他证书文件	
（1）	管理体系认证	
	ISO9001 质量管理体系认证证书	1. 注意被认证单位、认证范围、发证单位、有效期等； 2. 复印件应与原件一致，并加盖单位公章； 3. 有关信息应与营业执照一致
	ISO14001 环境管理体系认证证书	1. 注意被认证单位、认证范围、发证单位、有效期等； 2. 复印件应与原件一致，并加盖单位公章； 3. 有关信息应与营业执照一致
（2）	全国农村饮水安全工程材料设备信息年报证书	1. 审核人员在网上查询； 2. 近 3 年入选情况（如 2011—2013 年）； 3. 复印件应与原件一致，并加盖单位公章； 4. 有关信息应与营业执照一致
2.4	（四）企业备案产品目录	1. 产品名称、品牌、规格等； 2. 近三年（如 2011—2013 年）生产能力、销售额等； 3. 应与涉水产品卫生许可批件、全国农村饮水安全工程材料设备产品信息年报证书一致
2.5	（五）备案企业联系人信息	姓名、第二代身份证号、电话、传真、手机、邮编等
3	三、企业概况	1. 企业情况说明主要包括：企业的性质、规模、生产能力、产品质量及检测能力、经营管理状况、资产状况，取得专利以及获奖证明等； 2. 企业产品介绍主要包括：企业简介、产品品种、规格、性能、使用范围、加工工艺等
4	四、专职投标委托代理人基本情况	1. 需要的材料：第二代身份证、社保材料（至少满一年）、劳动合同等原件及复印件； 2. 复印件应与原件一致，并加盖单位公章

（续表）

序号	备案要素	审核要点
5	五、备案企业业绩信息汇总表	1. 要求提供近3年（如2011—2013年）通过公开招标方式中标的农饮项目（含外省），必须可在网上查询，并附加盖企业公章的网上查询页面；
6	六、备案企业业绩详细信息表	2. 附每项业绩的中标通知书及供货合同复印件； 3. 复印件应与原件一致，并加盖单位公章
7	七、备案企业财务报表（暂定审核标准）	1. 在中国注册会计师行业管理信息系统，查询出具审计报告的会计师事务所是否在系统中登记； 2. 审计报告是否有2名注册会计师签字并盖章； 3. 在中国注册会计师行业管理信息系统，查询审计报告中的注册会计师是否在出具审计报告的事务所工作； 4. 审计结论是否为无保留意见； 5. 审计报告是否盖事务所骑缝章，或在报告的侧面盖骑缝章； 6. 审计报告是否附有会计师事务经年检的执照复印件； 7. 审计报告是否附有注册会计师证书年检记录复印件； 8. 核对审计报告原件和备案资料里的复印件是否相符； 9. 近3年（如2010—2012年）审计报告，必须附经审计的财务报表和财务报表附注

六、企业信用档案备案申报文本应注意的几个问题

简述企业信用档案备案信息及更新申报文本需要注意的问题。

（一）文本申报

（1）首次申报。

（2）更新申报。

（二）法人代表签署承诺书

备案企业法人代表应到我站签署承诺书。法人代表变动时应重新签署。

（三）单位公章变更

单位因更换公章或名称发生变换，其公章应在我站重新留存印样，并说明启用时间。

（四）营业执照变更

若更换营业执照，企业信用档案备案应及时更新，并将年检情况进行更新；×年×月×日前，应有上年度工商年检更新内容。

（五）卫生许可证

应及时提供卫生许可证有关信息的更新资料。

（六）质量检测报告

报告内容要全，并为本企业委托有资质的单位出具的。

（七）基本账户

如基本账户发生变化，应及时更新，并提供批件。

（八）业绩

近三年类似工程业绩（含外省），并网上能查询到的。

（九）专职投标人

不要随意变更专职投标人，尽可能备案3个专职投标人，其社保应为备案企业所交社保，并至少满1年。

（十）备案联系人

不要随意更换备案联系人，如确需更换，应及时更新。

（十一）审计报告

提供近三年审计报告，×年×月×日前，应更新上年度审计报告。

（十二）备案产品信息

应与入选证书一致。

（十三）重新备案

因各种原因被暂停备案的企业，如需恢复备案，原则上同首次申报一样办理。

七、企业信用档案备案管理的目标

企业信用档案备案管理的目标是：质量合格；基础支撑；公平竞争；规范有序；动态管理；飞行检查。

八、招标示范文本主要变动的内容

（一）修订缘由

国家对农村饮水安全工程高度重视，2005 年至 2013 年，已安排我省投资计划共 114.9 亿元，而管材占农村饮水工程总投资的三分之一以上，因此加强农村饮水管材的采购招标工作十分重要。

2010 年，省水利厅组织编制了《安徽省水利水电工程材料采购招标示范文本》，规范了我省农村饮水安全工程管材采购招投标行为，在农村饮水安全工程建设管理中发挥了重要的作用。但是，近年来在农村饮水管材采购招标过程中发现了一些问题，相关的投诉、举报比较多，如：有的企业伪造相关证书、证件；有的在上报资料时弄虚作假；有的单位擅自修改重要的评标要素，影响评标结果；有的管材最高限价偏高，导致国家资金的流失；有的中标企业无正当理由放弃中标资格等。

此外，来国家和我省也陆续出台了一系列加强水利建设市场管理的规定，如开展企业信用档案备案、信用评价、不良行为公告等，然而原示范文本没有涵盖这些相关内容，已不能适应新形势的要求，为此我们组织人员对原示范文本进行了修订。

（二）修订原则

坚持科学合理、客观公正、注重实效的原则，调整评标要素，减少人为影响和不确定因素，合理控制最高限价，增加信用等级、不良记录等要素，规范企业行为。

（三）修订内容

1. 评分要素的修改

（1）删除原文本中 6 项与管材生产质量关系不直接紧密的评分要素，删除内容如下：

项数	删除内容			
	二	其他商务部分		
1	（2）	获得重合同守信用单位证书	3	连续 3 年及以上得 3 分，连续 2 年得 2 分，1 年得 1 分
2	（3）	银行资信等级	2	AAA 级得 2 分，AA 级得 1 分，否则不得分

（续表）

项数		删除内容		
3	（6）	省级及以上高新技术企业证书	2	获得2分，否则不得分
4	（7）	水利部有关农村供水（节水）认证证书	2	获得2分，否则不得分
5	（8）	国家质检总局中国名牌产品证书	2	获得2分，否则不得分
6	（9）	企业投标产品具有保险公司出具的产品责任保险证书	2	获得2分，否则不得分

保留了与产品质量等直接相关的评分要素，即入选水利部农村饮水安全工程材料设备信息年报、IS9001质量管理体系认证证书、ISO14001环境管理体系认证证书、计量检测体系合格证书；因测量管理体系范围涵盖了计量检测体系内容，计量检测体系合格证书评分内容修改为"计量检测体系合格证书（或测量管理体系证书）"。

（2）结合管材企业市场行为和信用评价等要求，增加如下评分要素：

项数		增加内容		
1	四	投标人信用等级	5	AAA级得5分，AA级得4分，A级得3分，其余不得分
2	五	公示期限内的不良记录	0	每有1个A级不良记录扣1分，每有1个B级不良记录扣0.5分，累计扣分不限

另外，考虑管材采购中部分项目最高限价过高，在投标报价最高限价编制说明中，增加了"最高限价中管材单价不得超过初步设计或实施方案批复价格"。

2. 分值调整

注册资本金从原来的4分调整为3分；除入选水利部农村饮水安全工程材料设备信息年报减少为2分之外，其他证书得分全部修订为1分；基于投标人信用评价对市场管理的重要性，参考水利施工类项目，投标人信用等级分为AAA、AA、A三类，得分分别为5分、4分、3分；不良记录为扣分制，每有1个A级不良记录扣1分，每有1个B级不良记录扣0.5分。经调整后，投标总报价得分从原来的60分增加为72分。

3. 其他主要修改部分

（1）删除了与《中华人民共和国招标投标法实施条例》不相符的相关内容，如删除了踏勘现场和投标预备会的内容；

（2）根据厅基建处和厅招标办相关规定，调整了报价得分计算和评标程序、投标保证金要求等相关内容；

（3）根据修改后的评标办法，修改了投标文件格式的相关内容，如按修改后的评标办法调整第九章"原件的复印件"中的相关证书的内容等。

九、我省农村饮水安全工程管材质量省级抽检情况

简述国家、我省农村饮水安全工程管材质量省级抽检文件依据及抽检情况等。

（一）国家层面法规文件规定

1. 《中华人民共和国产品质量法》（以中华人民共和国主席令第 33 号发布，自 2000 年 9 月 1 日起实施）

第一章"总则"第八条规定：国务院产品质量监督部门主管全国产品质量监督工作。国务院有关部门在各自的职责范围内负责产品质量监督工作。县级以上地方人民政府有关产品质量监督部门主管本行政区域内的产品质量监督工作。县级以上地方人民政府有关部门在各自的职责范围内负责产品质量监督工作。

2. 《水利部关于进一步做好农村饮水安全工程建设管理工作的通知》（水农〔2013〕387 号）

第五条规定：对农村饮水安全工程建设需要的材料、设备，必须采用集中公开招标采购，严格对进场材料、设备进行质量抽检，管道铺设要严格达到施工规范要求，并进行水压试验等检验。

3. 《水利部办公厅关于进一步加强农村饮水安全工程管材及其施工质量监督的通知》（办农水〔2014〕40 号）

第三条规定：严格管理，进一步加大农村饮水安全工程管材及其施工质量的检查力度。为保证管材质量，各地可根据实际情况，实行农村饮水安全工程管材供应企业备案管理，加强对管材供应企业的监督管理。

第四条规定：加强问责，进一步加大对管材及其施工质量不合格单位和人员的处罚力度。对存在严重不良行为的单位，在招标投标中进行限制或直至清除出农村饮水安全工程建设市场。建立严重不良行为黑名单制度，并向社会公布。

（二）安徽省有关法规文件规定

1. 《安徽省农村饮水安全工程管理办法》（省人民政府令第238号）

第一章"总则"第五条规定：县级以上人民政府水行政主管部门是本行政区域内农村饮水安全工程的行业主管部门，负责农村饮水安全工程的行业管理和业务指导。

2. 《关于开展农村饮水安全工程管材质量省级监督抽查工作的通知》（皖水农函〔2012〕1165号）

省水利厅委托省农村饮水管理总站以及有资质的检测单位组织开展省级抽检工作。

3. 《关于农村饮水安全工程管材质量省级抽检情况的通报》（皖水农函〔2014〕243号）

第三部分第三条规定：加大对农村饮水管材质量的监管力度，并明确检测指标。

（三）管材质量省级抽检情况

1. 抽检概述

自2013年9月24日至11月16日，历时近一个半月，共抽取了42家生产企业的137种产品，生产企业涉及河北省、河南省、山东省、江苏省、上海市、浙江省、安徽省、福建省、湖北省、四川省等10个省、直辖市。覆盖全省16个地级市，共抽取了48个县（市、区）的73个水厂（仓库或工程项目点）的137组样品，产品类别包括PE、PVC-U和PP-R，抽样样品为公称外径自DN20mm~DN200mm的管材。

2. 样品检测情况

安徽省产品质量监督检验研究院提交了其中137组样品的检测结果，其中合格123组、不合格14组，样品合格率为90%；42家被抽检企业，出现10家企业产品不合格，企业合格率为76%；被抽检的企业有6家未按省水利厅要求备案，有3家产品不合格，企业合格率为50%。

3. 不合格因素

（1）PE管材：主要是规格尺寸、断裂伸长率、静液压强度等不合格。

（2）PVC管材：主要是密度、液压试验等不合格。

4. 省级质量抽检不合格产品生产企业处理情况

省水利厅以《关于下达行政处理决定的通知》（皖水农函〔2014〕181、182、183、184、185、186、187、188、189和224号）等文给予了处罚，其中8家企业暂停2年备案资格，1家企业记不良记录B，1家企业省水利厅2

年内不接受备案，并网上公告。

省水利厅以《关于农村饮水安全工程管材质量省级抽检情况的通报》（皖水农函〔2014〕243 号）通报全省，要求对已实施的农村饮水安全工程所使用的不合格管材进行整改。

5. 2014 年，将继续开展管材质量省级抽检工作，做到"地市、中标企业和产品类型"全覆盖

农村饮水安全工程是一项民生工程，也是一项德政工程，是党和政府"以人为本"执政理念的具体体现，是广大农村居民一次饮水革命。大家来自五湖四海，因农村饮水相聚，共同肩负着党和政府的重托，人民群众的希望。我们要充满信心，敢于担当。为实现江淮饮水梦，共同增添正能量。最后以《中共中央关于全面深化改革若干重大问题的决定》中的三句话与大家共勉：

"建设统一开放、竞争有序的市场体系"是我们共同的希望。

"建立公平开放透明的市场规则"是我们共同的追求。

"建立健全社会诚信体系，褒扬诚信，惩戒失信"是我们共同的责任。

安徽省农村饮水安全工程
管材管件质量管理综述

（2014 年 10 月）

　　"十一五"期间，我省农村饮水安全工程共解决农村饮水不安全人口约 1223 万人、农村学校饮水不安全师生约 23 万人；"十二五"期间，我省要解决农村饮水不安全人口约 2151 万人、农村学校饮水不安全师生约 171 万人；"十三五"期间，我省将实现"村村通"自来水的目标。截止 2013 年底，农村饮水安全工程累计完成投资 114.9 亿元，解决了 2381.7 万农村居民和 118 万农村学校师生饮水不安全问题，建设供水厂 6550 处，其中规模水厂 870 处。农村饮水安全工程管材投资约占工程投资的三分之一，管材质量直接影响农村饮水安全。近年来，我省通过管材管件生产企业信用档案备案管理、规范招投标市场和省级抽查工作，加大对不合格产品生产企业的处罚力度，促进了我省农村饮水安全工程管材供货质量的提升，保障了工程建设质量，也受到水利部的肯定，2013 年度全国农村饮水安全工程建设管理考核我省荣获第三名。我省管材质量省级抽查起步于 2012 年，探索于 2013 年，今年将全面规范省级抽查工作。本文主要简述我省对管材质量监管措施、省级抽查程序、抽查工作回顾及 2014 年工作部署。

一、我省农村饮水安全工程管材质量监管措施

（一）把好设计关

（1）管材选择；（2）概算控制。

（二）建立备案制度

（1）完善制度；（2）动态更新。

（三）规范招投标市场

（1）示范文本；（2）最高限价。

（四）开展省级抽查工作

（1）国抽标准；（2）行政处理。

（五）施工现场督查

（1）实地查看；（2）通报批评。

（六）发布不良记录管理办法

（1）及时采信；（2）招标挂钩。

（七）守好竣工验收关

（1）水压试验；（2）质量检测。

（八）省级抽验

（1）查阅资料；（2）运行情况。

二、安徽省农村饮水安全工程管材质量省级抽查工作实施细则（2014 版）

（一）抽查依据

1. 建设工程质量管理条例

建设工程质量管理条例（摘录）

（中华人民共和国国务院令第 279 号公布，2000 年 1 月 30 日）

第七章　监督管理

第四十三条　国家实行建设工程质量监督管理制度。

国务院建设行政主管部门对全国的建设工程质量实施统一监督管理。国务院铁路、交通、水利等有关部门按照国务院规定的职责分工，负责对全国有关专业建设工程质量的监督管理。

县级以上地方人民政府建设行政主管部门对本行政区域内的建设工程质量实施监督管理。县级以上地方人民政府交通、水利等有关部门在各自的职责范围内，负责对本行政区域内的专业建设工程质量的监督管理。

第四十四条　国务院建设行政主管部门和国务院铁路、交通、水利等有关部门应当加强对有关建设工程质量的法律、法规和强制性标准执行情况的监督检查。

第四十五条　国务院发展计划部门按照国务院规定的职责，组织稽查特派员，对国家出资的重大建设项目实施监督检查。

国务院经济贸易主管部门按照国务院规定的职责，对国家重大技术改造项目实施监督检查。

第四十六条　建设工程质量监督管理，可以由建设行政主管部门或者其他有关部门委托的建设工程质量监督机构具体实施。

从事房屋建筑工程和市政基础设施工程质量监督的机构，必须按照国家有关规定经国务院建设行政主管部门或者省、自治区、直辖市人民政府建设行政主管部门考核；从事专业建设工程质量监督的机构，必须按照国家有关规定经国务院有关部门或者省、自治区、直辖市人民政府有关部门考核。经考核合格后，方可实施质量监督。

第四十七条　县级以上地方人民政府建设行政主管部门和其他有关部门应当加强对有关建设工程质量的法律、法规和强制性标准执行情况的监督检查。

第四十八条　县级以上人民政府建设行政主管部门和其他有关部门履行监督检查职责时，有权采取下列措施：

（一）要求被检查的单位提供有关工程质量的文件和资料；

（二）进入被检查单位的施工现场进行检查；

（三）发现有影响工程质量的问题时，责令改正。

第四十九条　建设单位应当自建设工程竣工验收合格之日起15日内，将建设工程竣工验收报告和规划、公安消防、环保等部门出具的认可文件或者准许使用文件报建设行政主管部门或者其他有关部门备案。

建设行政主管部门或者其他有关部门发现建设单位在竣工验收过程中有违反国家有关建设工程质量管理规定行为的，责令停止使用，重新组织竣工验收。

第五十条　有关单位和个人对县级以上人民政府建设行政主管部门和其他有关部门进行的监督检查应当支持与配合，不得拒绝或者阻碍建设工程质量监督检查人员依法执行职务。

第五十一条　供水、供电、供气、公安消防等部门或者单位不得明示或者暗示建设单位、施工单位购买其指定的生产供应单位的建筑材料、建筑构配件和设备。

第五十二条　建设工程发生质量事故，有关单位应当在24小时内向当地建设行政主管部门和其他有关部门报告。对重大质量事故，事故发生地的建设行政主管部门和其他有关部门应当按照事故类别和等级向当地人民政府和上级建设行政主管部门和其他有关部门报告。

特别重大质量事故的调查程序按照国务院有关规定办理。

第五十三条　任何单位和个人对建设工程的质量事故、质量缺陷都有权检举、控告、投诉。

2. 水利部办公厅关于进一步加强农村饮水安全工程管材及其施工质量监管的通知

水利部办公厅关于进一步加强农村饮水安全工程管材及其施工质量监管的通知

办农水〔2014〕40号

各省、自治区、直辖市水利（水务）厅（局），新疆生产建设兵团水利局：

2014年1月21日，中央电视台《焦点访谈》栏目曝光个别企业使用回收废料生产饮用水输配水管材问题，直接危害人民群众健康，社会影响恶劣。为进一步加强农村饮水安全工程管材及其施工质量监管，保障供水安全，确保工程正常发挥效益，现将有关要求通知如下：

一、提高认识，高度重视农村饮水安全工程管材及其施工质量问题

农村饮水安全事关群众切身利益和身体健康，管材及其施工质量直接影响工程质量和供水安全。《焦点访谈》所报道的使用粉碎料、拉皮料、青桶料等回收废料生产饮用水管材的事件，令人触目惊心。从近年来开展的稽查、专项检查看，有的农村饮水安全工程管材存在生产原料、规格尺寸、抗压强度、卫生性能以及施工质量不合格等问题，各地一定要充分认识这些问题的严重性和危害性，从执政为民的高度予以高度重视，采取有效措施，加强管材及其施工质量监管，切实维护群众饮水安全和生命健康。

二、多措并举，进一步规范农村饮水安全工程管材及其施工质量保障工作

各地要严格按照《农村饮水安全工程建设管理办法》的要求，采取有效措施，确保工程管材及其施工质量。千吨万人规模以上集中供水工程建设中要严格执行项目法人责任制、招标投标制、建设监理制和合同管理制；小型和分散武供水工程所需管材，也要以县为单位进行集中采购。主管部门要落实农村饮水安全项目法人责任制，项目法人对工程建设质量与运行安全负总责。在工程设计中，要对管材的性能和质量等提出明确要求；在管材采购中，严格按国家有关规定，实行公开招标，科学合理选定管材价格，既要防止管材中标价格过高，也要防止管材中标价格低于原材料正常成本，避免恶性竞争造成的工程质量风险。项目法人要与最终确认的勘察设计、施工、工程监理单位以及设备材料供应商等依法订立合同，明确质量要求、履约担保和违约处罚条款等，违约方要承担相应的法律责任。

三、严格管理，进一步加大农村饮水安全工程管材及其施工质量检查力度

项目法人或施工单位要对进场管材的质量和卫生性能按相关要求抽样检测；管道铺设要严格执行供水工程技术规范的具体要求，并进行水压试验与工程试运行，确保管材施工质量。主管部门要切实加强监管，各级水行政主管部门要加大对管材供应单位和参建单位在招标投标、质量管理、履约等关键环节的监管力度，畅通举报投诉渠道，发动群众提供违法线索，充分发挥舆论和社会监督作用。有关监督部门要把管材及其施工质量作为农村饮水安全工程稽查、专项检查的重要内容。为保证管材质量，各地可根据实际情况，实行农村饮水安全工程管材供应企业备案管理，加强对管材供应企业的监督管理。

四、加强问责，进一步加大对管材及其施工质量不合格单位和人员的处罚力度

按要求对不合格管材及其施工质量问题进行整改的同时，要加大对管材及其施工质量不合格企业和相关责任人员的处罚力度。对相关责任人员要进行追责，实行工程建设质量终身负责制。对重大工程质量安全事故相关责任人员不管调到哪里工作，担任什么职务，都要追究相应的行政和法律责任。对存在严重不良行为的单位，在招标投标中进行限制直至清除出农村饮水安全工程建设市场。建立严重不良行为黑名单制度，并向社会公布。加大普法力度，增强管材生产经营企业卫生安全意识和守法意识，促进企业切实履行社会责任。

水利部办公厅

2014 年 2 月 28 日

3. 关于开展农村饮水安全工程管材质量省级监督抽查工作的通知

关于开展农村饮水安全工程管材质量省级监督抽查工作的通知

皖水农函〔2012〕1165 号

各市水利（水务）局，广德县水务局、宿松县水利局：

为加强农村饮水安全工程管材质量监督，保证饮水安全工程建设质量，结合正在开展的 2012 年"质量月"活动，经研究决定，开展农村饮水安全工程管材质量省级监督抽查（以下简称"省级抽检"）工作。现将有关事项通知如下：

一、高度重视管材质量监督抽查活动

农村饮水安全工程是全省统一实施的民生工程。其中管材约占总投资的1/3左右，其质量好坏直接影响着整体工程质量。各地要高度重视农村饮水安全工程管材质量，切实做好监督抽查工作。

二、做好省级抽检的配合工作

近期，省水利厅将委托省农村饮水管理总站以及有资质的检测单位组织开展省级抽检工作。各地要支持和配合抽检工作，协调施工企业、监理单位、管材生产厂家等，做好现场取样、签字确认、样品封存等工作，保证此项工作顺利开展。

三、抓紧开展各地管材抽检工作

农村饮水工程量大面广，而省级抽检范围有限。各地应结合自身实际，经常性地委托有资质的检测单位，开展管材抽检工作，对管材检测不合格的生产企业，要采取严厉处罚措施，不断提高管材质量，确保农村饮水工程安全。

安徽省水利厅

2012 年 9 月 20 日

4. 其他有关规范和文件

（1）《产品质量国家监督抽查承检工作规范（2013 年修订版)》国家质量监督检验检疫总局

（2）《产品质量监督抽查实施规范 无规共聚聚丙烯（PP-R）管材及管件》（CCGF 312.1-2010）国家质量监督检验检疫总局

（3）《产品质量监督抽查实施规范 聚乙烯（PE）管材》（CCGF 312.2-2010）国家质量监督检验检疫总局

（4）《产品质量监督抽查实施规范硬聚氯乙烯（PVC-U）管材及管件》（CCGF 312.3-2010）国家质量监督检验检疫总局

（5）GB/T 13663-2000 给水用聚乙烯（PE）管材

（6）GB/T 13663.2-2005 给水用聚乙烯（PE）管道系统第 2 部分：管件

（7）GB/T 10002.1-2006 给水用硬聚氯乙烯（PVC-U）管材

（8）GB/T 10002.2-2003 给水用硬聚氯乙烯（PVC-U）管件

（9）CJ/T 272-2008 给水用抗冲改性聚氯乙烯（PVC-M）管材及管件

（10）GB/T 18742.2-2002 冷热水用聚丙烯管道系统 第 2 部分：管材

（11）GB/T 18742.3-2002 冷热水用聚丙烯管道系统 第 3 部分：管件

（二）抽查范围与计划

1. 抽查范围

受省水利厅委托，安徽省农村饮水管理总站（以下简称省农饮总站）对全省农村饮水安全工程建设所采购的管材管件供货实施质量抽查。

抽查产品种类包括：

（1）聚乙烯（PE）管材、管件

用聚乙烯树脂为主要原料的材料，经挤出成型的给水用聚乙烯管材。简称：PE 给水管材。

管件按连接方式分为三类：熔接连接管件、机械连接管件、法兰连接管件。其中，熔接连接管件分为电熔管件、插口管件、热熔承插连接管件三类。

（2）聚氯乙烯（PVC-U、PVC-M）管材、管件

以聚氯乙烯树脂为主要原料，经挤出成型的给水用硬聚氯乙烯管材。简称：PVC-U 给水管材。曾用名：UPVC 给水管材。以聚氯乙烯树脂为主要原料，经注塑成型和用管材弯制成型的给水用硬聚氯乙烯管件。简称：PVC-U 给水管件。曾用名：UPVC 给水管件。

以硬聚氯乙烯树脂为主要原料，经过物理改性，经挤出或注塑生产出的符合本标准要求的一种新型高韧性的聚氯乙烯管材及管件，成为抗冲改性聚氯乙烯（PVC-M）管材和管件。

（3）聚丙烯（PP-R）管材、管件

以无规共聚聚丙烯树脂为主要原料，经挤出或注塑成型的用于建筑物内冷热水、饮用水和采暖系统的管材和管件。简称：PP-R 管材或 PP-R 管件。

2. 工作流程（见图1）

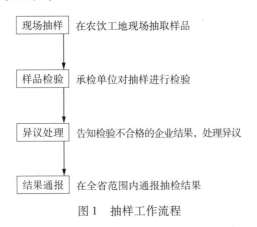

图1 抽样工作流程

3. 进度安排

总体时间: 9 月初 ~ 下一年 2 月底。

（1）现场抽样: 9 月、10 月、11 月分批次现场抽样;

（2）样品检验: 每批次样品提交承检机构 1 个月后完成;

（3）异议处理: 下一年 1 月底前完成;

（4）结果通报: 2 月上旬承检单位将相关汇总材料报总站; 总站 2 月中旬报送省水利厅。

（三）现场抽样

1. 抽样前准备

（1）制定抽样计划

省水利厅在下达投资计划 3 个月后, 下发《全省农村饮水安全工程管材供货情况统计表》（附件 3-1 略, 下同）至各市、县（市、区）水利（水务）部门, 由项目法人按要求填写, 并及时上报。省水利厅下达年度省级抽查任务, 提出有关要求, 并将全省管材供货情况统计表交由省农饮总站。

省农饮总站依据省水利厅要求, 结合全省供货企业分布以及近年省级抽查情况, 按照"覆盖所有地级市、覆盖所有供货单位"的两个全覆盖原则, 初步选定抽查县区及供货单位, 安排现场抽样时间。

（2）召开任务布置会

① 明确总站、承检机构现场抽样参加人员;

② 告知承检机构拟抽取大致范围、县区个数以及时间, 便于承检机构安排人员、车辆等;

③ 由承检机构准备好抽样单、封样单;

④ 学习现场抽样注意事项;

⑤ 提出现场抽样工作纪律（附件 3-2）;

⑥ 对抽样中可能遇到的问题进行交流, 协商解决办法。

（3）抽样准备材料

① 抽查通知书（盖章）（附件 3-3）;

② 抽查抽样单（盖章）（附件 3-4）;

③ 抽查封样单（盖章）（附件 3-5）;

④ 抽查县区管材供货企业及标段统计;

⑤ 抽查市县农饮工作联系人名单及联系方式;

⑥ 照相机或摄录机。

2. 抽样过程

（1）联络市县水利部门

省农饮总站带队人员提前半天至一天联系被抽查县区所在地市、县（区）的水务（利）部门，告知抽查性质、到达时间及抽样人员，要求项目法人做好准备工作。

项目法人应做好如下准备工作：

① 提供年度项目点及管材供货单位分布图；

② 提供供货单位投标文件及产品入场接收材料（含检测报告）；

③ 提供项目点管材管件库存情况；

④ 通知监理、施工、管材保管单位及供货单位相关人员到场；

⑤ 通知供货单位项目负责人到场，告知样品确认的相关要求；

⑥ 通知施工单位准备好现场切割设备。

（2）确定抽查工地

省农饮总站带队人员出示抽查通知书（盖章），查阅项目法人提供资料，并了解供货情况。

省农饮总站带队人员根据抽样计划中抽样企业名单（每个县区抽取 2～3 家供货单位），结合各工地产品储存情况，选择管材管件储存量较大且由抽样企业供货的项目为抽查工地；原则上在安装现场抽取，若有必要可随机取安装完毕管材。

（3）确定抽查型号

在建设单位、施工单位、监理单位及供货单位等多方见证下，抽样单位根据抽查工地各产品规格型号的储存情况，结合抽样对产品基数的要求，按照随机抽取的原则，总站带队人员与承检单位协商确定具体抽查型号。每家供货单位抽取 2 组不同规格型号。

管件抽样需抽取一定数量的同一批次同一规格产品，抽样时应充分考虑现场该规格管件数量，不具备抽取条件的，原则上不得抽取。

（4）截取样品

样品应满足以下条件：

① 具有产品质量检验合格证；

② 应当未使用且不得有划伤；

③ 所有样品应为同一批次产品；

④ 数量满足取样要求；

⑤ 每段样品要有独立完整的规范标码。

无法满足上述条件的，抽查组经商定选取其他规格。

在截取样品前，承检单位应检查抽样产品入场记录、出厂检验合格证等，经确认无误后，再进行截取。

在截取过程中要注意保护样品，不应产生划伤。

（5）封样

对所抽的样品均应编号标识。样品一经抽取，抽样人员应立即进行封样，并贴上盖有省农饮总站公章的《安徽省农村饮水安全工程管材质量省级抽查封样单》封条，以防止样品被擅自拆封、动用及调换。

常用的封样方法是采用纸质封条（例如薄绵纸封条、擦镜纸封条等）可靠地贴封于样品或样品包装的有关部位。抽样人员应观察、分析样品的可调整部位或运转部位等处，确定封样部位和标记，以防止出现样品被调换而无法证明的情况。

封条上应有农饮工程所在地项目建设单位、省农饮总站和承检机构人员的签名，注明抽样日期，并确认封条牢固。封条的材质、格式（横式或竖式）、尺寸大小可由省农饮总站和承检机构根据抽样需要确定。

为确保样品的真实性，需要时，抽样人员可采取漆封、拍照、特殊材料等适宜的其他附加防拆封措施。

（6）填写抽样单

① 承检机构应当使用规定的《安徽省农村饮水安全工程管材质量省级抽查抽样单》，详细记录抽样信息。抽样文书应当字迹工整、清楚，容易辨认，不得随意涂改，需要更改的信息应当由工程所在地项目法人、供货单位签字确认。

② 抽样单上供货单位名称应严格按照供货企业的名称和抽样品标识内容填写。供货企业的名称与样品标识名称不一致的，应在抽样单备注栏中说明。

③ 抽样单规格栏的填写：

PE 管材管件：注明管材的公称外径、公称壁厚或 SDR 系列、公称压力、材料级别和平均外径公差等级以及管件的连接方式。

PVC-U 管材管件：注明管材或管件的公称外径、公称壁厚（或 S、SDR、PN）系列以及管件的连接方式。

PP-R 管材管件：注明管材或管件的公称外径、公称壁厚或 S 系列和管件的连接方式。

④ 抽样单上产品名称应按照产品标准名称、喷码等标注信息填写。若无

产品标识、喷码的，可根据企业提供的产品名称填写，需在备注栏中注明"产品名称由工程所在地项目法人或供货单位提供"，并由省农饮总站签字确认。

⑤ 抽样单填写完毕后，应由省农饮总站、承检机构、项目法人、监理单位、材料保管单位签字确认，施工单位、供货单位在现场的也应签字确认。

（7）现场取证

对抽查样品状态、产品库存及其他可能影响抽查结果的情形，应采用拍照或录像等方式进行现场取证，并将照片或录像保留 36 个月。鼓励应用更先进的、即时交互的电子信息化技术记录抽样过程和证据。

现场取得的证据应包括如下材料：

① 工程所在工地外观照片，若工地现场有标牌的，应包含在照片内；

② 抽样人员从样品堆中取样照片，应包含有抽样人员和样品堆信息（可大致反映抽样基数）；

③ 从不同部位抽取的含有外包装的样品照片（照片上可基本反映产品信息）；

④ 拍摄样品外观（正面、侧面等角度）、标识或喷码等照片；

⑤ 封样完毕后，所封样品码放整齐后的外观照片和封条近照；

⑥ 同时包含所封样品、工程所在地建设单位、施工单位、抽样人员、监理人员及供货单位（若在现场）的照片；

⑦ 抽样人员、农饮工程所在地项目建设单位、施工单位及监理相关人员在《安徽省农村饮水安全工程管材质量省级抽查抽样单》上确认签字的照片；

⑧ 供货单位确认抽样样品的照片（现场在抽样单上签字或至省农饮总站现场确认时照片）。

（8）样品运输

所抽样品必须由省农饮总站和承检机构抽样人员将抽查样品自行携带至本单位。承检机构应当采取适当措施，确保样品运输过程中状态不被破坏或丢失及造成其他可能的影响。

对于未经供货单位现场确认的样品，暂时留存省农饮总站，待完善样品确认手续后，再送至承检单位检验。

3. 抽样数量

PE 管材、管件：

每种规格类别管材的样品抽取 1 米×10 段（其中 1 米×6 段用于检验样，1

米×4 段用于备用样品）。

每种规格类别管件的样品抽取 10 个（其中 6 个用于检验样，4 个用于备用样品）。

PVC-U 管材、管件：

每种规格类别管材的样品抽取 1 米×10 段（其中 1 米×6 段用于检验样，1 米×4 段用于备用样品）。

每种规格类别管件的样品抽取 20 个（其中 14 个用于检验样，6 个用于备用样品）。

PP-R 管材、管件：

每种规格类别的样品抽取 1 米×16 段（其中 1 米×10 段用于检验样，1 米×6 段用于备用样品）。

每种规格类别管件的样品抽取 10 个（其中 6 个用于检验样，4 个用于备用样品）。

饮用水管材增加下列样品用于卫生性能检测：抽取 1 米×4 段。

4. 样品确认

所有样品在正式检测前均应有供货单位相关人员签字确认。

供货单位人员在抽样现场并对抽样过程无异议的，应当场在《安徽省农村饮水安全工程管材质量省级抽查抽样单》签字确认；对抽样过程有异议的，应当场提出，否则视为无异议。

供货单位人员未能赶赴抽样现场的，视为对抽样过程无异议，应于抽样结束后 7 个工作日内，持企业法人代表授权委托书至总站，在《安徽省农村饮水安全工程管材质量省级抽查抽样单》上签字确认。

供货单位无正当理由拒不对样品进行确认的，总站按照国家和省级有关规定进行处理。

5. 备样储存

经确认的样品一分为二，一部分按要求送至承检单位，另一部分作为备样存储在省农饮总站。

省农饮总站、承检单位应积极采取措施，确保样品安全。

省农饮总站要妥善保存备用样品和封条的完整性，当受检单位对检验结果提出异议需要启用备用样品时，若备用样品损坏或封条破损，将无法进行复检。

样品应贮存在阴凉、通风的库房内，平整堆放，高度不宜超过 1.5m，避免阳光直射。

6. 不得抽样情形

遇有下列情况之一且能提供有效证明的，不得抽样：

① 被抽查供货企业（受检单位）无抽查通知书或者相关文件复印件所列产品的；

② 有充分证据证明拟抽查的产品是不用于农饮工程的；

③ 产品不涉及强制性标准要求，仅按双方约定的技术要求加工生产，且未执行任何标准的；

④ 产品或者标签、包装、说明书标有"试制"、"处理"或者"样品"等字样的；

⑤ 产品抽样基数不符合抽查方案要求的。

7. 保密事项

（1）抽样计划所确定的抽取企业名单及抽取时间安排仅限于省农饮总站主要负责人及分管负责人、农饮管理科科长及副科长知晓，上述人员应注意保密。

（2）每次抽样前，由农饮管理科科长或副科长告知现场抽样带队负责人本次抽样县区及被抽样的企业名单，该带队负责人可将本次抽样县区名单告诉同组人员，但不得告知具体被抽样企业名单，也不可将上述信息告知其他无关人员。

（3）抽样负责人提前半天至一天告知被抽样县区具体到达时间，在查阅项目法人提供的资料后，方可告知项目法人具体被抽样的企业名单，便于项目法人配合取样。

（4）抽样小组人员应注意行程保密，不可泄漏相关工作计划，同时，对不需要自己知晓的事情，不要主动打听或过问。

（四）样品检验

1. 样品处置

承检机构接收样品时应当检查、记录样品的外观、状态、封条有无破损及其他可能对检验结果或者综合判定产生影响的情况，并确认样品与抽样文书的记录是否相符，对检验加贴相应标识后入库。

在不影响样品检验结果的情况下，应当尽可能地将样品进行分装或者重新包装编号，以保证不会发生因其他原因导致不公正的情况。

2. 检验要求

（1）给水用聚乙烯（PE）管材、管件检验项目见表1、表2。

（2）给水用硬聚氯乙烯（PVC-U）管材、管件检验项目见表3、表4。

（3）无规共聚聚丙烯（PP-R）管材、管件检验项目见表5、表6。

表1 给水用聚乙烯（PE）管材检验项目

序号	检验项目	依据法律法规或标准条款	检测方法
1	规格尺寸（平均外径及壁厚偏差）	GB/T 13663-2000 之6.3.2、6.3.3	GB/T 8806
2	纵向回缩率	GB/T 13663-2000 之6.5	GB/T 6671
3	断裂伸长率（管材壁厚不大于12mm）	GB/T 13663-2000 之6.5	GB/T 8804.3
4	静液压强度（20℃ 100h）	GB/T 13663-2000 之6.4	GB/T 6111
5	卫生性能（铅、镉、高锰酸钾消耗量）	GB/T 13663-2000 之6.6	GB/T 17219

表2 给水用聚乙烯（PE）管件检验项目

序号	检验项目	依据法律法规或标准条款	检测方法
1	规格尺寸	GB/T 13663.2-2005 之6.4	GB/T 8806
2	静液压强度（20℃ 100h）	GB/T 13663.2-2005 之6.5	GB/T 6111
3	卫生性能（铅、镉、高锰酸钾消耗量）	GB/T 13663.2-2005 之6.7	GB/T 17219

表3 给水用硬聚氯乙烯（PVC-U）管材检验项目

序号	检验项目	依据法律法规或标准条款	检测方法
1	规格尺寸（平均外径及壁厚偏差）	GB/T 10002.1-2006 之6.4.3、6.4.4	GB/T 8806
2	维卡软化温度	GB/T 10002.1-2006 之6.5	GB/T 8802
3	纵向回缩率		GB/T 6671
4	密度		GB/T 1033
5	液压试验（20℃，1h）	GB/T 10002.1-2006 之6.6	GB/T 6111
6	卫生性能（氯乙烯单体含量、铅、锌含量、高锰酸钾消耗量）	GB/T 10002.1-2006 之6.8	GB/T 17219

表4　给水用硬聚氯乙烯（PVC-U）管件检验项目

序号	检验项目	依据法律法规或标准条款	检测方法
1	规格尺寸	GB/T 10002.2-2003 之 5.2.1	GB/T 8806
2	维卡软化温度		GB/T 8802
3	烘箱试验	GB/T 10002.2-2003 之 5.4	GB/T 8803
4	坠落试验		GB/T 8801
5	液压试验（20℃ 1h）		GB/T 6111

表5　无规共聚聚丙烯（PP-R）管材检验项目

序号	检验项目	依据法律法规或标准条款	检测方法
1	规格尺寸（平均外径及壁厚偏差）	GB/T 18742.2-2002 之 7.4.2、7.4.4	GB/T 18742.2
2	纵向回缩率	GB/T 18742.2-2002 之 7.5	GB/T 18742.2
3	静液压试验 95℃ 22h	GB/T 18742.2-2002 之 7.5	GB/T 18742.2
4	静液压试验 95℃ 165h	GB/T 18742.2-2002 之 7.5	GB/T 18742.2
5	卫生性能（铅、镉、高锰酸钾消耗量）	GB/T 18742.2-2002 之 7.6	GB/T 18742.2

表6　无规共聚聚丙烯（PP-R）管件检验项目

序号	检验项目	依据法律法规或标准条款	检测方法
1	规格尺寸（平均外径及壁厚偏差）	GB/T 18742.3-2002 之 6.4	GB/T 18742.3
2	液压试验（20℃ 1h）	GB/T 18742.3-2002 之 6.5	GB/T 18742.3

3. 判定原则

所抽样品经检验，所检项目全部合格，判定为被抽查产品合格；检验项目中任一项或一项以上不合格，判定为被抽查产品不合格。

4. 原始记录

检验原始记录必须如实填写，保证真实、准确、清晰，并留存至少36个月备查；不得随意涂改，更改处应当经检验人员和报告签发人共同确认。

5. 检验数据

必要时，应采取加标回收试验、双人比对试验、不同设备同时检测、不同实验室间比对试验等方式，确保数据的准确性。

6. 检验报告

承检机构在接收样品后 1 个月内出具检验报告。检验报告应当内容真实齐全、数据准确、结论明确。承检机构必须对其出具的检验报告的真实性和准确性负责。

7. 特殊情况

检验过程中遇有样品失效或者其他情况致使检验无法进行的，承检机构必须如实记录即时情况，提供充分的证明材料，并将有关情况报省农饮总站。

检验过程中发现被检样品存在严重质量问题的，或检验出现明显异常情况的，应及时报省农饮总站。

8. 检验报告报送

检验工作完成后，承检机构应立即将检验报告（附件 4-1，略）密封后交至省农饮总站。省农饮总站在收到承检机构出具的检验报告后，及时将检验结果上报省水利厅。

9. 保密事项

（1）承检机构应制定完善的保密制度，未经省农饮总站许可，不得对外泄漏任何检验结果；

（2）省农饮总站在收到承检机构密封后的检验报告后，仅限于总站主要负责人及分管负责人、农饮管理科科长及副科长阅览；

（3）在未经省水利厅同意前，浏览检验报告的任何人均不得泄漏检验结果。

（五）异议处理

异议处理由省水利厅领导、省农饮总站负责落实，质检机构提供技术支撑。异议处理对象为样品检验不合格的供货企业。异议的内容包括样品是否合格、检验过程是否合规以及检验结果是否合法等。

1. 告知企业

（1）对于样品检验不合格的供货企业，由省水利厅正式函告该企业不合格产品情况以及拟处理意见，明确企业应在 15 天内正式反馈相关意见。

（2）省水利厅将行政处理告知函（附件 5-1，略，下同）一份通过特快专递寄至供货企业，以便于通过专递查询等方式确认供货企业已收到；一份由经我省备案的专职投标委托代理人至省水利厅现场签收。

（3）行政处理告知函应同时抄送省农饮总站、相关市和县（市、区）水行政主管部门。

2. 企业反馈意见

企业在接收到行政处理告知函后，及时将有关意见进行函复，回复函中应明确对检测结论是否有异议、提出异议的理由，并在行政处理告知函明确的期限前送至省水利厅。

3. 召开反馈会

省水利厅会同省农饮总站、承检机构，对供货企业提出的异议进行逐项分析，并形成有针对性的回复意见。

省农饮总站根据省水利厅有关回复意见，及时会同承检机构，召开提出异议企业参加的反馈会，正式告知企业省水利厅对异议的答复。

4. 备样复检

供货企业对抽查工作程序和技术标准无争议时，对需要复检并具备检验条件的，由省农饮总站组织复检工作。

（1）核查不合格项目相关证据，能够以记录（纸质记录、电子记录或影像记录）或与不合格项目相关联的其他质量数据等检验证据证明，并得到被检方认可的，作出维持原检验结论的复检结论。

（2）启用备用样品复检，一般仅对申请复检的项目进行复检；需要时，应对与其关联的项目一并进行复检；给水管材、管件的卫生性能，不作复检。

（3）若无特殊原因，复检工作原则上由原承检机构承担；有充足理由的，经省水利厅同意，可委托同级别或者更高级别有资格的检验机构承担。

（4）省农饮总站向复检申请人发出《复检受理通知书》（附件5-2），通知其复检时间、地点等，并请复检申请人、原承检机构（根据需要）、复检机构共同对备用样品进行确认，填写《复检样品企业现场确认书》（附件5-3）、《复检样品确认和移交单》（附件5-4）。若复检申请人逾期不能到现场确认样品的，视为对备用样品认可，同意由复检机构进行检验。

（5）复检过程中，复检机构应在必要的关键环节进行拍照留证，做好相关记录，出具复检报告一式四份（受检单位、复检机构、原承检机构（根据需要）、省农饮总站各一份）。受检单位、省农饮总站、原承检单位（根据需要）可派员监督整个复检过程。

（6）复检机构于复检完成后10日内，将复检报告寄送复检申请人，并抄送省农饮总站。同时，通过特快专递查询等方式确认复检申请人是否已收到复检相关材料。

（7）根据相关约定，复检结果与原检测结果一致的，费用由申请企业承担；复检结果与原检测结果不一致的，费用由原承检机构承担。

5. 处理结论

供货企业认可检验结果无须复检的，作出产品检验不合格的判定；供货企业反馈申请复检的，根据复检结果作出维持、撤销或变更原判定的决定。

6. 异议处理的争议处置

异议处理存在争议时，省农饮总站应及时与承检机构进行协商，并视情况向省水利厅汇报，请求协调解决。

（六）结果通报

1. 行政处理

对于省级抽检不合格产品涉及的供货企业，根据供货企业整改情况，由省水利厅根据《安徽省农村饮水安全工程管材管件供货单位不良记录管理办法》（皖水农函〔2013〕1686号）进行处理，并要求县级水行政主管部门监督企业对所供不合格产品限期整改完毕。

2. 报送材料

承检单位在完成检验任务且经异议处理结束后，应及时向省农饮总站报送如下材料：

（1）产品质量抽查结果报告（附件6-1，略，下同）；

（2）产品质量抽查企业名单（合格、不合格）（附件6-2）；

（3）产品质量抽查结果汇总表（附件6-3）；

（4）产品质量抽查问题反馈表；

（5）抽查费用决算表。

省农饮总站在对总结材料审核、补充和完善后，报送至省水利厅。

3. 全省通报

省水利厅将本次省级抽检组织实施、现场抽样、检测结果以及对不合格产品供货企业的处罚等情况正式通报市、县（市、区）水行政主管部门，并抄送水利部农水司。

三、农村饮水安全工程管材选择使用需注意的若干问题

（一）公称直径和压力选择问题

（二）输水管道及配水管网设计问题

（三）主干管末端水压设计问题

（四）接头焊接及安装问题

（五）管道埋深问题

（六）水压试验问题

（七）管道机械损伤问题

（八）运行管护问题

（九）产品出厂检验合格证问题

（十）进场检测及费用问题

四、2013 年管材质量省级抽查回顾

（一）抽检概述

自 2013 年 9 月 24 日至 11 月 16 日，历时近一个半月，共抽取了 42 家生产企业的 137 种产品，生产企业涉及河北省、河南省、山东省、江苏省、上海市、浙江省、安徽省、福建省、湖北省、四川省等 10 个省、直辖市。覆盖全省 16 个地级市，共抽取了 48 个县（市、区）的 73 个水厂（仓库或工程项目点）的 137 组样品，产品类别包括 PE、PVC-U 和 PP-R，抽样样品为公称外径自 DN20mm ~ DN200mm 的管材。

（二）现场抽样

1. 南京兰洁管道公司

抽样日期：2013 年 9 月 24 日；抽样地点：肥东县撮镇水厂；管径：PE100 DN110、DN63。

撮镇水厂厂区，管材堆放点

管径为 DN110 的管材

工作人员截取管道

样品加贴封条，封样完毕

2. 山东远洋塑胶工业有限公司

（1）抽样日期：2013 年 9 月 24 日；抽样地点：巢湖市黄麓恒源水业有限公司库房；管径：PE100　DN160，生产日期：2013 年 8 月 10 日。

黄麓水厂库房，样品加贴封条，封样完毕

（2）抽样日期：2013 年 10 月 9 日；抽样地点：颍泉区苏集水厂施工仓库；管径：DN110、DN90，生产日期：2013 年 6 月 20 日。

苏集水厂施工仓库，样品加贴封条，封样完毕

3. 安徽神剑科技股份有限公司

抽样日期：2013 年 10 月 10 日；抽样地点：蒙城县水务局器材仓库；管径：PE100　DN63。

神剑科技管材抽样地点

样品加贴封条，封样完毕

4. 临沂东立塑胶建材有限公司

抽样日期：2013 年 10 月 15 日；抽样地点：灵璧县大龙水厂；管径：PE100　DN125。

大龙水厂，截取管材样品

样品加贴封条，封样完毕

5. 黄山天迈管业有限公司

抽样日期：2013 年 10 月 15 日；抽样地点：供货单位仓库；管径：PE100 DN90，生产日期：2013 年 8 月 26 日。

黄山天迈管材抽样地点

样品加贴封条，封样完毕

6. 江阴市星宇塑胶有限公司

抽样日期：2013 年 11 月 2 日；抽样地点：含山县清溪庵泉自来水厂；管径：PE100 DN75，生产日期：2013 年 9 月 30 日。

江阴星宇管材抽样地点

样品加贴封条，封样完毕

7. 六安市德天建材有限责任公司

抽样日期：2013 年 11 月 6 日；抽样地点：裕安区固镇镇钱集村；管径：PE100　DN63。

德天管材样品加贴封条

样品加贴封条

8. 安徽省忠宏管业科技有限公司

抽样日期：2013 年 11 月 13 日。抽样地点：泾县云岭自来水厂。管径：
①PE100　DN110，生产日期：2013 年 10 月 25 日；②PE100　DN63，生产日期：2013 年 10 月 16 日。

忠宏管业管材堆放点

样品加贴封条，封样完毕

9. 浙江康泰管业科技有限公司

抽样日期：2013 年 11 月 14 日；抽样地点：潜山县源潭镇双峰水厂；管径：PVC-U　DN40，生产日期：2013 年 10 月 16 日。

样品加贴封条，封样完毕

（三）样品检测情况

安徽省产品质量监督检验研究院提交了其中137组样品的检测结果，其中合格123组、不合格14组，样品合格率90%；42家被抽检企业，出现10家企业产品不合格，企业合格率76%；被抽检的企业有6家未按省水利厅要求备案，有3家产品不合格，企业合格率50%。

（四）不合格因素

1. PE管材：主要是规格尺寸、断裂伸长率、静液压强度等不合格。

2. PVC管材：主要是密度、液压试验等不合格。

（五）省级质量抽检不合格产品生产企业处理情况

1. 省水利厅以《关于下达行政处理决定的通知》（皖水农函〔2014〕181、182、183、184、185、186、187、188、189和224号）等文给予了处罚，其中8家企业暂停2年备案资格、1家企业记不良记录B、1家企业省水利厅2年内不接受备案，并网上公告。

2. 省水利厅以《关于农村饮水安全工程管材质量省级抽检情况的通报》（皖水农函〔2014〕243号）通报全省，要求对已实施的农村饮水安全工程所使用的不合格管材进行整改。

3. 各县区按省厅要求进行了整改，个别县区整改不彻底。

五、2014年管材质量省级抽查工作部署

（一）受厅委托省农饮总站下发开展2014年度管材质量省级抽查工作的通知

关于开展2014年度农村饮水安全工程管材质量
省级抽查工作的通知

皖农饮〔2014〕28号

各市水利（水务）局，广德县水务局、宿松县水利局，有关管材供货单位：

农村饮水安全工程管材投资约占工程投资的三分之一，管材质量直接影响着农村饮水安全。受省水利厅委托，为落实《水利部办公厅关于进一步加强农村饮水安全工程管材及其施工质量监管的通知》（办农水〔2014〕40号）精神，我站决定继续开展农村饮水安全工程管材质量省级抽查工作。现将2014年度省级抽查工作有关事项通知如下：

一、抽查范围

1. 2014 年，我省农村饮水安全工程建设所采购的管材管件供货产品。

2. 产品种类包括聚乙烯（PE）管材及管件、聚氯乙烯（PVC）管材及管件、聚丙烯（PP-R）管材及管件。

3. 产品抽样范围覆盖"所有地级市、所有供货单位"。

二、抽查方式

在建设、施工、监理及供货等单位见证下，在农村饮水安全工程施工工地或仓储厂房现场，对供货产品进行随机抽样。

三、现场抽样

1. 抽样时间

9 月、10 月、11 月分批次现场抽样。

2. 抽样方法

（1）我站联合有资质的检验单位组成现场抽样组，现场抽样人员不少于3 人。

（2）抽样前向被抽查县区出示《安徽省农村饮水安全工程管材质量省级抽查通知书》和抽样人员的有效证件，告知抽查性质、抽样方法、检测和判定依据等。

（3）抽样人员现场填写《安徽省农村饮水安全工程管材质量省级抽查抽样单》（简称《抽样单》），由抽样人和现场见证单位有关人员共同签字确认，并现场封样。

3. 样品确认

（1）供货单位人员在抽样现场并对抽样过程无异议的，应当场在《抽样单》签字确认；对抽样过程有异议的，应当场提出，否则视为无异议。

（2）供货单位人员未能赶赴抽样现场的，视为对抽样过程无异议，应于抽样结束后 7 个工作日内，持企业法人代表授权委托书至我站，并在《抽样单》上签字确认。

（3）供货单位无正当理由拒不对样品进行确认的，我站将按照国家和省级有关规定进行处理。

四、工作要求

1. 为方便制定抽样计划，请县（市、区）水利（水务）局及时填写《2014 年度农村饮水安全工程管材供货情况统计表》（见附件），经市水利（水务）局审核、汇总后，于 8 月 25 日前报送到我站，电子版发送至 ahnyzz@163. com。

2. 各地要支持和配合省级抽查工作。项目法人应协调施工、监理、供货等单位，做好现场取样、样品确认、样品封存等工作，保证此项工作顺利开展。

五、联系人及联系电话

联系人：王常森

联系电话：0551-62128164

安徽省农村饮水管理总站

2014 年 8 月 11 日

（二）汇总供货单位

中标企业分别为：顾地科技、安徽国通、广东联塑、全柴动力、河北宝硕、湖北永晟、四川森普、成都三环、福建恒杰、江苏江特、湖北永晟、山东欧恺、福建晟扬、江苏百通、戈尔集团、贵州森瑞、山东华信、山东群升、江苏宝鹏、福建振云、惠升管业、台州奥博、福建亚通、安徽华滔、江苏洁润、三德管业、阳谷恒泰、河南聚塑、锦宇枫叶、山东陆宇、浙江中财、安徽佑逸、江苏龙麒、保定力达、开源塑业、山东燕化，共计 36 家，其中山东燕化塑业有限公司为未备案企业。

（三）制定抽查方案

1. 前期准备

一是制定《安徽省农村饮水安全工程管材管件省级抽查工作实施细则（试行）》；二是总站下发《关于开展 2014 年度农村饮水安全工程管材质量省级抽查工作的通知》（皖农饮〔2014〕28 号）；三是计划 10 月举办农村饮水安全工程管材管件质量抽检培训班；四是完成了 2014 年全省管材中标单位和未报招标信息的县区名单统计；五是同省质检院举行了座谈，重点对检测标准、工作纪律、车辆保障、报告的权威性等进行讨论。

2. 选择抽查县区原则

（1）覆盖所有市、中标企业；　（2）未报招标信息的县（市、区）；（3）部分市所辖县区全部抽查；（4）地方交易平台中标管材企业产品；（5）2013 年未抽查到的县（市、区）。

3. 现场抽样

整个抽检工作由总站统一部署，由农饮管理科具体实施，并及时向总站领导报告；经网上查询及市县上报有 36 家中标企业；根据实际情况进行调整，具体安排如下：

（1）合肥市：肥东县、庐江县、包河区，12 个批次；（2）阜阳市：颍上县、阜南县、颍泉区、颍州区、颍东区、临泉县、界首市、太和县，32 个批次；（3）宣城市、芜湖市：宣州区、郎溪县、宁国市、绩溪县、无为县、南陵县，20 个批次；（4）淮南市、亳州市、宿州市、淮北市：毛集区、涡阳县、谯城区、砀山县、灵璧县、埇桥区、濉溪县，28 个批次；（5）六安市：舒城县、裕安区、金安区、霍山县、金寨县、霍邱县，24 个批次；（6）滁州市、马鞍山市、铜陵市：凤阳县、南谯区、博望区、铜陵县，16 个批次；（7）蚌埠市：蚌山区、禹会区、淮上区、怀远县、固镇县、五河县，24 个批次；（8）安庆市、池州市：大观区、宜秀区、望江县、宿松县、东至县，20 个批次；（9）黄山市：黄山区、歙县，8 个批次；（10）补抽部分县市：待确定。

今年将抽查 48 个县（市、区），计 184 个批次；11 月 20 日前，完成现场取样工作。

截至目前，仍有 10 个县区未上报招标信息。每个市抽查前，我们将联系未上报招标信息的 10 个县区，一并随该市抽查，或安排补抽，或进行招标抽查。

希望各市、县（市、区）大力配合年度抽检工作，确保抽检取得实效。

农村饮水工作将是水利部门一项长期而艰巨的任务，肩负着党和政府重托、人民群众的希望，我们要爱岗敬业，敢于担当，发扬"求真、务实、献身"的水利行业精神，全心全意为老百姓服务，展示水利人的形象和风采。最后以"江淮饮水系万家，九州处处显党恩"和大家共勉。

安徽省农村饮水安全工程建设管理实务

（2015 年 11 月）

安徽省地形呈多样性，地处华东腹地；国土面积 13.94 万 km^2，南北长约 570km，东西宽约 450km。长江和淮河横贯全境，将全省分为五个自然区域：淮北平原、江淮丘陵、皖西大别山区、沿江平原和皖南山区。受自然条件以及环境污染等影响，我省广大农村地区存在水质不达标（地下水氟、铁、锰元素超标，血吸虫疫区等）、水量无保证等饮水不安全问题。为使农村人口饮用上安全水，我省从 2005 年按照国家统一部署启动农村饮水安全工程建设，于 2007 年起纳入全省民生工程实施范围，2012 年，省人民政府出台了《安徽省农村饮水安全工程管理办法》（省人民政府令第 238 号）。2005 年，我省有 1626.6 万农村饮水不安全居民和 23 万名师生列入"十一五"规划；2012 年，国务院正式批复《全国农村饮水安全工程"十二五"规划》，核定我省"十二五"期间解决农村饮水不安全居民 2151.1 万人（包含了"十一五"规划未解决人口 403.3 万人）和农村饮水不安全师生 171.8 万人。

截至 2015 年 9 月底，全省累计完成投资 166.87 亿元（其中"十二五"下达投资计划 112.45 亿元），其中中央投资 108.22 亿元、省级配套资金 27.61 亿元、市县自筹 31.04 亿元。建设供水工程 7822 处，其中规模水厂 1168 处。累计解决了 3374.36 万农村居民（占 2010 年底全省农村人口的 64%）和 194.8 万农村学校师生饮水不安全问题。各自然分区由于水源条件、地形地貌等不同，工程建设具有差异性，需结合各自特点，抓好工程建设管理工作。建设管理是农饮工作的重要环节，近年来我省农饮工程建设管理取得了很大成绩，2013 年全国考核第三名、2014 年全国考核第二名，也存在一些问题，加强建设管理，提高工程质量，重视工程验收，规范验收程序，切实解决工程建设过程存在的质量隐患，确保工程建设质量。本文结合我省农饮工程建设管理的实际情况，简述建设管理法规文件规定、有关验收规程及要求，并提出工程建设过程中需要注意的若干问题。

一、法律法规政策文件

（一）法　律

1. 中华人民共和国水法（2002 年 8 月 29 日　中华人民共和国主席令第 74 号）

2. 中华人民共和国合同法（1999 年 3 月 15 日　中华人民共和国主席令第 15 号）

3. 中华人民共和国招投标法（1999 年 8 月 30 日　中华人民共和国主席令第 21 号）

4. 中华人民共和国水污染防治法（2008 年 2 月 28 日　中华人民共和国主席令第 87 号）

5. 中华人民共和国安全生产法（2002 年 6 月 29 日　中华人民共和国主席令第 70 号）

6. 中华人民共和国预算法（1994 年 3 月 22 日　中华人民共和国主席令第 21 号）

7. 中华人民共和国企业国有资产法（2008 年 10 月 28 日　中华人民共和国主席令第 5 号）

8. 中华人民共和国产品质量法（2000 年 7 月 8 日　中华人民共和国主席令第 33 号）

9. 中华人民共和国行政处罚法（2009 年 8 月 27 日　中华人民共和国主席令第 63 号）

（二）行政法规

1. 建设工程质量管理条例（2000 年 1 月 30 日　中华人民共和国国务院令第 279 号）

2. 建设工程安全生产条例（2003 年 11 月 24 日　中华人民共和国国务院令第 393 号）

3.《安徽省农村饮水安全工程管理办法》（安徽省人民政府令第 238 号）

4.《安徽省公共资源交易监督管理办法》（安徽省人民政府令第 255 号）

（三）规程规范

1.《村镇供水工程设计规范》（SL 687—2014）

2.《室外给水设计规范》（GB 50013—2006）

3.《镇（乡）村给水工程技术规程》（CJJ 123—2008）

4.《农村饮水安全工程实施方案编制规程》（SL 559—2011）

5. 《村镇供水工程施工质量验收规范》（SL 688—2013）

6. 《生活饮用水卫生标准》（GB 5749—2006）

7. 《村镇供水工程运行管理规程》（SL 689—2013）

（四）政策文件

1. 项目管理

（1）国务院办公厅《关于加强饮用水安全保障工作的通知》（国办〔2005〕45 号）

（2）水利部卫生部《关于印发农村饮用水安全卫生评价指标体系的通知》（水农〔2004〕547 号）

（3）卫生部国家发展改革委水利部《关于加强农村饮水安全工程卫生学评价和水质卫生监测工作的通知》（卫疾控发〔2008〕3 号）

（4）全国爱卫会办公室卫生部办公厅《关于印发〈农村饮用水水质卫生监测管理办法（试行）〉的通知》（全爱卫办发〔2009〕5 号）

（5）国家发展改革委水利部《关于改进中央补助地方小型水利项目投资管理方式的通知》（发改农经〔2009〕1981 号）

（6）省水利厅《关于印发〈关于农村饮水安全工程建设和管理的若干意见〉的通知》（皖水农〔2008〕155 号）

（7）省水利厅《关于进一步加强农村饮水安全工程建设管理工作的通知》（皖水农函〔2010〕414 号）

（8）国家发展改革委水利部卫生计生委环境保护部财政部《农村饮水安全工程建设管理办法》（发改农经〔2013〕2673 号）

（9）省水利厅《关于农村饮水安全工程建设管理有关问题的通报》（皖水农函〔2013〕719 号）

（10）水利部办公厅《关于印发加快推进农村水利工程建设实施细则的通知》（办农水〔2015〕66 号）

（11）省发展改革委省水利厅省卫生计生委省环保厅《转发关于加强农村饮水安全工程水质检测能力建设的通知》（皖发改农经〔2014〕524 号）

（12）水利部《关于进一步强化农村饮水工程水质净化消毒和检测工作的通知》（水农〔2015〕116 号）

（13）省水利厅《关于开展全省农村饮水工程现状与需求调查的通知》（皖水农函〔2015〕629 号）

（14）水利部国家发展改革委财政部卫生计生委环保部《关于进一步加强农村饮水安全工作的通知》（水农〔2015〕252 号）

（15）省水利厅省发展改革委省财政厅省卫生计生委省环保厅《转发关于进一步加强农村饮水安全工作的通知》（皖水农函〔2015〕1000号）

（16）省水利厅《关于报送农村饮水安全"十二五"及2015年工作总结的通知》（皖水农函〔2015〕1413号）

（17）省水利厅《安徽省农村饮水安全工程管材管件供货单位不良记录管理办法》（皖水农函〔2013〕1686号）

2. 投资计划

（1）省发展改革委、省水利厅、省财政厅《关于下达2015年农村饮水安全工程中央预算内投资计划的通知》（皖发改投资〔2015〕34号）

（2）省水利厅《关于预下达2015年农村饮水安全工程年度目标任务的通知》（皖水农函〔2014〕896号）

（3）省发展改革委、省水利厅、省财政厅《关于下达2015年农村饮水安全工程水质检测能力项目中央预算内投资计划的通知》（皖发改投资〔2015〕203号）

3. 资金使用和管理

（1）省财政厅《关于下达2015年农村饮水安全工程中央基建和省级配套投资预算的通知》（财建〔2015〕189号）

（2）省财政厅、省水利厅《关于印发〈安徽省农村饮水安全项目资金管理暂行办法〉的通知》（财建〔2007〕1255号）

（3）省财政厅、省水利厅《关于〈安徽省农村饮水安全项目资金管理暂行办法〉补充规定的通知》（财建〔2008〕202号）

（4）省财政厅、省水利厅《关于〈安徽省农村饮水安全项目资金管理暂行办法〉有关政策调整的通知》（财建〔2010〕1339号）

（5）省水利厅《关于进一步加强全省水利基本建设财务工作保障资金安全提高资金使用效益的意见》（皖水财函〔2013〕565号）

（6）省水利厅《关于中小河流治理国家规划小型病险水库除险加固和农村饮水安全三类项目结余资金使用管理的意见》（皖水基函〔2013〕1087号）

4. 前期工作

（1）省发展改革委、省水利厅《关于尽快组织编制和审批2011年农村饮水安全工程实施方案的通知》（皖发改农经函〔2011〕89号）

（2）省水利厅《关于调整农村饮水安全工程初步设计审批权限的通知》（皖水农函〔2013〕1748号）

（3）省发展改革委《关于下放农村饮水安全工程初步设计审批权限的通

知》（皖发改设计〔2014〕223号）

（4）省水利厅《关于印发〈安徽省农村饮水安全工程初步设计报告编制指南（试行）〉的通知》（皖水农〔2012〕23号）

（5）省水利厅、省发展改革委《关于印发〈安徽省水利工程设计变更管理意见〉的通知》（皖水基〔2011〕332号）

（6）省水利厅、省发展改革委《关于尽快完成农村饮水安全工程县级水质检测中心建设前期工作的通知》（皖水农函〔2015〕282号）

5. 项目法人组建

（1）水利部《关于加强中小型公益性水利工程建设项目法人管理的指导意见的通知》（水建管〔2011〕627号）

（2）省水利厅《关于进一步规范中小型水利工程建设项目法人工作的通知》（皖水基〔2012〕293号）

（3）省水利厅《关于进一步加强农村饮水安全工程建设管理的通知》（皖水农函〔2013〕422号）

6. 招标投标

（1）国务院办公厅《关于印发整合建立统一的公共资源交易平台工作方案的通知》（国办发〔2015〕63号）

（2）省水利招标办《关于加强农村饮水安全工程招标投标管理工作的意见》（皖水招办〔2014〕7号）

（3）省水利水电工程建设定额站《关于发布农村饮水安全工程管材最高限价的通知》（2014年4月10日）

7. 建设管理

（1）省水利厅《关于印发〈安徽省农村饮水安全工程验收办法〉的通知》（皖水农函〔2014〕683号）

（2）省水利厅《关于抓紧做好农村饮水安全工程验收工作的通知》（皖水农函〔2015〕598号）

（3）省国土资源厅、省水利厅《转发国土资源部水利部关于农村饮水安全工程建设用地有关问题的通知》（皖国土资函〔2012〕584号）

（4）财政部国家税务总局《关于支持农村饮水安全工程建设运营税收政策的通知》（财税〔2012〕30号）

（5）省水利厅《关于对部分农村饮水安全工程实行省级挂牌督办的通知》（皖水农函〔2015〕680、681、682、683、684、685、686号）

（6）省水利厅《关于2014年农村饮水安全工程管材质量省级抽检情况的

通报》（皖水农函〔2015〕693 号）

（7）省水利厅《关于印发〈安徽省农村饮水安全工程县级水质检测能力建设主要仪器设备技术参数及配置指导意见〉的通知》（皖水农函〔2015〕692 号）

（8）水利部办公厅《关于加强农村饮水安全工程质量管理工作的通知》（办农水〔2015〕145 号）

（9）省水利厅《关于抓紧做好农村饮水安全工程扫尾工作的紧急通知》（皖水明电〔2015〕32 号）

（10）省农村饮水管理总站《关于印发 2015 年农村饮水安全工程省级专项督查工作方案的通知》（皖农饮〔2015〕7 号）

（11）省农村饮水管理总站《关于开展 2015 年度农村饮水安全工程管材质量省级督查抽查工作的通知》（皖农饮〔2015〕26 号）

（12）省水利厅《关于做好农村水利项目进度信息填报工作的通知》（皖水农函〔2015〕1524 号）

8. 运行管理

（1）省物价局《关于明确农村饮水安全工程运行用电价格的通知》（皖价商〔2008〕211 号）

（2）省物价局、省水利厅《关于完善农村自来水价格管理的指导意见》（皖价商〔2015〕127 号）

（3）省物价局《关于印发安徽省销售电价说明的通知》（皖价商〔2014〕149 号）

（4）省疾病控制中心《2014 年安徽省农村饮水安全工程水质卫生监测报告》（2015 年 1 月）

（5）省政府办公厅《关于加强集中式饮用水水源安全保障工作的通知》（皖政办〔2013〕18 号）

（6）省环境保护厅、省水利厅《关于开展农村集中式供水工程水源保护区划定工作的通知》（皖环发〔2014〕53 号）

（7）省物价局、省财政厅、省水利厅《关于调整水资源费征收标准的通知》（皖价商〔2015〕66 号）

（8）环保部办公厅水、利部办公厅《关于加强农村饮用水水源保护工作的指导意见》（环办〔2015〕53 号）

（9）水利部《关于进一步加强农村饮水安全工程运行管护工作的指导意见》（水农〔2015〕306 号）

二、验收程序及要求

安徽省农村饮水安全工程验收办法

皖水农函〔2014〕883号

第一章 总 则

第一条 为规范农村饮水安全工程验收工作，根据《国务院办公厅关于加强饮用水安全保障工作的通知》（国办发〔2005〕45号）、《农村饮水安全项目建设管理办法》（发改农经〔2013〕2673号）、《安徽省农村饮水安全工程管理办法》（省政府第238号令）、《村镇供水工程施工质量验收规范》（SL 688）及有关规定，结合我省实际，制定本办法。

第二条 本办法适用于利用中央和地方农村饮水安全项目资金建设的供水工程的验收工作，其他工程可参照执行。

第三条 农村饮水安全工程验收，按验收主持单位可分为项目法人验收和政府验收。项目法人验收包括分部工程验收、单位工程验收和完工验收等；政府验收主要为竣工验收。对验收不合格的项目要限期整改。

第四条 根据供水规模，农村饮水安全工程实行分类验收。对于规模化供水工程的新建、改建和扩建项目，应按照基本建设程序组织单项工程验收；小型集中供水工程和分散式供水工程可按年度实行集中验收。

第二章 完工验收

第五条 农村饮水安全工程的分部工程验收、试运行、单位工程验收分别按照《村镇供水工程施工质量验收规范》（SL 688）中分部工程验收、试运行和单位工程验收等有关要求执行。上述验收由项目法人主持，勘察、设计、施工、监理、主要设备供应商和运行等单位按要求参与。

第六条 全部单位工程验收合格后，项目法人应在2个月内及时组织勘察、设计、施工、监理和主要设备供应商等单位组成验收组，对农村饮水安全工程进行完工验收，并形成县级完工验收报告。

其中规模化供水工程的新建、改建和扩建项目，验收组应逐一组织工程完工验收，出具单项工程完工验收报告。

第七条 完工验收应具备以下条件:

1. 项目按实施方案或初步设计(含设计变更)批复内容完成;

2. 工程已完工,试运行正常,工程质量合格;

3. 合同工程完工结算已完成;

4. 具有完整的技术档案和施工管理资料;

5. 供水水质符合国家饮用水卫生标准;

6. 全部单位工程验收合格。

第八条 在完工验收合格的基础上,项目法人应及时向竣工验收主持部门提出竣工验收申请,同时报送相应的竣工验收资料。

第九条 竣工验收资料应装订成册,内容包括:

1. 工程完工验收报告:包括工程概况、验收范围、工程完成(含解决规划内人口数)及结算情况、工程质量、供水水质、存在的主要问题及处理意见、验收结论和验收人员等;

2. 年度工作总结报告:包括项目概况、计划下达、审批情况、工程实施和完成情况、资金到位及使用情况、运行管护措施和制度、维修养护资金落实情况、存在问题与建议等;

3. 工程建设管理资料:

(1)目标责任、组织机构、项目法人组建、规章制度、计划下达、实施方案或初步设计(含设计变更)批复、资金拨付(含地方配套资金)等文件材料;

(2)工程招投标资料:备案报告、招标公告、中标通知书等;

(3)合同资料:勘察设计合同、监理合同、施工合同、管材及设备采购合同及有关补充协议、纪要等;

(4)工程质量监督报告。

4. 供水工程水质检验报告(建设前、后各一次);

5. 竣工财务决算报告(包括竣工决算编制说明、竣工决算报表)、竣工财务决算审计报告、审计提出问题整改情况等材料。对于规模化供水工程新建、改建和扩建项目,应编制单项工程竣工财务决算报告;

6. 工程运行管理资料:产权移交及工程运行管护、水源保护区的划定、维修养护经费的设立和使用、优惠政策落实等相关材料;

7. 相关附表:安徽省农村饮水安全工程基本情况汇总表(见附件1)、安徽省农村饮水安全工程验收到村表(见附件2)及供水工程卡片(见附件3);

8. 影像资料:反映全县(市、区)农村饮水安全工作的影像资料应单独存档备查，影像资料中要有每处集中供水工程的照片及文字说明，分散供水工程可以村为单位选取部分典型工程加上照片和说明；

9. 其他有关的可附材料。

第三章　竣工验收

第十条　规模化供水工程的新建、改建和扩建项目的竣工验收，由市级行政主管部门主持；小型集中式供水工程和分散式供水工程的竣工验收，由县级行政主管部门主持。

第十一条　竣工验收主持单位在接到竣工验收申请后1个月内，应及时会同发展改革、财政、卫生等部门组织竣工验收。竣工验收应按工程竣工验收规定组成验收委员会，并出具竣工验收鉴定书（见附件4）。其中规模化供水工程新建、改建和扩建项目，应逐一出具单项工程竣工验收鉴定书。

第十二条　竣工验收应具备以下条件：

1. 工程完工验收已完成，完工验收中发现的问题已完成整改；

2. 竣工财务决算已通过审计，审计报告中提出的问题已整改；

3. 工程运行管理单位已落实；

4. 验收资料已按第九条要求编制完成。

对于不具备上述条件而申请竣工验收的，竣工验收主持单位应及时出具书面反馈意见。

备注：安徽省地方标准《中小水利工程验收规程》（DB34/T 2206—2014）第9.8条规定：竣工财务决算审计短期内不能完成的，可按照竣工验收的要求先进行竣工验收，待竣工财务决算审计后办理资产移交手续，并根据审计结论办理移交手续。在竣工验收鉴定书中应明确以上内容。

作者认为：农村饮水安全工程为民生工程，关注度高，工程建设管理实行当地人民政府负总责和行政首长负责制；原则上应先审计后验收，如确有特殊情况短期内不能审计的，应经同级人民政府批准后可先验收后审计。

第十三条　竣工验收采取现场检查、走访群众、审查资料、座谈讨论、综合评价等方式进行，并按《安徽省县级农村饮水安全工程竣工验收评分表》（见附件5）进行评分，总分90分以上为优秀，80～90分为良好，70～79分为合格，小于70分为不合格。综合评价应有明确的验收结论。

第十四条　竣工验收应在工程完工验收后6个月内完成。竣工验收主持单位应及时将竣工验收鉴定书、验收存在问题整改报告等资料上报省水利厅。

第四章　监督抽查

第十五条　省水利厅会同有关部门对各地验收工作进行督促、抽查。验收抽查的重点是工程完成情况、水质状况、工程质量以及市、县两级竣工验收情况等。具体实施工作由省农村饮水管理总站负责。

第十六条　省水利厅视抽查情况，将抽查结果进行通报，并及时向水利部报送全省验收工作总结情况。

第十七条　省级监督抽查结果作为农村饮水安全工程年度评价和项目安排的重要依据。

第五章　附　则

第十八条　规模化供水工程指日供水规模不小于1000立方米或用水人口不小于1万人的集中式供水工程；小型集中供水工程指日供水在1000立方米以下且供水人口在1万人以下的集中式供水工程。

第十九条　本办法由省水利厅负责解释，各市可根据本办法，结合当地实际，制定实施细则。

第二十条　本办法自下发之日起执行，原《安徽省农村饮水安全工程验收办法》（皖水农函〔2008〕489号）予以废止。

附件：1. 安徽省农村饮水安全工程基本情况汇总表

　　　2. 安徽省农村饮水安全工程验收到村表

　　　3. 安徽省农村饮水安全项目供水工程卡片格式

　　　4. 安徽省农村饮水安全工程竣工验收鉴定书格式

　　　5. 安徽省农村饮水安全工程竣工验收评分表

附件1：

安徽省____市____县(市、区)____年农村饮水安全工程基本情况汇总表

工程编号	受益村	乡镇	主体工程所在地	不安全类型	工程型式	投资构成(万元)							受益人口(人)户数(户)	其中规划人口(人)		供水规模(吨/日)	工程类型	水源地	管护单位
						合计	中央	省级	市级	县级	群众筹资	社会资金		农村居民	学校师生				
	①		②	③	④	⑤							⑥	⑦		⑧	⑨	⑩	⑪
全县合计																			
No.……																			
…																			
…																			

说明：1. 所有工程都要列出，包括小型分散供水工程。

2. 具体指标的填写：

①填到行政村；②具体到自然村，引水工程填写蓄水池所在地，其余填写净水厂所在地；③选填氟超标、砷超标、苦咸水、污染水、其他水质问题、缺水类型；④指集中、分散两类供水型式；⑤投资构成情况需与工程卡片中数字一致；乡镇投入计入县级配套；群众投工投劳折资计入群众筹资；社会资金包括大户个人投入、企业投入等招商引资资金；⑥指工程实际受益人口；⑦指在我省农村饮水安全工程规划范围内人口；⑧指新设计供水规模；⑨指新建水厂，改扩建水厂和管网延伸三类（既有收扩建又管网延伸的归入改扩建）；⑩以地下水为水源的，填写水源井所在地自然村名称；以地表水为水源的，填写水库、湖泊或溪流、河流（具体到支流、河流）名称；管网延伸工程填写原水厂水源地名称。

3. 本说明只为填写方便，正式填写时无需附后。

附件2:

安徽省___市___县(市、区)___年农村饮水安全工程验收到村表

序号	乡镇村名	受益人口(人)	其中规划人口(人)		是否供水到户	是否消毒	是否有管护措施和人员	水费征收方式	水价(元/吨)	工程形式
			农村居民	学校师生						
		①	②		③	④	⑤	⑥	⑦	⑧
	全县合计									
一	**乡镇合计									
1	**村									
2	**村									
3	**村									
…										
二	**乡镇合计									
1	**村									
2	**村									
3	**村									
…										

说明:1. 只统计到行政村;

2. 具体指标的填写:
①、②、⑧同农村饮水安全工程汇总表;③、④、⑤填写是或者否;⑥按月、按季或按年收取;⑦填实际收取水价。

3. 本说明只为填写方便,正式填写时无需附后。

附件3:

安徽省20____年农村饮水安全项目供水工程卡片格式

工程名称:_____　工程建设地:_____乡(镇)_____行政村_____组　编号:_____

主要工程内容				主要工程量			主要费用支出		
引水	引水距离		m		土方	m³	主要费用支出	材料费	元
	引水型式				石方	m³		设备费	元
	水源类型				砌石	m³		技工费	元
	最大流量		m³/h		混凝土	m³		施工费	元
提水	打井井深		m		钢管	m		合计	元
	井口直径		m		塑料管	m	投资	总投资	元
	水源类型				渠道	m		中央补助	元
	岩石进尺		m		配电设备	型号/台		省级补助	元
水厂改造	主要改造项目				水处理设备	型号/台		市县配套	元
	管网延伸	延伸水厂			变压器	型号/台		群众自筹	元
		延伸距离	m		水泵	型号/台		社会资金	元
供水规模			m³/d	主要材料用量	水泥	t		人均投资	元
效益	受益人口		万人		黄砂	t		制水成本	元
	规划人口		万人		石子	t		房屋建筑面积	m²
开工时间					钢材	t		清水池容积	m³
竣工时间					塑料	t		压力罐容积	m³

说明:1. 所有工程必须一一列出,一个工程一张卡片。
2. 引水型式是指自流引水或提水站或泵站扬水;引水距离是指引水口到蓄水池的距离;提水水源类型指水库、河流、湖泊、地下水等;水厂改造是填写取水设施、净水设施和输水设施三类;延伸水厂是指原有水厂的名称,延伸距离指主干网延伸长度写入,支管网的埋设长度写于之和。

附件4：

20＿＿年＿＿县（市、区）农村饮水安全工程
竣 工 验 收

鉴

定

书

＿＿＿＿市农村饮水安全工程验收委员会
二〇＿＿＿年＿＿＿月

20＿＿年＿＿县（市、区）农村饮水安全工程
竣工验收鉴定书

验收主持单位：

项目法人：

设计单位：

施工单位：

管材及主要设备供应单位：

监理单位：

质量监督单位：

运行管理单位：

（涉及单位不止一个的要——列举）

验收日期（起止时间）：

20____年____县（市、区）农村饮水安全工程

竣工验收鉴定书

前言（包括验收依据、组织机构、验收过程等）

一、工程概况

（一）工程位置

工程分布情况及涉及乡镇情况。

（二）工程主要设计及任务完成情况

包括设计批复机关及文号、主要工程措施及处数、工程总投资及其构成情况（包括群众投工投劳折资，社会资金投入情况）、主要工程量（管材、土石方等）及受益人口情况（规划范围内人口需写明）。

工程完成情况。

（三）工程建设有关单位

包括项目法人、设计、施工、供货、监理、质量监督、运行管理等单位。

（四）工程建设过程

包括采取的主要措施、工程开工日期及完工日期、县级初验日期。

二、工程验收情况

（一）项目法人验收

（二）县级初验

三、工程质量

工程质量监督、工程质量评定等

四、资金使用情况及审查意见

投资计划下达及资金到位、投资完成及交付资产、竣工财务决算报告编制及审计情况等。

五、工程运行管理情况

工程移交、运行管理、供水水质等。

六、存在的问题及处理意见

包括竣工验收遗留问题处理责任单位、完成时间，工程存在问题的处理建议，运行管理的建议等。

七、验收结论

根据工程规模、工期、质量、投资控制以及工程档案资料整理等对××县（市、区）作出明确的结论（同意通过竣工验收或不同意通过竣工验收）；结合安徽省县级农村饮水安全工程验收评分表进行简述，并给出优秀、良好、合格或不合格的等级评定。

八、验收委员会成员和被验单位代表签字表（见表1~表2）

表 1　验收委员会成员签字表

	姓　名	单　位	职务/职称	签　字
主任委员				
成　　员				

表2　被验单位代表签字表

	姓　名	单　位	职务/职称	签　字

附件5：

安徽省农村饮水安全工程竣工验收评分表

＿＿＿＿＿市＿＿＿＿＿县（市、区）

内容	分值	细化条款及评分标准	得分
总分	100		
一、组织领导	5	1. 纳入政府任期目标考核内容，层层落实责任（2分）	
		2. 农村饮水安全工作领导机构健全，部门分工明晰，配合流畅（1分）	
		3. 水利部门设有饮水安全办事机构，人员组织合理，职责明确，并有专门技术人员负责（2分）	
二、前期工作	7	1. 有符合实际的农村饮水安全工程专项规划，并经县级政府批准（2分）	
		2. 依据专项规划编制年度实施方案或初步设计，按规定审批权限进行批复（2分）	
		3. 宣传报道有力，农村饮水安全工作深入人心（3分）	
三、建设管理	26	1. 按要求落实项目法人责任制、招标投标制、建设监理制、集中采购制、资金报账制和竣工验收制，严格执行省、市对"六制"的有关规定（4分）	
		2. 工程质量合格，工程运行正常（6分）	
		3. 项目法人验收合格后，及时组织县级初验（2分）	
		4. 规模水厂新建、改建和扩建项目按单项工程进行资料整理和验收工作（5分）	
		5. 按规定配备水处理、消毒设备，水压、水量、水质达到设计要求（6分）	
		6. 按规定做好实施项目的公开、公示工作。建设前，在主体工程所在地公示投资计划、财政补助份额、入户材料费用、工程建设概况等，建成后公示管理单位、水价、服务电话、水厂运行情况等（3分）	

（续表）

内容	分值	细化条款及评分标准	得分
四、资金筹措及管理	15	1. 设立农村饮水安全工程资金专户，市、县级财政配套按计划足额落实（3分）	
		2. 资金专户内按年度和具体项目分别进行账目设置，账目清晰（5分）	
		3. 资金使用与管理符合规定，审计发现问题整改到位（4分）	
		4. 受益群众入户材料费、水价经物价部门核定，费用标准合理（3分）	
五、任务完成	15	1. 按计划完成建设任务，全面解决规划人口饮水安全问题（4分）	
		2. 开展技术培训，加强技术指导和服务（3分）	
		3. 受益区内群众满意度高（4分）	
		4. 受益区接水入户率达90%以上（4分）	
六、建后管理	32	1. 农村饮水安全工程建档建卡并装订成册；入户花名册完整规范（3分）	
		2. 成立县级农村饮水安全工程专管机构、县级水质检测中心，县级维修养护经费落实到位，落实用电、用地和税收优惠政策（6分）	
		3. 县级政府划定饮用水水源保护区，水源保护措施到位（4分）	
		4. 产权明晰，落实工程管护主体，供水单位制定供水安全运行应急预案，报县级水行政主管部门批准后实施（6分）	
		5. 供水单位建立水质化验、供水档案管理制度，工程有取水许可证和卫生许可证，规模水厂按要求配备水质检验设备（6分）	
		6. 供水工程水费核算、征收落实，工程折旧费按规定提留专户储存（3分）	
		7. 按时、准确填报管理信息系统、上报统计资料（4分）	

三、村镇供水工程建设管理基本术语

（一）村镇供水工程设计术语

1. 村镇供水工程

向县（市）城区以下的镇（乡）、村、学校、农场、林场等居民区及分散住户供水的工程，以满足村镇居民、企事业单位的日常生活用水和生产用水需要为主，不包括农业灌溉用水。

2. 集中式供水工程

从水源集中取水输送至水厂，经水厂净化和消毒后，通过配水管输送到用户或集中供水点的供水工程。

3. 规模化供水工程

供水规模不小于 $1000m^3/d$ 或用水人口不小于 1 万人的村镇集中式供水工程。

4. 管网延伸供水工程

利用已有可靠水厂将其供水管网向周边居民区进一步延伸的供水工程。

5. 分质供水

受制水成本高等限制，将饮用水与其他杂用水分开供水的方式。

6. 分散式供水工程

以一户或几户为独立供水单元，由用水农户自管自用的小型供水工程。

7. 区域供水工程总体规划

根据区域水资源条件、地形条件、居民区分布、供水现状、用水户需求等，对一个或多个乡镇，或全县，甚至跨县进行的供水工程总体布局。

8. 设计供水规模

供水工程最高输出的水量，不含水厂自用水量。

9. 水厂自用水

水厂内部生产工艺过程和其他用途所需用的水。

10. 日变化系数

最高日供水量与平均日供水量的比值。

11. 时变化系数

最高日最高时供水量与该日平均时供水量的比值。

12. 最小服务水头

配水管网在用户接管点处应维持的最小水头。

13. 取水构筑物

为集取原水而设置的各种构筑物的总称。

14. 截潜流

在有基流的沟溪内修建截渗墙和低坝，拦蓄地下潜流和雨水，利用渗渠、大口井等集取渗透水的构筑物。

15. 取水泵站

提升原水的泵站。

16. 供水泵站

水厂内提升清水的泵站。

17. 加压泵站

增加局部管网水压的泵站。

18. 调节构筑物

调节产水量、供水量与用水量不平衡的构筑物，包括清水池、高位水池和水塔等。

19. 水处理

对水源水质不符合用水水质要求的水，采用物理、化学、生物等方法改善水质的过程。

20. 常规水处理

主要去除原水中浊度和微生物的水处理工艺，通常包括混凝、沉淀、过滤和消毒等过程。

21. 一体化净水器

集絮凝、沉淀、过滤等净水单元为一体，主要去除原水中浊度的净水设备。

22. 特殊水处理

去除原水中常规水处理无法去除的超标化学指标的水处理工艺。

23. 预处理

在混凝、沉淀、过滤、消毒等工艺前所设置的处理工序。

24. 混凝剂

为使胶体失去稳定性和脱稳胶体相互聚集所投加的药剂。

25. 混合

使投入的药剂迅速均匀地扩散于被处理的水中，创造良好絮凝条件的过程。

26. 絮凝

完成凝聚的胶体在一定的外力扰动下相互碰撞、聚集，形成较大絮状颗粒的过程。

27. 沉淀

利用重力沉降作用去除水中杂物的过程。

28. 澄清

通过与高浓度泥渣层的接触去除水中杂物的过程。

29. 气浮

运用絮凝和浮选原理使杂质分离上浮被去除的过程。

30. 过滤

水流通过粒状材料或多孔介质去除水中杂物的过程。

31. 滤速

单位过滤面积在单位时间内的滤过水量,通常以 m/h 为单位。

32. 强制滤速

部分滤格因进行检修或翻砂而停运时,在总滤水量不变的情况下其他运行滤格的滤速。

33. 冲洗强度

单位时间内单位滤料面积的冲洗水量,通常以 L/($m^2 \cdot s$) 为单位。

34. 膨胀率

滤料层在反冲洗时的膨胀程度,以滤料层厚度的百分比表示。

35. 冲洗周期(过滤周期、滤池工作周期)

滤池冲洗完成开始运行到再次进行冲洗的整个间隔时间。

36. 吸附法除氟

采用吸附滤料吸附去除水中氟化物的过程。

37. 再生

使失效的吸附滤料恢复其吸附能力的过程。

38. 吸附容量

滤料吸附某种物质或离子的能力。

39. 空床接触时间

为达到净化效果,水与吸附滤料接触需要的时间,一般以 min 为单位。

40. 慢滤

滤速低于 0.3m/h、在滤料表层形成生物滤膜的过滤工艺。

41. 微污染水

受生活及工农业生产的污染,部分化学指标微量超标的水源水。

（二）村镇供水工程施工质量验收术语

1. 隐蔽工程

在施工过程中，上一工序结束，被后续工序或工程所覆盖、包裹或遮挡，以致无法进行复查的工程。

2. 单元工程

在分部工程中由几个工序（或工种）施工完成的最小综合体，是日常质量考核的基本单位。

3. 分部工程

在一个建筑物内能组合发挥一种功能的建筑安装工程，是单位工程的组成部分。对单位工程安全、功能或效益起决定性作用的分部工程称为主要分部工程。

4. 单位工程

具有独立发挥作用或独立施工条件的构（建）筑物。

5. 见证取样检测

在监理单位或项目法人（建设单位）监督下，由施工单位质量检测人员现场取样，并送至具有相应资质的质量检测单位所进行的检测。

6. 抽样检验

按规定的抽样方案，从进场的材料、构配件、设备或建筑工程等检验项目中，随机抽取一定数量的样本所进行的检验。

7. 外观检验

通过观察和必要的量测反映工程外在质量的检验。

8. 验收

在施工单位自行质量检查评定的基础上，参与建设活动的各有关单位共同对分部工程、单位工程的质量进行抽样复验，并根据相关标准，以书面形式对工程质量达到合格与否做出的确认。

9. 竣工验收

在工程全部施工完毕后，投入使用前，以书面形式对工程质量达到合格与否做出的确认。

（三）村镇供水工程运行管理术语

1. 渗渠

壁上开孔，集取浅层地下水或地表水体渗透水的水平管渠。

2. 泉室

集取泉水的构筑物。

3. 混凝

通过混合、絮凝，使水中胶体以及微小悬浮物聚集的过程。

4. 沉淀

利用重力沉降作用去除水中杂物的过程。

5. 澄清

通过与高浓度泥渣层的接触而去除水中杂物的过程。

6. 气浮

运用絮凝和浮选原理使水中杂质分离上浮而被去除的过程。

7. 过滤

水流通过粒状材料或多孔介质以去除水中杂物的过程。

8. 消毒

采取物理或化学的方法，杀灭或清除水中致病微生物的过程。

9. 预处理

在混凝、沉淀、过滤、消毒等工艺前所设置的处理工序。

10. 膨胀率

滤料层在反冲洗时的膨胀程度，以滤料层厚度的百分比表示。

11. 冲洗强度

在没有填装滤料的情况下，单位水量通过虑床所占空间需要的时间，一般以 $L/(m^2 \cdot s)$ 为单位。

12. 空床接触时间

在没有装填滤料的情况下，单位水量通过滤床所占空间需要的时间，一般以 min 为单位。

13. 冲洗周期

滤池冲洗完成后，从开始运行到再次冲洗的间隔时间。

14. 反渗透

在膜的原水一侧施加比溶液渗透压高的外界压力，原水透过膜时，只允许水透过，其他物质不能透过而被截留的过程。

15. 电渗析

在外加直流电场的作用下，利用阴离子交换膜和阳离子交换膜的选择透过性，使一部分离子透过离子交换膜而迁移到另一部分水中，从而使一部分水淡化而另一部分水浓缩的过程。

16. 再生

离子交换剂或滤料失效后，用再生剂使其恢复到原型态交换能力的工艺过程。

17. 混凝剂

为使胶体失去稳定性和脱稳胶体相互聚集所投加的药剂。

18. 脱盐率

在采用化学或离子交换法去除水中阴、阳离子过程中，去除的量占原有量的百分数。

19. 一体化净水装置

将絮凝、沉淀（澄清）、过滤等水处理工艺组合在一起的净水装置。

四、村镇供水工程施工质量验收规范

（一）总　则

1. 为规范村镇供水工程的施工验收内容、程序、方法和技术要求，保障村镇供水工程施工质量和供水安全，制定本标准。

2. 本标准适用于村镇供水工程的施工质量验收。

3. 村镇集中式供水工程施工质量验收应符合有关规定及设计文件的要求，分散式供水工程施工质量验收应符合有关规定及设计文件的要求。

4. 村镇供水工程验收按验收主持单位可分为项目法人验收和政府验收。项目法人验收应由项目法人（建设单位）组织成立的验收工作组负责，包括分部工程验收、单位工程验收等；政府验收应由验收主持单位组织成立的验收委员会负责，主要为竣工验收。规模较大或有特殊要求的村镇供水工程，应按有关要求进行环境保护、水土保持等专项验收。

5. 村镇供水工程验收应以下列文件为主要依据：

（1）现行有关法律、法规、规范性文件和标准。

（2）经批准的工程立项、可行性研究、初步设计文件或实施方案。

（3）施工图设计文件及主要设备技术说明书等。

（4）经批准的设计变更文件及概算调整文件等。

（5）设计、施工等合同及协议文件等。

6. 村镇供水工程施工质量验收除应符合本标准规定外，尚应符合国家现行有关标准的规定。

（二）基本规定

1. 材料与设备

（1）各种材料、设备和构件，除应符合有关水利、建筑、化工、环保和卫生等行业的技术规定，还应满足相应的防火、防冻、防爆、防腐和防老化等要求。

（2）与生活饮用水直接接触的管材、管件及防腐材料、滤料、化学药剂、黏结剂等材料和设备，均应符合卫生安全要求。

（3）材料与设备应符合设计要求和有关规定，采购合同中应详细说明技术指标和质量要求。

（4）采购材料与设备时，供应商应根据有关安全、卫生以及安装、使用的要求提供生产许可证、卫生许可证和涉水产品卫生许可批件，以及产品说明书、质量合格证、性能检测报告、装配图和控制原理图等文件。

（5）材料与设备到货后，施工、监理单位应及时对照供货合同进行规格、数量、材质、外观、附件、备件等检查。对批量购置的主要材料，应按有关规定进行检测。

（6）材料与设备应合理存放，并应符合下列要求：

① 水泥、钢材等材料有防雨、防潮、防尘等措施。

② 塑料管道有遮阳等措施。

③ 机电设备存放应符合产品说明书等随机文件的规定。

④ 药剂（混凝药剂、消毒剂）及生产消毒剂的原料等化学品或腐蚀性物品应在专用仓库存放，并设专人保管。

2. 施工

（1）施工前，建设单位或监理单位应组织设计单位向施工单位进行设计交底，监理单位应核查并签发施工图纸，并审查施工单位的施工组织设计、施工方案以及相应文件。

（2）施工单位应按设计文件和相关标准的规定进行施工，不应擅自变更设计；变更设计应经有审批权的单位同意核准，由设计单位完成。

（3）施工单位应对工程质量进行自检；未经监理单位复核，不应进入下一工序施工；隐蔽工程应经建设单位或其委托的监理单位验收，重要隐蔽工程的验收应有设计单位参加；隐蔽工程未经验收或验收不合格，不应覆盖。

（4）施工中应做好材料与设备采购、检测、技术洽商、设计变更、质量事故处理及验收等记录。

（5）各种构（建）筑物的混凝土强度、抗渗、抗腐蚀和抗冻性能应符合设计要求和相关标准的规定。

（6）水泥砂浆防水层应清洁、表面平整、坚实，符合防渗要求。

（7）村镇供水工程施工的外观质量不应有影响工程质量的缺陷，并应符合下列要求：

① 施工中所用的各种材料、设备和构件，其外观质量应符合设计要求及相关产品标准的规定。

② 混凝土工程施工应表面光洁平整，边角整齐；不得有露筋、裂缝以及超出允许范围的孔洞、蜂窝、麻面、夹渣等缺陷。

③ 砌体工程施工应砌筑整齐、灌浆密实、勾缝平整、缝宽均匀一致。

④ 金属焊缝应外形均匀、成型较好，焊道与焊道、焊道与基本金属间过渡平滑，焊渣和飞溅物清除干净。

（8）村镇供水工程施工质量应符合设计要求，并宜符合下列规定：

① 建筑地基基础工程施工质量验收符合《建筑地基基础工程施工质量验收规范》（GB 50202）的规定。

② 混凝土工程施工质量验收符合《混凝土结构工程施工质量验收规范》（GB 50204）的规定。

③ 砌体工程施工质量验收符合《砌体工程施工质量验收规范》（GB 50203）的规定。

④ 钢结构工程施工质量验收符合《钢结构工程施工质量验收规范》（GB 50205）的规定。

⑤ 自动化仪表工程施工质量验收符合《自动化仪表工程施工及验收规范》（GB 50093）的规定。

⑥ 泵站施工质量验收符合《泵站安装及验收规范》（SL 317）的规定。

（9）村镇供水工程施工应符合工程质量、安全、卫生防护、水土保持、环境保护、防火、节能、劳动保护、文明施工以及文物保护等相关规定。

（10）设备安装应符合设计要求、产品说明书及相关标准的规定。

3. 地基和基础工程

（1）基坑开挖断面和基底标高应符合设计要求。基坑开挖平面位置的允许偏差为 50mm；高程的允许偏差，土方为 ±20mm，石方为 -200 ~ +20mm。

（2）地基承载力应符合设计要求。天然地基不应超挖、扰动、受水浸泡、冻胀。

（3）基坑开挖至设计高程后应及时组织验收。基坑验收后应进行保护，不应扰动。

（4）基坑回填应在构（建）筑物的地下部分等隐蔽工程验收合格后进行。

（5）冬季填土，在道路或管道通过的部位，不应回填冻土。其他部位可均匀掺入冻土，其数量不应超过填土总体积的 15%，且冻块尺寸不应大于 15cm。

（6）回填土的压实度应符合设计要求和相关标准的规定。

（7）回填后应及时清理平整。

4. 项目划分

（1）应结合村镇供水工程的结构特点、工艺流程、功能及施工工序等要求，划分单位工程、分部工程和单元工程。项目划分程序可参照《水利水电工程施工质量检验与评定规程》（SL 176）的规定，划分结果应有利于工程施工质量的检验、评定和验收工作。

（2）村镇供水工程项目划分原则宜符合下列规定：

① 一个或多个村镇集中式供水工程为一个单位工程。供水规模在 1000m³/d 以上或供水人口在 1 万以上的村镇供水工程宜作为一个单位工程单独验收；供水规模在 1000m³/d 以下或供水人口在 1 万以下的村镇供水工程，可根据计划任务下达批次打捆验收。

② 村镇集中式供水工程按施工条件和功能作用可分为取水构筑物、建筑物、净水构筑物、调节构筑物、输配水管道、设备安装、自动监控和视频安防系统等分部工程。

③ 单元工程的划分可依据《水利水电工程施工质量检验与评定规程》（SL 176）的有关规定，结合村镇供水工程的结构、功能、施工工序及质量考核等要求，按照层、块、段等进行划分。

（三）取水构筑物

1. 地下水取水构筑物

（1）地下水取水构筑物分部工程验收，施工单位应提交下列资料：

① 水源井平面位置图、结构图和地层柱状图。

② 水源井含水层砂样和滤料的颗粒分析资料。

③ 水源井抽水试验资料。

④ 出水量和含砂量。

⑤ 具有计量认证资质（CMA）单位出具的水质检测报告。

（2）水源井的出水量应满足设计要求。

（3）洗井完毕后应进行抽水试验，并符合下列规定：

① 抽水试验应符合《机井技术规范》（GB/T 50625）的规定。

② 抽水试验终止前，应采集水样，分析水质，测定含砂量。水源水质应

符合《地下水质量标准》（GB/T 14848）的有关规定；生活供水管井出水的含砂量（体积比）应小于1/200000。

③ 洗井后的井底沉淀物厚度应小于井深的5‰。

（4）管井施工质量控制及验收应包括下列内容：

① 井身应圆正、垂直，井身直径不应小于设计井径。井深不大于100m的井段，其顶角倾斜度不应大于1°；井深大于100m的井段，每百米顶角倾斜度的递增斜度不应大于1.5°。井段的顶角和方位角不应有突变。

② 滤料不应含有土、杂物和有棱角的碎石，不符合规格的滤料数量不应超过设计值的15%。

③ 过滤器安装深度允评偏差为±300mm。

④ 非取水层的含水层封闭应符合设计要求。管外封闭位置的上下偏差不应大于300mm。

（5）大口井施工质量控制及验收应包括下列内容：

① 井壁进水时，进水孔的反滤层应按设计要求分层铺设，装填密实。井底进水时，铺设反滤层前，宜将井中水位降到井底以下；每层厚度不应小于设计要求，且下一层铺设完毕并经验收合格后，方可铺设上一层。

② 井筒位置、井深以及井外四周封填材料、厚度应符合设计要求。

③ 大口井施工允许偏差宜符合表5的规定。

表5 大口井施工允许偏差 （单位：mm）

项 目	允许偏差
井筒中心位置	30
井筒井底高程	±30
井筒倾斜	符合设计要求，且≤50
表面平整度	≤10
预埋件、预埋管的中心位置	≤5
预留孔的中心位置	≤10

（6）辐射井施工质量控制及验收应包括下列内容：

① 辐射管的外观应顺直、无残缺、无裂缝，管端应呈平面且与管轴线垂直。

② 每根辐射管的施工应连续作业。

③ 辐射管坡度符合设计要求，且不小于4‰。

④ 辐射管施工完毕后应进行冲洗；辐射管与预留孔之间的孔隙应封闭牢固，不应漏砂。

（7）渗渠施工质量控制及验收应包括下列内容：

① 渗渠的位置和取水方式应符合设计要求。

② 集水管铺设前，应对集水管作外观检验，并将管内外清扫干净，不应堵塞进水孔；进水孔眼数量和总面积的允许偏差为设计值的±5%。

③ 集水管施工允许偏差宜符合表6的规定。

④ 集水管两侧的反滤层应对称分层铺设，每层滤料厚度应均匀，且不应小于该层的设计厚度。

表6　集水管施工允许偏差　　　　　　　　　（单位：mm）

项　目		允许偏差
沟槽	高程	±20
	槽底中心线每侧宽	不小于设计宽度
基础	高程（弧形基础底面、枕基顶面、条形基础顶面）	±15
	中心轴线	20
	相邻枕基的中心距离	20
管道	轴线位置	10
	内底高程	±20
	对口间隙	±5
	相邻两管节错口	5
注：对口间隙不应大于相邻滤层中的滤料最小直径		

⑤ 渗渠施工完毕后，应及时清除现场遗留的弃土及其他杂物。

（8）截潜流工程施工质量控制及验收应包括下列内容：

① 截潜流的布置、基础和两岸接头处的防渗应符合设计要求。

② 反滤层的层数、厚度和粒径应符合设计要求。滤料在铺设时，不应夹杂黏土、杂草、岩石等杂物。

③ 蓄水池的卫生防护要求和施工质量验收应符合有关规定。

（9）引泉工程施工质量控制及验收应包括下列内容：

① 池底进水时，人工反滤层应符合设计要求。

② 泉室的卫生防护要求和施工质量验收应符合有关规定。

③ 泉室的进水管、出水管、放空管、溢流管、人孔、通风孔的施工布置与尺寸等应符合设计要求。

（10）地下水取水泵房的施工质量验收应符合有关规定。

2. 地表水取水构筑物

（1）地表水取水构筑物分部工程验收，施工单位应提交下列资料：

① 取水构筑物的长、宽（直径）、高度、厚度和表面平整底。

② 预埋件（管）、预留孔、进水管（孔）的尺寸和中心位置。

③ 试运转记录。

④ 取水量和含砂量资料。

⑤ 具有计量认证资质（CMA）单位出具的水质检测报告。

（2）水下开挖沟槽平整后，应及时下管并回填密实。

（3）取水构筑物应位置正确，翼墙、护坡等混凝土或砌筑结构的倾斜度、沉降量、位移量应符合设计要求。

（4）取水头部的沉放位置、高度以及预制构件之间的连接方式等应符合设计要求，拼装位置准确、连接稳固。

（5）低坝式取水构筑物的取水口布置位置、坝基处理措施、泄水和冲砂设施、坝高等应符合设计要求。

（6）底栏栅式取水构筑物的布置位置、取水口栏栅设置、沉砂和冲砂设施等应符合设计要求。

（7）移动式取水构筑物（缆车、浮船等）施工质量控制及验收应包括下列内容：

① 缆车、浮船接管车以及浮船上的设备布置、数量应符合设计要求，安装牢固、防腐层完整、构件无变形、各水密舱的密封性能良好，且安装检测、联动调试合格。

② 摇臂管及摇臂接头在安装前应水压试验合格。

③ 摇臂管及摇臂接头的岸、船两端组装就位应符合设计要求，调试合格。

④ 浮船进水口处的防漂浮物装置及清理设备安装正确，船舷外侧防撞击设施、锚链和缆绳、安全及消防器材等设置齐全、配置正确。

⑤ 安装完毕后，应按《给水排水构筑物工程施工及验收规范》（GB

50141）的规定进行试运转，并做好记录。

（8）取水构筑物完工后，应及时拆除全部临时施工设施，清理现场。

（9）地表水取水泵房的施工质量验收应符合有关规定。

（四）建筑物

1. 一般规定

（1）建筑物分部工程验收，施工单位应提交下列资料：

① 建筑物地基和基础、二期混凝土等隐蔽工程验收资料。

② 建筑物结构尺寸、水泵和电动机基础等测量记录。

③ 混凝土抗压、防渗试验记录。

（2）各种建筑物的地基处理应符合设计要求，经验收合格后方可进行下一工序施工。

（3）建筑物的墙面平整度、墙体倾斜度以及地面坡度、厚度、高程和平整度等均应符合设计要求。

（4）门窗应安装牢固、开启灵活；外观应洁净，不应有划痕碰伤、锈蚀。门窗品种、规格、开启方向、安装位置和防盗措施均应符合设计要求；塑料门窗施工质量验收尚应符合《塑料门窗安装及验收规程》（JGJ 103）的规定。

（5）采用陶瓷砖、玻璃马赛克等作为建筑物外墙饰面材料并采用满黏法施工的外墙饰面砖工程，其施工质量验收应符合《外墙饰面砖工程施工及验收规程》（JGJ 126）的规定。

2. 生产建筑物

（1）生产建筑物包括泵房、加药间、消毒间、变配电室等，其总体布局、建筑面积、规格尺寸等应符合设计要求。

（2）泵房应有通风、排水、防水、防火等措施。

（3）泵房工程的混凝土结构、进出水管与池壁的连接部位不应渗漏，其功能应符合设计要求。

（4）泵房地下部分的内壁、隔水墙、底板、工作缝和施工缝等均不应渗水；电缆沟内不应洇水。

（5）机泵底座的二期混凝土，应在达到设计强度70%以上方可继续加荷或进行设备安装。混凝土未达到强度要求或在做完防水层的部位，不应凿洞打孔。

（6）水泵和电动机基础施工允许偏差宜符合表7的规定。

表7　水泵和电动机基础施工允许偏差　　　　　　　（单位：mm）

项　　目		允许偏差
轴线位置		8
标高		−20
基础外形	平面尺寸	±10
	水平度	$L/200$ 且不大于 10
	垂直度	$H/200$ 且不大于 10
预埋地脚螺栓	顶端高程	20
	中心距（在跟部和顶部两处测量）	±2
地脚螺栓预留孔	中心位置	8
	深度	20
	孔壁垂直度	10
注：L 为基础的长或宽；H 为基础的高		

（7）现浇钢筋混凝土和砖石砌筑泵房施工允许偏差宜符合表8的规定。

表8　现浇钢筋混凝土和砖石砌筑泵房施工允许偏差　　　　　（单位：mm）

检查项目		允许偏差			
		混凝土	砖砌体	石砌体	
				毛料石	粗、细料石
轴线位置	底板、墙基	15	10	20	15
	墙、柱、梁	8	10	15	10
高程	垫层、底板、墙、柱、梁	±10	±15		
	吊装的支承面	−5	—	—	—
截面尺寸	墙、柱、梁、顶板	10，−5	—	20，−10	10，−5
	洞、槽、沟净空	±10	±20		
中心位置	预埋件、预埋管	5			
	预留孔	10			
平面尺寸（长宽或直径）	$L \leq 20m$	±20			
	$20m < L \leq 50m$	±$L/1000$			
	$50m < L \leq 250m$	±50			

（续表）

检查项目		允许偏差			
		混凝土	砖砌体	石砌体	
				毛料石	粗、细料石
垂直度	$H \leqslant 5m$	8	10		
	$5m < H \leqslant 20m$	$1.5H/1000$	$2H/1000$		
	$H > 20m$	30	—		
表面平整度	垫层、底板、顶板	10	—		
	墙、柱、梁	8	清水 5 混水 8	20	清水 10 混水 15
注：L 为泵房的长、宽或直径；H 为墙、柱等的高度					

（8）加药间、消毒间及其专用仓库应有防腐、通风、卫生防护和安全措施。

（9）变配电室的建筑材料应满足防火等级要求。

3. 附属建筑物

（1）附属建筑物包括管理用房、化验室、仓库、车库、传达室、食堂、厕所、浴室等，其总体布局、建筑面积、规格尺寸等应符合设计要求。

（2）化验室应有通风、排水、卫生防护和安全措施。

（3）道路、排水、围墙、绿化等村镇供水工程的附属设施应符合设计要求，并宜符合相关标准及标准图集的规定。

（五）净水构筑物

1. 一般规定

（1）净水构筑物的地基和基础等隐蔽工程验收应填写下列记录：

① 絮凝池、沉淀（澄清）池、滤池等净水构筑物的尺寸。

② 混凝土抗压、防渗、防冻试验资料和浇筑、养护记录。

③ 防水层、止水带、预埋管、预埋件等施工检验记录。

④ 内饰面检验记录。

（2）净水构筑物分部工程验收，施工单位应提交下列资料：

① 隐蔽工程验收记录。

② 回填土压实度记录。

（3）净水构筑物的各种预埋件、预埋管、预留孔、止水带等的尺寸、位置、高程等偏差，不应影响结构性能和水处理效果，且应经验收合格后方可进行下一工序施工。

（4）净水构筑物的排空设施应符合设计要求。寒冷地区净水构筑物的防冻措施应符合设计要求与《水工建筑物抗冰冻设计规范》（SL 211）的有关规定。

（5）溶药池以及各种预处理和深度处理构筑物的型式、布置、尺寸应符合设计要求。

（6）净水构筑物施工完毕后应按《给水排水构筑物工程施工及验收规范》（GB 50141）的规定进行满水试验。

（7）混凝土结构的净水构筑物施工允许偏差宜符合表9的规定。

表9 混凝土结构的净水构筑物施工允许偏差 （单位：mm）

项　　目		允许偏差
轴线位置	池壁、柱、梁	8
高程	池壁顶，底板顶，顶板，柱、梁	±10
平面尺寸 （池体的长、宽或直径）	$L \leqslant 20m$	±20
	$20m < L \leqslant 50m$	±L/1000
	$L > 50m$	±50
截面尺寸	池壁、底板、柱、梁	10，−5
	孔、洞、槽内净空	±10
表面平整度	一般平面	8
	轮轨面	5
墙面垂直度	$H \leqslant 5m$	8
	$5m < H \leqslant 20m$	1.5H/1000
中心线位置	预埋件、预埋管	5
	预留孔	10
	水槽	±5
坡度		0.15%

注：H 为池壁全高，mm；L 为池体的长、宽或直径，mm；检查轴线、中心线位置时，应沿纵、横两个方向测量，并取其中的较大值

（8）砖砌结构净水构筑物施工允许偏差宜符合表10的规定。

表10 砖砌结构净水构筑物施工允许偏差　　　　（单位：mm）

项　　目		允许偏差
轴线位置	池壁、柱、梁	10
高程	池壁、隔墙、柱的顶面	±15
平面尺寸（池体的长、宽或直径）	$L \leqslant 20\mathrm{m}$	±20
	$20\mathrm{m} < L \leqslant 50\mathrm{m}$	$\pm L/1000$
垂直度（池壁、隔墙、柱）	$H \leqslant 5\mathrm{m}$	8
	$H > 5\mathrm{m}$	$1.5H/1000$
表面平整度	清水	5
	混水	8
中心位置	预埋件、预埋管	5
	预留孔	10
注：L 为池体长、宽或直径；H 为池壁、隔墙或柱的高度		

（9）石砌结构净水构筑物施工允许偏差宜符合表11的规定。

表11 石砌结构净水构筑物施工允许偏差　　　　（单位：mm）

项　　目		允许偏差
轴线位置	池壁	10
高程	池壁顶面	±15
平面尺寸（池体的长、宽或直径）	$L \leqslant 20\mathrm{m}$	±20
	$20\mathrm{m} < L \leqslant 50\mathrm{m}$	$\pm L/1000$
砌体厚度		10，−5
垂直度（池壁）	$H \leqslant 5\mathrm{m}$	10
	$H > 5\mathrm{m}$	$2H/1000$
表面平整度	清水	10
	混水	15
中心位置	预埋件、预埋管	5
	预留孔	10
注：L 为池体长、宽或直径；H 为池壁高度		

2. 絮凝池

（1）絮凝池的型式、分格数、排泥设施以及池长、宽、深等尺寸应符合设计要求。

（2）穿孔旋流絮凝池的进出水管应沿切线方向设置，池体应符合设计要求，检验合格后方可浇筑。

（3）栅条、网格絮凝池的栅条、网格板应预制，安装应牢固。

（4）折板絮凝池的折板安装应牢固。

（5）往复式隔板絮凝池可采用预制钢筋混凝土构件现场组装。

3. 沉淀（澄清）池

（1）沉淀（澄清）池的型式、分格数、积泥区容积、排泥设施以及池长、宽、深等尺寸应符合设计要求。

（2）进出口采用薄壁堰、穿孔槽或孔口时，其允许偏差应符合下列规定：

① 同一构筑物各薄壁堰顶、穿孔槽孔眼的底缘在同一水平面上，其水平度允许偏差为±2mm。

② 穿孔槽（管）孔眼或穿孔墙孔眼的数量和尺寸应符合设计要求，其孔口中心距离允许偏差为±5mm。

（3）混凝土底板浇筑的允许误差，高程宜为±10mm，平面尺寸宜为±10mm。

（4）水力排泥斗的斜面坡度应符合设计要求，斜面应光滑；水力排泥阀应安装牢固，启闭灵活。

4. 滤池

（1）滤池的型式、分格数以及池长、宽、深等尺寸应符合设计要求。

（2）滤料应具有足够的机械强度和抗蚀性能，不应含有有害和不卫生成分。

（3）滤料的粒径、不均匀系数、滤层厚度应符合设计要求。

（4）滤料的铺设应在滤池土建施工和设备安装完毕，并经验收合格后及时进行。否则，应采取防止杂物落入滤池和堵塞滤板的防护措施。

（5）滤池池壁与砂滤层接触的部位应符合设计要求。

（六）调节构筑物

1. 一般规定

（1）水池、水塔等调节构筑物的地基和基础等隐蔽工程验收应填写下列记录：

① 水池、水塔的尺寸。

② 混凝土抗压、防渗、防冻试验资料和浇筑、养护记录。

③ 防水层、止水带、预埋管、预埋件等施工检验记录。

④ 水池、水塔内饰面施工检验记录。

（2）调节构筑物分部工程验收，施工单位应提交下列资料：

① 隐蔽工程验收记录。

② 回填土压实度记录。

③ 水池、水塔满水试验记录。

（3）水池施工完毕后应进行满水试验；其试验条件、试验方法和允许渗水量应符合《给水排水构筑物工程施工及验收规范》（GB 50141）的规定。

（4）水池和水塔的内饰面应符合设计和卫生安全要求。

（5）调节构筑物施工完毕后应按《给水排水构筑物工程施工及验收规范》（GB 50141）的规定进行清洗消毒。

2. 水池

（1）混凝土结构部位的止水带质量应符合《给水排水构筑物工程施工及验收规范》（GB 50141）的规定。安装应牢固，位置准确，与变形缝垂直；其中心线应与变形缝对正，不应渗漏。

（2）现浇钢筋混凝土水池施工允许偏差宜符合表9的规定。

（3）砖砌、石砌结构水池的施工尺寸偏差宜分别符合表10和表11的规定。

3. 水塔

（1）寒冷地区的水塔应有防冻、保温措施，并应符合设计要求。

（2）金属塔身或塔体，应有防锈和防腐措施，并应符合设计要求。

（3）水塔的防雷装置应符合设计要求，并应安装垂直、牢固，位置准确。

（4）水塔基础的预埋螺栓及滑模支撑杆应位置准确，安装牢固。

（5）钢筋混凝土圆筒或框架塔身施工允许偏差宜符合表12的规定。

表12　钢筋混凝土圆筒或框架塔身施工允许偏差　　　（单位：mm）

项　　目	允许偏差	
	圆筒塔身	框架塔身
中心垂直度	$1.5H/1000$，且不大于30	$1.5H/1000$，且不大于30
壁厚	−3，10	−3，10

（续表）

项　　目	允许偏差	
	圆筒塔身	框架塔身
框架塔身柱间距和对角线	—	$L/500$
圆筒塔身直径或框架节点距塔身中心距离	±20	±5
内外表面平整度	10	10
框架塔身每节柱顶水平高差	—	5
预埋管、预埋件中心位置	5	5
预留孔中心位置	10	10
注：H 为圆筒塔身高度；L 为柱间距或对角线长		

（6）钢架及钢圆筒塔身施工允许偏差宜符合表 13 的规定。

（7）砌筑砖石塔身时，应按设计要求将各种预埋件砌入，不应预留孔再进行安装。

表 13　钢架及钢圆筒塔身施工允许偏差　　　　（单位：mm）

项　　目		允许偏差	
		钢架塔身	钢圆筒塔身
中心垂直度		$1.5H/1000$，且不大于 30	$1.5H/1000$，且不大于 30
柱间距和对角线		$L/1000$	—
钢架节点距塔身中心距离		5	—
塔身直径	$D_0 \leq 2m$	—	$D_0/200$
	$D_0 > 2m$	—	10
内外表面平整度		—	10
焊接附件及预留孔中心位置		5	5
注：H 为钢架或钢圆筒塔身高度；L 为柱间距或对角线长；D_0 为钢圆筒塔外径			

（8）预制砖块和砖石砌体塔身施工允许偏差宜符合表 14 的规定。

表14　预制砖块和砖石砌体塔身施工允许偏差　　　（单位：mm）

项　目		允许偏差	
		预制砖块、砖砌塔身	石砌塔身
中心垂直度		$1.5H/1000$	$2H/1000$
壁厚		不小于设计要求	20，−10
塔身直径	$D_0 \leq 5\text{m}$	$\pm D_0/100$	$\pm D_0/100$
	$D_0 > 5\text{m}$	± 50	± 50
内外表面平整度		20	25
预埋管、预埋件中心位置		5	5
预留孔中心位置		10	10

注：D_0 为塔身截面外径；H 为塔身高度

（七）输配水管道

1. 一般规定

（1）管道、附属构筑物地基及基础等隐蔽工程验收应填写下列记录：

① 管道位置、高程和埋设深度；

② 管道结构和断面尺寸；

③ 管道接口、变形缝和防腐层的处理措施；

④ 镇墩、支墩位置及其结构尺寸；

⑤ 管道和附属构筑物连接的防水层处理措施；

⑥ 与其他地下管道交叉的处理措施；

（2）输配水管道分部工程验收，施工单位应提交下列资料：

① 隐蔽工程验收记录；

② 水压试验记录；

③ 回填土压实度记录；

④ 冲洗及消毒试验记录；

⑤ 阀门及计量设备安装记录；

（3）管道安装时，应将管道中心线和安装高程逐节调整准确。安装后的管节应再次复测，合格后方可进行下一工序的施工。

（4）管槽开挖时，不应扰动原状地基土，不得受水浸泡或受冻，开挖的允许偏差宜符合表15的规定。

表 15　管槽开挖的允许偏差　　　　　　　（单位：mm）

序号	检查项目	允许偏差	
1	槽底高程	土方	±20
		石方	20，−200
2	槽底中线每侧宽度	不小于设计要求	
3	沟槽边坡	不陡于设计要求	

（5）管道槽底为岩石或坚硬土层时，应按设计要求施工。

（6）管道保温层厚度允许偏差宜符合表 16 的规定，保温层变形缝宽度允许偏差宜为±5mm。

表 16　保洁层厚度允许偏差

保温层	允许偏差
瓦块制品	+5%
柔性材料	+8%

（7）管道卫生性能应符合《生活饮用输配水设备及防护材料的安全性评价标准》（GB/T 17219）的规定；所用橡胶圈卫生性能应符合《食品用橡胶制品卫生标准》（GB 4806.1）的规定。

（8）管道覆土层厚度应符合设计要求，并不应低于本地区最大冻土层深度及安全要求。

（9）管道穿越铁路、公路、河流、沟谷、陡坡等障碍物时，其保护措施应符合设计要求及相关标准的规定。

2. 管道安装

（1）钢管安装应符合下列规定：

① 管节表面应无疤痕、裂纹、严重锈蚀等缺陷。

② 管道敷设前应检查管节的内外防腐是否完好，合格后方可进行。

③ 焊缝外观质量宜符合表 17 的规定。

（2）球墨铸铁管安装应符合下列规定：

① 管材和管件不应有裂纹和妨碍使用的外观缺陷。

② 采用橡胶圈柔性接口的球墨铸铁管，承口的内工作面和插口的外工作面应光滑、轮廓清晰，不应有影响接口密封性的缺陷。

表 17　焊缝外观质量

项　目	验收要求
外观	不应有熔化金属流到焊缝外未熔化的母材上，焊缝和热影响区表面不应有裂纹、气孔、弧坑和灰渣等缺陷；表面应光顺、均匀，焊道与母材应平缓过渡
宽度	应焊出坡口边缘 2～3mm
表面余高	不应大于 1.2 倍坡口边缘宽度，且不大于 4mm
咬边	深度不应大于 0.5mm，焊缝两侧咬边总长不应大于焊缝长度的 10%，且连续长不应大于 100mm
错边	不应大于 0.2 倍壁厚，且不应大于 2mm
未焊满	不允许

③ 橡胶圈安装就位后不应扭曲。用探尺检查时，沿圆周各点应与承口端面等距，其偏差不宜超过±3mm。

④ 管道沿曲线安装接口的允许转角不宜大于表 18 的规定。

表 18　管道沿曲线安装接口的允许转角

管径（mm）	允许转角（°）
75～600	3
700～800	2
≥900	1

（3）混凝土管安装应符合下列规定：

① 管节安装前应进行外观检验，不得有裂缝、保护层脱落、空鼓、接口掉角等缺陷。

② 预应力、自应力混凝土管不得截断使用，安装应平直。管口间的纵向间隙应符合设计及相关标准的要求；沿曲线安装时，其转角应符合有关标准的规定。

（4）塑料管安装应符合下列规定：

① 聚乙烯（PE）管材应符合《给水用聚乙烯（PE）管材》（GB/T 13663）的规定。

② 硬聚氯乙烯（PVC-U）管材、管件应分别符合《给水用硬聚氯乙烯（PVC-U）管材》（GB/T 10002.1）和《给水用硬聚氯乙烯（PVC-U）管件》（GB/T 10002.2）的规定；改性聚氯乙烯（PVC-M）管材、管件应符合《给水用抗冲改性聚氯乙烯（PVC-M）管材及管件》（CJ/T 272）的规定。

③ 聚丙烯（PP）管材、管件应分别符合《冷热水用聚丙烯管道系统第 2 部分：管材》（GB/T 18742.2）和《冷热水用聚丙烯管道系统第 3 部分：管件》（GB/T 18742.3）的规定。

④ 批量购置的塑料管进场后应抽样送检，委托有资质的检测单位进行检验，每种规格管道的抽样数不应少于 3 根。

（5）管道安装允许偏差宜为：水平轴线，30mm；管底高程，±30mm。

3. 管道水压试验及冲洗消毒

（1）输配水管道安装完成后，应按《给水排水管道工程施工及验收规范》（GB 50268）的规定进行水压试验。

（2）管道水压试验后，竣工验收前应按《给水排水管道工程施工及验收规范》（GB 50268）的规定进行冲洗消毒。

4. 阀门及计量设备安装

（1）阀门及计量设备安装应符合产品说明书的规定。

（2）宜对阀门进行空载操作试验，全开至全关、全关至全开，反复操作三次，检查其是否操作灵活，工件可常。

（3）流量计、水表等计量设备安装应符合《自动化仪表工程施工及验收规范》（GB 50093）的规定。

（4）水表安装应符合《冷水水表第 2 部分：安装要求》（GB/T 778.2）的规定；IC 卡水表的安装尚应符合《IC 卡冷水水表》（CJ/T 133）的规定。

5. 阀门井

（1）阀门井的井径、井深等尺寸以及闸阀连接顺序、防渗与排水措施，应符合设计要求。

（2）阀门井、室施工完成后，应及时回填，清理现场；当日不能完成回填时，应设置围栏，并增加安全标志。

（3）应检查阀门井是否设置井盖，并具有排水或防水措施。

（4）位于道路上的井盖安装应符合下列规定：

① 井盖应与道路齐平。

② 井盖的品种、材质、规格、额定承重荷载，应符合设计及道路功能要求。井盖类别应与管道类别相匹配。

（八）设备安装

1. 一般规定

（1）设备安装分部工程验收，施工单位应提供下列资料：

① 开箱验收记录。

② 安装、调试记录。

（2）机电设备在试运转前应根据需要加注润滑剂。

（3）变压器安装应符合相关标准的规定，并通过电力部门认可。

2. 水泵机组安装

（1）水泵机组安装位置和标高应符合设计要求。

（2）水泵机组的安装、检查、调试、试运转和验收应符合《压缩机、风机、泵安装工程施工及验收规范》（GB 50275）和《泵站安装及验收规范》（SL 317）的规定。

（3）水泵底座应采用地脚螺栓固定，二次浇筑应坚固。

（4）水泵动力电缆、控制电缆安装应符合设计要求，与吸入口距离不应小于350mm。

（5）离心泵、轴流泵等水泵安装基准线的允许偏差宜为：与建筑轴线距离±10mm，与设备平面位置±5mm，与设备标高±5mm；泵体内水平度允许偏差，纵向：≤0.05/1000mm，横向：≤0.10/1000mm。

3. 水处理及消毒设备安装

（1）水处理和消毒设备平面布置和标高应符合设计要求。

（2）水处理和消毒设备、进出水管道和阀门的组装应符合产品说明书的规定。

（3）消毒剂输送管道应进行气密性试验，试验压力和稳压时间应符合产品说明书等相关规定。

4. 开关柜和配电柜（箱）安装

（1）开关柜和配电柜（箱）的接线应正确、连接紧密、排列整齐、绑扎紧固、标志清晰。

（2）开关柜和配电柜（箱）金属框架的安装位置、接地电阻值和保护措施应符合设计要求。

（3）开关柜和配电柜（箱）应安装牢固，二次回路应进行交流工频耐压试验。

（4）开关柜和配电柜（箱）的安装和验收应符合《建筑电气工程施工质量验收规范》（GB 50303）的规定。

5. 电缆与管线安装

（1）电缆敷设前应检查电缆型号、规格与编号等，电缆外表应无破损、无机械损伤、排列整齐，标志牌安装应齐全、准确、清晰。

（2）电缆的固定、弯曲半径和间距等应符合设计要求。

（3）金属导管和线槽、桥架、托盘和电缆支架应接地（PE）或接零（PEN）可靠。当设计无要求时，金属桥架或线槽全长与接地或接零干线连接不应少于2处。

（4）汇线槽应平整、光洁、无毛刺、尺寸准确、安装牢固。

（5）电缆进出构（建）筑物、沟槽及穿越道路时，应加套管保护。

（6）电缆沟内应无杂物，盖板应齐全、稳固、平整，并应满足设计要求。

6. 接地装置安装

（1）设置人工接地装置或利用构（建）筑物基础钢筋作为接地装置，接地应良好，接地电阻值应符合设计要求。

（2）接地装置应在地面以上，按设计要求设置测试点。

（3）接地装置焊接应采用搭接焊，搭接长度应符合设计要求。

（4）除埋设在混凝土中的以外，其余焊接接头均应采取防腐措施。

7. 接闪器和避雷引下线安装

（1）建（构）筑物顶部避雷针、避雷带等防雷装置应符合《建筑物防雷设计规范》（GB 50057）的规定，并应与顶部外露的其他金属物体连成一个整体的电气通路，且与避雷引下线连接可靠。

（2）避雷针、避雷带安装位置应正确，焊缝应饱满无遗漏且满足防腐要求。

（九）自动监控和视频安防系统

1. 自动监控系统

（1）自动监控系统分部工程验收，施工单位应提交下列资料：

① 系统控制原理图、平面布置图和设备安装接线图。

② 视频安防系统的网络摄像机 IP 地址分配表。

③ 设计文件，包括设计说明书、I/O 表清单、设备材料清单等。

④ 程序备份文件。

⑤ 主要材料与产品的质量合格证书。

⑥ 安调试记录。

⑦ 产品说明书、用户手册及其他必要的技术文件。

（2）自动监控系统显示的数据与现场应一致，不应有超出工艺要求的延时和误差。系统显示画面应准确、全面、清晰，能及时反映工艺运行情况和系统功能。

（3）自动监控系统控制设备开启、继电器动作设定应与现场受控设备的动作一致，不应有超出工艺要求的延时。

（4）自动监控系统对现场设备控制方式应符合设计要求，有手动控制与自动控制两种方式。监控系统对现场受控设备宜提供检修和就绪两种状态的切换功能。

（5）自动监控系统功能应符合设计规定和下列要求：

① 人机交互界面符合汉化、图形化等要求，图形切换流程友好、清晰、易懂，便于操作。

② 显示画面包括过程状态、工艺流程、数据分析和文件报表等。

③ 在规定时间内，对内部、外部信号做出及时响应，并完成预定的操作。

④ 记录供水设备的故障信息，具备报警功能。

⑤ 保存必要的历史数据，并可对历史数据进行分析、处理、统计和存储，具有趋势图、日志管理、历史数据查询等功能。

⑥ 对各类数据、文件及信息处理和归档，并具有图形显示、文件输出和报表打印功能。

⑦ 具有防止越权存、取、显示数据和系统内权限的分级管理等安全保密功能。

⑧ 远程异地操作的防误及闭锁功能。

⑨ 与上级计算机的通信接口应采用标准的通信协议和行业规约，信号应连续稳定无间断，抗干扰能力强。

（6）监控系统的接地电阻值应符合设计要求。

2. 仪表设备

（1）仪表设备安装、调试及验收应符合《自动化仪表工程施工及验收规范》（GB 50093）的规定。

（2）仪表设备安装位置应符合设计要求。

（3）仪表设备线路的配线应符合要求，仪表设备接线应正确，连接可靠。

（4）仪表设备接地应可靠，并应符合设计要求。

（5）仪表设备的标高、水平度和垂直度应符合产品说明书的规定，并宜符合下列规定：

① 位置偏差不大于 10mm。

② 标高偏差不超过 ±10mm。

③ 柜（箱）水平度和垂直度偏差不大于1‰。

（6）仪表设备在安装完成后，应按照自动监控系统显示的仪表设备位号及设计文件要求，进行回路试验和系统试验，无误后方可投入试运行。

3. 视频安防系统

（1）视频安防系统画面应清晰，准确反映现场工况，不应有超出设计规定与观看习惯的延时。

（2）视频安防系统应有图像来源的文字提示以及日期、时间和运行状态的提示，应具有对图像信号采集、传输、存储、切换控制、显示、分配、记录和重放的功能。

（3）系统配线、接线应准确可靠。

（4）摄像头、云台的安装位置、外壳接地电阻值均应符合设计要求。摄像头应安装牢固。

（十）验　收

1. 一般规定

（1）各验收阶段应提供的验收资料及备查档案资料宜符合《水利水电建设工程验收规程》（SL 223）的规定。建设单位应统一对有关单位提交的各种资料进行完整性、规范性检查，有关单位应保证其提交资料的真实性并承担相应责任。

（2）除图纸外，验收资料纸张的规格宜为 A4。文件正本应加盖单位印章且不应采用复印件。

（3）各阶段验收鉴定书格式应符合《水利水电建设工程验收规程》（SL 223）的规定。

（4）工程验收结论应经2/3以上验收委员会（工作组）成员同意并签字。

2. 分部工程验收

（1）分部工程验收应由建设单位（或委托监理单位）主持。验收参加单位及代表宜由建设、勘测、设计、监理、施工单位和主要设备制造（供应）商等组成。运行管理单位和用水户代表可根据具体情况决定是否参加。每个单位不宜超过2人。质量监督机构宜派代表列席分部工程验收。

（2）分部工程验收应具备以下条件：

① 所有单元工程已完成。

② 已完建单元工程施工质量经评定合格，有关质量缺陷已处理完毕或有监理机构批准的处理意见。

③ 合同约定的其他条件。

（3）分部工程具备验收条件时，施工单位应向建设单位提交验收申请报告。建设单位应在收到验收申请报告之日起 10 个工作日内决定是否同意进行验收。

（4）验收应包括下列主要内容：

① 检查工程是否按批准的设计文件完成。

② 检查工程施工质量，对质量事故和工程缺陷提出处理要求。

③ 对验收遗留问题提出处理意见。

④ 讨论并通过分部工程验收鉴定书。

（5）建设单位应在分部工程验收通过之日后 10 个工作日内，将验收质量结论和相关资料报质量监督机构核备。

3. 试运行

（1）试运行前应完成管网水压试验及冲洗消毒。根据净水工艺要求，按设计负荷对净水系统进行调试，定时检验各净水构筑物和净水装置的出水水质，做好药剂投加量和水质检验记录。水质检验合格后方可进入整个系统的试运行。

（2）在分部工程验收完毕后、单位工程验收前，应经过一段时间的试运行期。供水规模在 1000 m^3/d 以上或供水人口在 1 万以上的村镇供水工程试运行期不应少于 7d，供水规模较小的工程试运行期不应少于 3d。

（3）试运行应由建设单位主持，施工、设计、监理和运行管理等单位参加。

（4）试运行期应定时记录机电设备的运行参数、药剂投加量、消毒剂投加量；定时检验各净水构筑物和净水装置的出水浑浊度、出厂水消毒剂余量以及特殊水处理的控制性指标；每天记录一次沉淀池（或澄清池）的排泥情况和滤池的冲洗情况。

（5）投入试运行 48h 后应定点测量管网中的供水量和水压，对出厂水和管网末梢水各进行一次水质全分析检验。当水量、水压合格且设备运转正常后，应按水厂管理要求做好各项观测记录和水质检验。

4. 单位工程验收

（1）单位工程验收应由建设单位主持。验收参加单位及代表宜由建设、勘测、设计、监理、施工、主要设备制造（供应）商、卫生、运行管理等单位和用水户代表组成，每个单位宜为 2～3 人。质量监督机构宜派代表参加单位工程验收。

（2）单位工程验收应具备以下条件：

① 所有分部工程已完建并验收合格。

② 分部工程验收遗留问题已处理完毕并通过验收，未处理的遗留问题不影响单位工程质量评定并有处理意见。

③ 运行管理单位已成立。

④ 合同约定的其他条件。

（3）单位工程完工并具备验收条件时，施工单位应向建设单位提出验收申请报告。建设单位应在收到验收申请报告之日起 10 个工作日内决定是否同意进行验收。

（4）验收应包括下列主要内容：

① 检查工程是否按批准的设计文件完成。

② 检查工程质量，对质量事故和工程缺陷是否按要求处理完毕。

③ 检查工程是否具备安全运行条件。

④ 对验收遗留问题提出处理意见。

⑤ 讨论并通过单位工程验收鉴定书。

（5）水质应符合《生活饮用水卫生标准》（GB 5749）的规定，供水量和水压应符合设计要求，工程质量应无安全隐患。

（6）建设单位应在单位工程验收通过之日起 10 个工作日内，将验收质量结论和相关资料报质量监督机构核定。

（7）对于按批次打捆立项且供水规模较小的村镇供水工程，限于条件时，可不单独进行单位工程验收，可将单位工程的验收内容并入竣工验收。

5. 竣工验收

（1）规模较大的村镇供水工程竣工验收前，建设单位宜组织竣工验收自查。自查工作宜由建设单位主持，勘测、设计、监理、施工、主要设备制造（供应）商、卫生以及运行管理等单位的代表参加。

（2）竣工验收工作应由竣工验收委员会负责。竣工验收委员会应由竣工验收主持单位、地方人民政府和相关部门、质量和安全监督机构、运行管理单位代表以及相关专家组成。工程投资方代表可参加竣工验收委员会。

（3）验收前应完成管理制度的制定和管理人员的技术培训。

（4）竣工验收应具备以下条件：

① 工程已按批准设计全部完成。

② 工程重大设计变更已经有审批权的单位批准。

③ 各单位工程能正常运行。

④ 历次验收所发现的问题已基本处理完毕。

⑤ 竣工财务决算已通过竣工审计，审计意见中提出的问题已整改并提交

了整改报告。

⑥ 质量和安全监督工作报告已提交，工程质量达到合格标准。

⑦ 竣工验收资料已准备就绪。

（5）工程具备验收条件时，建设单位应向竣工验收主持单位提出竣工验收申请报告。竣工验收主持单位应自收到申请报告后 20 个工作日内决定是否同意进行竣工验收。

（6）验收应包括下列主要内容：

① 检查工程是否按批准的设计等文件完成。

② 检查工程是否具备安全运行条件和卫生要求。

③ 检查水质、水量、水压等是否符合要求。

④ 检查历次验收所发现的问题是否已基本解决。

⑤ 检查归档资料是否符合工程档案资料管理的有关规定。

⑥ 讨论并通过工程竣工验收鉴定书。

（7）根据竣工验收工作的需要，竣工验收主持单位应委托具有相应资质的检测单位对工程质量和水质进行检测。对检测中发现的质量问题，建设单位应及时组织有关单位处理。在影响工程安全运行和使用功能的问题未处理完毕前，建设单位不应申请工程竣工验收。

（8）质量监督单位应参加竣工验收，提供质量监督报告。

（9）竣工验收资料应妥善归档保存，主管、建设和运行管理单位应各保存 1 份。

（10）村镇供水工程通过竣工验收后的 1 个月内，建设单位应与运行管理单位完成工程移交手续。

（十一）分散式供水工程

1. 一般规定

（1）分散式供水工程验收前应明晰工程产权，确定工程管护主体。

（2）分散式供水工程可由县级村镇供水工程主管部门或其委托的单位组织验收。

（3）验收应包括下列主要内容：

① 供水井井深、井径，蓄水构筑物尺寸等记录。

② 检查工程是否具备安全运行条件和卫生安全要求。

③ 宜有水质检测报告。

（4）联户供水工程，应设消毒措施；单户供水工程，宜考虑设置家庭终端消毒设备或采用氯消毒片、漂白粉、漂粉精等消毒剂。

（5）供水量、水质、供水保证率应达到设计要求或相关规定。

（6）验收资料应及时归档，妥善保存。

2. 雨水集蓄供水工程

（1）集流方式、集流面大小、厚度及坡度等应符合设计要求。

（2）蓄水构筑物的容积应符合设计要求，并应与集流面的集流能力相匹配。

（3）蓄水构筑物应有防渗措施、通气孔等。

（4）蓄水构筑物宜采取封闭式；在寒冷地区，应检查蓄水构筑物是否有保温措施，并检查其设计最高水位是否在最大冻土层深度以下。

（5）雨水集蓄供水工程应设有拦污或过滤设施，并应符合设计要求。

（6）雨水集蓄供水工程建成后，使用前应进行清洗消毒。

（7）应检查集流面上游 30m 至下游 10m 范围内是否有畜禽圈、粪坑、厕所、垃圾堆、农药、肥料等污染源。

（8）蓄水构筑物外围 5m 范围内不应种植根系发达的树木。

3. 引蓄供水工程

（1）原水含砂量较高时，引蓄供水工程应设有拦污或过滤设施，并应符合设计要求。

（2）采用明渠引水时，应有防渗和卫生防护措施。

（3）引蓄供水工程建成后，使用前应进行清洗消毒。

（4）蓄水构筑物的容积应符合设计要求。

（5）蓄水构筑物外围 5m 范围内不应种植根系发达的树木。

4. 分散式供水井

（1）应检查供水井是否符合相关安全、卫生防护要求。

（2）手动真空泵和井用手压泵，应安装牢固。

（3）井口周围宜设宽度不小于 1.5m 的不透水散水坡。

（4）分散式供水井的供水设备应有防盗措施；在寒冷地区，尚应采取防冻措施。

五、农村饮水安全有关工作检查要求和指标说明

（一）前期工作

1. 工作要求

（1）前期工作流程

农村饮水安全工程项目前期工作分"规划和初步设计（或实施方案）"

两个阶段。规划由县级水行政部门会同有关部门制定，主要明确近期工程建设的目标、任务、布局、范围等内容。实施方案由可行性研究和初步设计合并而成，达到初步设计深度。市级水利部门或发展改革部门审批。农村饮水安全工程投资计划和项目执行过程中确需调整建设内容的，应按程序报批。

（2）前期工作文本编制内容

我省规定日供水 1000 立方米或供水人口 1 万人以上的供水工程（以下简称"千吨万人"工程）单独编制初步设计，其他规模较小的集中供水工程和分散式工程以县为单位打捆编制年度实施方案。工程设计方案应当包括水源工程选择与防护、水源水量水质论证、供水工程建设、水质净化、消毒以及水质检测设施建设等内容。其中"千吨万人"工程，应当建立水质检验室，配置相应的水质检测设备和人员，落实运行经费。对新建日供水 200 立方米或受益人口在 2000 人以上的集中式供水工程，凡是没有水源水质检验、水质净化功能不齐、无消毒设备的工程，不予审批。

（3）集中式供水工程与分散式供水工程划分标准

根据国务院第一次水利普查的统计口径：村镇集中式供水工程为集中供水人口在 20 人及以上，且有输配水管网的供水工程；集中式供水工程包括城镇管网延伸工程、联村工程和单村工程三种类型（从规模上可分 I ~ V 型供水工程）。分散供水工程指除集中式供水工程以外的，单户或联户为单元的供水工程；分散式供水工程主要包括分散供水井、引泉供水、雨水集蓄供水工程和无设施供水。

2. 检查方法或判别标准

（1）前期工作文本编制质量及格式

初步设计编制按《安徽省农村饮水安全工程初步设计报告编制指南（试行）》（皖水农〔2012〕23 号）执行、实施方案编制按《农村饮水安全工程实施方案编制规程》（SL 559—2011）执行，县级水质检测中心实施编制按《安徽省县级农村饮水安全工程水质检测中心实施方案编写参考提纲》（皖水农函〔2015〕282 号）执行，并执行《村镇供水工程设计规范》（SL 687—2014）、《生活饮用水卫生标准》（GB 5749—2006）、《农村饮水安全工程水质检测中心建设导则》（发改农经〔2013〕2259 号）、《关于进一步强化农村饮水工程水质净化消毒和检测工作的通知》（水农〔2015〕116 号）、《关于加强集中式饮用水水源安全保障工作的通知》（皖政办〔2013〕18 号）、《关于开展农村集中式供水工程水源保护区划定工作的通知》（皖环发〔2014〕53 号）等技术标准和要求。

（2）审批权限

按《关于尽快组织编制和审批 2011 年农村饮水安全工程实施方案的通知》（皖发改农经〔2011〕89 号）、《关于调整农村饮水安全工程初步设计审批权限的通知》（皖水农函〔2013〕1748 号）、《关于下放农村饮水安全工程初步设计审批权限的通知》（皖发改设计〔2014〕223 号）、《关于尽快完成农村饮水安全工程县级水质检测中心前期工作的通知》（皖水农函〔2015〕282 号）等文执行。

（3）审批质量

按《关于加强农村饮水安全工程初步设计市级审查审批工作的指导意见》（皖水农函〔2013〕1748 号）执行。

（4）设计变更

按《关于印发〈安徽省水利工程设计变更管理意见〉的通知》（皖水基〔2011〕332 号）执行。

（5）检查方法

① 查阅农村饮水安全工程初步设计或实施方案文件批复内容、调整概算及项目设计变更等有关批复文件，了解工程建设内容、工程量、概算、解决人口等情况，并与后面计划下达、招投标后签订的项目合同、监理日志、工程审计决算、验收等确定的建设投资、建设内容、工程量、集中供水点或入户要求、解决人口等指标相比较和协调。

② 查阅批复的初步设计或实施方案文件时，重点关注投资筹措、入户要求、净化工艺和消毒设施方案以及规模以上水厂水质化验室的设计。

（二）投资计划和资金到位

1. 工作要求

（1）投资政策

农村饮水安全工程建设投资由中央、省、地方和受益群众共同负担。我省总体上划分为两类：享受西部优惠政策的合肥市（长丰县）、蚌埠市（怀远县）、安庆市（枞阳县、潜山县、太湖县、宿松县、望江县、岳西县）、滁州市（定远县）、阜阳市（临泉县、太和县、阜南县、颍上县、界首市）、宿州市（砀山县、萧县、灵璧县、泗县）、芜湖市（无为县）、六安市（寿县、霍邱县、舒城县、金寨县、裕安区）、亳州市（涡阳县、利辛县）、池州市（石台县）、宣城市（郎溪县、泾县）等 30 个县（市、区），中央投资 80%、省级投资 10%、地方配套 10%；其他县（市、区）中央投资 60%、省级投资 20%、地方配套 20%。农民自筹资金一般不超过总投资的 10%。

（2）计划下达

各县（市、区）在省下达投资计划后，要及时分解下达到各项目，并明确地方配套投资数额，足额落实地方建设投资。有条件的地方，可采取整合涉农和扶贫资金，以及积极引入市场机制、引导社会资本投入等办法，解决地方建设资金不足的问题。入户工程部分，可在确定农民出资上限和村民自愿、量力而行的前提下，引导和组织受益群众采取"一事一议"筹资筹劳等方式进行建设。

（3）资金管理

要严格遵守国家及省农村饮水安全项目资金管理办法有关规定，坚持"专款专用"的原则，严禁截留、挤占、挪用和转移工程建设资金，坚决杜绝工程价款结算、工程建设资金使用不合规等现象发生。

2. 检查方法或判别标准

（1）对照省发展改革委、省水利厅、省财政厅《关于下达 2015 年农村饮水安全工程中央预算内投资计划的通知》（皖发改投资〔2015〕34 号）和《关于下达 2015 年农村饮水安全工程水质检测能力项目中央预算内投资计划的通知》（皖发改投资〔2015〕203 号）下达的投资计划，查阅市、县（市、区）省分解计划资金下达及批复文件、地方配套资金落实和管理文件、资金拨付文件与记账凭证等，确定计划是否及时下达、资金是否足额到位。

（2）依据省财政厅《关于下达 2015 年农村饮水安全工程中央基建和省级配套投资预算的通知》（财建〔2015〕189 号），省发展改革委、省水利厅、省财政厅《关于下达 2015 年农村饮水安全工程中央预算内投资计划的通知》（皖发改投资〔2015〕34 号）及《关于下达 2015 年农村饮水安全工程水质检测能力项目中央预算内投资计划的通知》（皖发改投资〔2015〕203 号）等文件；查阅签订的项目合同、招投标合同、财务收入凭证、工程监理日志等文件，确定项目资金是否落实到位及地方配套资金到位率。

（3）《关于印发〈安徽省农村饮水安全项目资金管理暂行办法〉的通知》（财建〔2007〕1255 号）、《关于〈安徽省农村饮水安全项目资金管理暂行办法〉补充规定的通知》（财建〔2008〕202 号）、《关于〈安徽省农村饮水安全项目资金管理暂行办法〉有关政策调整的通知》（财建〔2010〕1339 号）、《关于进一步加强全省水利基本建设财务工作、保障资金安全、提高资金使用效益的意见》（皖水财函〔2013〕565 号）等文件规定，检查资金管理是否规范合规。

（4）根据《关于中小河流治理国家规划小型病险水库除险加固和农村饮

水安全三类项目结余资金使用管理的意见》（皖水基函〔2013〕1087号）有关规定，检查结余资金使用是否规范。

（5）项目管理经费：规模水厂按初步设计批复概算中"独立费用"中对应的子项执行；规模以下水厂及工程可依据《关于改进中央补助地方小型水利项目投资管理方式的通知》（发改农经〔2009〕1981号），在省级及地方建设投资中提取不超过工程总投资2%的项目管理经费，用于审查论证、技术推广、人员培训、检查评估、竣工验收等前期工作和管理支出。

（6）在农村饮水安全工程价款结算时，要按有关规定执行，并按结算金额的5%预留工程质量保证金，待工程竣工验收完成且交付使用一年后再结清。

（7）省水利厅《关于农村饮水安全工程建设管理有关问题的通报》（皖水农函〔2013〕719号）规定：按当前物价水平，入户管网材料费不应超过300元/户。

（三）工程建设管理

1. 基本要求

（1）项目法人组建

① 千吨万人规模以上水厂，组建项目建设管理单位，负责工程建设和建后运行管理，执行项目法人负责制、招标投标制、建设监理制和合同管理制；其他规模较小的工程，可在制定完善管理办法、确保工程质量的前提下，采用村民自建、自管的方式组织工程建设，推行用水户全过程参与机制，或以县、乡镇为单位集中组建项目建设管理单位，负责全县或乡镇规模以下农村饮水安全工程建设管理。鼓励推行农村饮水安全工程"代建制"，通过招标等方式选择专业化的项目管理单位负责工程建设实施。

② 上述规定是按照国家发展改革委、水利部、卫生计生委、环境保护部、财政部《农村饮水安全工程建设管理办法》（发改农经〔2013〕2673号）第十七条的规定，该规定与水利部有关通知精神不一致。在项目法人组建问题上，我省基本上是按水利部《关于加强中小型公益性水利工程建设项目法人管理的指导意见的通知》（水建管〔2011〕627号）、省水利厅《关于进一步规范中小型水利工程建设项目法人工作的通知》（皖水基〔2012〕293号）等文件精神，以县为单位组建项目法人的。

（2）集中采购

对农村饮水安全工程建设需要的管材等材料设备，采用集中公开招标采购，严格对进场材料、设备进行质量抽检，管道铺设要严格达到施工规范的要求并进行水压试验等检验。

2. 检查方法或判别标准

（1）项目法人组建按水利部《关于加强中小型公益性水利工程建设项目法人管理的指导意见的通知》（水建管〔2011〕627号）、省水利厅《关于进一步规范中小型水利工程建设项目法人工作的通知》（皖水基〔2012〕293号）和《关于进一步加强农村饮水安全工程建设管理的通知》（皖水农函〔2013〕422号，第二条健全工程建设项目法人责任制）执行。

（2）县级水质检测能力建设主要仪器设备技术参数是否按《安徽省农村饮水安全工程县级水质检测能力建设主要仪器设备技术参数及配置指导意见》（皖水农函〔2015〕692号）执行。

（3）查阅初步设计或实施方案文本、设计批复等有关文件、管材管件质检材料、项目法人资格证明材料、招标投标文件资料、招投标合同、采购合同等文件资料。

（4）结合现场勘查，确定工程是否开工、建设管理是否规范，了解核实有关建设内容和建设投资变更原因。

（5）设计变更是否按省水利厅《关于印发〈安徽省水利工程设计变更管理意见〉的通知》（皖水基〔2011〕332号）规定执行，分析其是否合理。

（四）工程完成情况

1. 基本要求

项目建设完成后，建设单位应按照有关规定及时编制竣工财务决算，并由地方发改委、水利部门与卫生计生等部门协商，及时共同组织竣工验收。要求农村集中工程供水到户，农村学校工程供水入校（院墙）。

2. 检查方法或判别标准

主要查阅竣工财务决算或审计报告、项目竣工验收材料、项目合同，财务支付凭证等材料，并结合现场勘查时对工程质量、实物工程量或工程形象进度的判断来确定完成工程任务、完成投资、解决人口数。

（1）工程质量

按照《村镇供水工程施工质量验收规范》（SL 688—2013）、《水利部办公厅关于加强农村饮水安全工程质量管理工作的通知》（办农水〔2015〕149号）和有关规定执行。

（2）工程验收

按省水利厅《关于印发〈安徽省农村饮水安全工程验收办法〉的通知》（皖水农函〔2014〕683号）和《关于抓紧做好农村饮水安全工程验收工作的

通知》（皖水农函〔2015〕598号）执行。

（3）工程任务

根据批复的初步设计或实施方案、设计变更文件、项目合同要求来确定，已通过竣工财务决算或审计或验收的工程视为工程完成；未进行竣工决算或验收的，如果主体工程完工并试通水运行，则视为工程完成。

（4）完成投资

一般情况下，工程投资完成与实物工程量或工程形象进度基本一致，则已完工工程视为完成投资。未完工项目或规模较大的跨年度工程，应根据初步设计或合同约定的内容，结合现场勘查时对实物工程量或工程形象进度的判断，按完成实物工程量来确定完成投资额。如管材等设备已支付资金采购到位但未安装，则视为完成该部分投资。

（5）解决人口

已通过竣工财务决算或审计或验收的工程，按计划下达或实际受益人口，确定解决的人口数。如果主体工程完工并试通水运行，则视为计划解决人口全部完成。部分完工并通水运行的，按实际受益人口数确定解决人口数。

在检查时，对以下两种情况应视为任务完成并纳入已解决人口：

① 规模较大的工程在初步设计中明确要求入户，但存在因常年在外务工、风俗习惯、群众意愿等特殊条件不能入户，其户外管网已铺设且具备通水条件的。

② 对规模较小工程在初步设计或实施方案中未明确要求入户，但其管网铺设至村或有集中供水点的。

（五）水质处理及水质检测

1. 基本要求

（1）水质净化和消毒设施

对日供水200立方米以上的工程要按规范要求，设计、安装水质净化和消毒设备，200立方米以下的集中式供水工程要按要求进行消毒。

（2）供水水质

集中式供水工程和分散式供水工程供水水质要符合国家《生活饮用水卫生标准》（GB 5749—2006）的要求。水质指标106项，其中常规指标42项。千吨万人以上规模水厂至少达到42项常规指标，千吨万人以下农村集中供水工程可以对《生活饮用水卫生标准》（GB 5749—2006）表4中的14项指标放宽限制。

（3）水质检测与监测

① 千吨万人规模以上集中式供水工程要求建立水质化验室。日常检测 9 项，包括余氯、浑浊度、色度、臭和味、肉眼可见物、pH 值、菌落总数、耐热大肠菌群、大肠埃希氏菌等。

② 县级水质检测中心，要具备 42 项以上常规指标检测能力，配备专门水质检测人员 3～6 人，负责对其他规模集中供水工程和小型分散工程巡回检测。有县级水质检测中心建设任务的县（市、区），2015 年底至少要完成建设目标，全省共建设 80 个县级水质检测中心。采取政府购买服务方式的县（市、区），要购买服务合同。

③ 卫生计生部门开展农村饮水水质卫生监测。每年分枯水期和丰水期两次选取部分日供水 200 立方米以上的工程，对出厂水和末梢水的 42 项指标进行检测。

2. 判别标准和检查方法

（1）依据《生活饮用水卫生标准》（GB 5749—2006）、《农村饮水安全工程水质检测中心建设导则》（发改农经〔2013〕2259 号）、《关于进一步强化农村饮水工程水质净化消毒和检测工作的通知》（水农〔2015〕116 号）等标准文件规定。

（2）通过查阅项目初步设计或实施方案、现场勘查、查阅主要消毒滤料采购清单、药剂添加记录、水厂运行日志等，确定是否配备水质净化设施和消毒设施。

（3）水质检测中心建设，查阅项目实施方案批复文件、施工合同、监理日志、采购合同及现场勘查，确定是否按要求配备检测仪器及设备。

（4）对 2011—2014 年已建成通水运行的水厂，通过现场查看水处理设施设备、查阅千吨万人水厂水质自检记录、其他规模工程送检或巡检报告等，根据规范要求的水质检测指标和频次要求，确定是否具备水质检测条件和按要求开展水质检测。

（5）对 2015 年的项目，应查阅设计文件要求，通过现场查看，根据水源水质情况和净水工艺、消毒设施配备情况，在试通水前，如果对主要水质指标进行检测合格后通水了，则视为展开水质检测。

（6）对卫生监测水质是否达标的判定，根据县级疾病预防控制中心（水质监测中心）水质监测报告来确定。

（六）运行管理

1. 基本要求

工程是否落实管护主体，验收后是否进行资产移交，各项管理制度是否健全，能否保证供水安全等。

2. 判别标准和检查方法

（1）按《安徽省农村饮水安全工程管理办法》（省人民政府令第 238 号）、《水利部进一步加强农村饮水安全工程运行管护工作的指导意见》（水农〔2015〕306 号）、《转发关于进一步加强农村饮水安全工作的通知》（皖水农函〔2015〕1000 号）、《村镇供水工程运行管理规程》（SL 689—2013）、《关于完善农村自来水价格管理的指导意见》（皖价商〔2015〕127 号）等要求。

（2）现场查阅水厂试运行记录、管道试压及消毒记录、构筑物满水试验记录、水源井抽水试验记录、水质检测报告、运行管护记录、用户资料、开户及水费收缴票据、工程和设备技术资料、各项管理制度、人员培训资料、资产移交资料、化验室水质日常检测记录等有关档案材料，检查净水构筑物和设备运行情况、消毒设备使用情况、水厂现场管理状况等。

备注：关于水费减免问题

根据《关于进一步加强农村饮水安全工作的通知》（水农〔2015〕252 号）第五条《建立健全工程良性运行机制》规定："五保户"等特殊困难群体，由当地政府对其水费给予适当补助。

作者认为：原则上水费不能减免，不利于水厂日常运营和水资源的节约等；如当地政府有明确规定水费减免政策，"五保户"等特殊困难群体可按一定比例减少水费（如减半收缴），但水费一般情况下不应免收。

（七）农村饮水工程主要指标定义

（1）集中供水率：指农村集中式供水工程供水人口占农村供水人口的比例。农村集中式供水工程受益人口是指统一水源、通过管网供水到户或供水到集中供水点的人口，供水人口通常大于等于 20 人。

（2）自来水普及率：指自来水供水人口占农村供水人口的比例。自来水是指受益人口大于等于 20 人的集中式供水工程通过管网供水到户的供水方式。

（3）水质达标率：指卫生部门通过对全县农村供水工程抽样监测提出的农村饮用水水质合格率（按人口统计）。

（4）供水保证率：包括水源保障程度和工程供水保证率，即通过工程措施调节后的工程综合供水保证率。设计供水规模在 $20m^3/d$ 以上的集中式供水工程不低于 95%，其他小型供水工程或严重缺水地区不低于 90%。

（5）净水工艺配套率：指集中式供水工程按规范要求和实际情况配套净水工艺设施设备的水厂比例。

（6）化验室配套率：指千吨万人以上集中式供水工程建立水质化验室的比例（具备日检9项以上水质指标的检测能力）。

（7）水源保护划定率：指1000人以上的集中式饮用水水源保护区（保护范围）的划定比例。

六、工程建设管理工作的几点思考

1. 工程建设中如何履行好项目法人的职责
2. 工程建设程序问题
3. 工程建设过程中设计变更问题
4. 工程质量要把控的几个节点问题
5. 工程建设任务完成的标准
6. 工程审计过程中应注意的问题
7. 工程竣工验收问题
8. 工程运行管护主体问题
9. 工程款支付问题
10. 工程质量保证金和结余资金问题

运 管 篇

安徽省村镇供水工程运行管理概论

（2014 年 12 月）

"十一五"期间，我省农村饮水安全工程共解决农村饮水不安全人口约1223 万人、农村学校饮水不安全师生 23 万人；"十二五"期间，我省再解决农村饮水不安全人口约 2151 万人、农村学校饮水不安全师生约 171 万人；另有约 780 万农村居民饮水安全问题通过地方政府投资以及招商引资的方式予以解决。预计至"十二五"末，通过实施农村饮水安全工程以及地方政府自筹共可解决 4150 万农村居民饮水安全问题，全省农村集中供水覆盖率达到77% 左右。农村饮水安全工程属村镇供水工程范畴，目前的有关规范均以村镇供水工程的名义颁发，为行文方便，本文主要按村镇供水工程概念给予阐述。加强管理，理顺村镇供水工程的运行管理体制，进一步确立水行政主管部门的主导地位，强化用水户参与管理和监督的力度，明晰产权归属，落实管理主体、建管并重，做到工程"有人建、有人用、有人管、有人监督"。对集中供水工程运行要全过程管理，确保供水安全。该文依据村镇供水工程运行管理相关规范和规定，结合我省农村饮水工程管理现状及其发展趋势，总体上阐述村镇供水工程运行管理的基本要求，同时对农村供水工程运行维护管理问题提出建议。

一、村镇供水工程管理的法规政策依据

（一）行业管理依据

《安徽省农村饮水安全工程管理办法》（安徽省人民政府令第 238 号）如下。

安徽省农村饮水安全工程管理办法

第一章 总 则

第一条 为了加强农村饮水安全工程管理，保障农村饮水安全，改善农村居民的生活和生产条件，推进社会主义新农村建设，根据《中华人民共和国水法》等有关法律、法规，结合本省实际，制定本办法。

第二条 本办法所称农村饮水安全工程，是指列入国家和省农村饮水安全规划，以解决农村居民和农村中小学师生饮水安全为主要目标的供水工程，包括集中供水工程和分散供水工程。

农村饮水安全工程包括取水设施、水厂、泵站、公共输配水管网以及相关附属设施。

第三条 农村饮水安全工程是公益性基础设施，其建设和管理应当遵循因地制宜、统筹城乡、分类指导、多措并举的原则。

鼓励单位和个人参与投资建设、经营农村饮水安全工程。

鼓励有条件的地区向农村延伸城镇公共供水管网，发展城乡一体化供水。

第四条 县级以上人民政府应当将农村饮水安全保障事业纳入国民经济和社会发展规划，统一编制专项规划，健全管理体制，落实扶持措施，实行规范运行，保障饮水安全。

第五条 县级人民政府是农村饮水安全的责任主体，对农村饮水安全保障工作负总责。

县级以上人民政府水行政主管部门是本行政区域内农村饮水安全工程的行业主管部门，负责农村饮水安全工程的行业管理和业务指导。

县级以上人民政府发展改革、财政、卫生、环境保护、价格、住房城乡建设、国土资源等行政主管部门应当按照各自职责，负责农村饮水安全的相关工作。

乡（镇）人民政府应当配合县级人民政府水行政主管部门做好农村饮水安全的相关工作。

第六条 任何单位和个人都有保护农村饮用水水源、农村饮水安全工程设施的义务，有权制止、举报污染农村饮用水水源、损毁农村饮水安全工程设施的违法行为。

第七条 在农村饮水安全工程建设和运行管理等方面做出显著成绩的单位和个人，由县级以上人民政府或者有关部门予以表彰。

第二章 规划与建设

第八条 县级以上人民政府水行政主管部门应当会同发展改革、卫生等行政主管部门编制农村饮水安全工程规划，报本级人民政府批准后组织实施。

编制农村饮水安全工程规划，应当统筹城乡经济社会发展，优先建设规模化集中供水工程，提高供水工程规模效益。

经批准的农村饮水安全工程规划需要修改的，应当按照本条第一款规定的程序报经批准。

第九条 以国家投资为主的农村饮水安全工程，建设单位由县级人民政府确定。

日供水 1000 立方米以上或者供水人口 1 万人以上的农村饮水安全工程，按照基本建设程序进行建设和管理，其他工程参照基本建设程序进行建设和管理。

农村饮水安全工程入户部分，由农村居民自行筹资，建设单位或者供水单位统一组织施工建设。

第十条 农村饮水安全工程开工前，建设单位应当在主体工程所在地公示工程规模、国家投资计划或者财政补助份额、受益农村居民承担费用、工程建设概况、建设工期等内容。

第十一条 农村饮水安全工程的勘察、设计、施工和监理，应当符合国家有关技术标准和规范；工程使用的原材料和设施设备等，应当符合国家产品质量标准。

农村饮水安全工程的勘察、设计、施工和监理，应当由具备相应资质的单位承担。

第十二条 农村饮水安全工程竣工后，应当按照国家和省有关规定进行验收。未经验收或者经验收不合格的，不得投入使用。

国家投资的农村饮水安全工程验收合格后，县级人民政府应当组织有关部门及时进行清产核资，明晰工程所有权、管理权与经营权，并办理资产交接手续。

第十三条 农村饮水安全工程按照下列规定确定所有权：

（一）国家投资建设的集中供水工程，其所有权归国家所有；

（二）国家、集体、个人共同投资建设的集中供水工程，其所有权由国家、集体、个人按出资比例共同所有；

（三）国家补助、社会资助、农村居民建设的分散供水工程，其所有权归农村居民所有。

前款第一项规定的农村饮水安全工程，可以依法通过承包、租赁等形式转让工程经营权，转让经营权所得收益实行收支两条线管理，专项用于农村饮水安全工程的建设和运行管理。

第三章　供水与用水

第十四条　农村饮水安全工程可以按照所有权和经营权分离的原则，由所有权人确定经营模式和经营者（以下称供水单位）。所有权人与供水单位应当依法签订合同，明确双方的权利和义务。

国家投资的农村饮水安全工程，由县级人民政府委托水行政主管部门或者乡（镇）人民政府行使国家所有权。

鼓励组建区域性、专业化供水单位，对农村饮水安全工程实行统一经营管理。

第十五条　供水单位应当具备下列条件：

（一）符合规范的制水工艺；

（二）依法取得取水许可证和卫生许可证；

（二）供水水质符合国家生活饮用水卫生标准；

（四）直接从事供水管水的从业人员须经专业培训、健康检查，持证上岗；

（五）建立水源水、出厂水、管网末梢水水质定期检测制度，并向市、县人民政府卫生行政主管部门和水行政主管部门报告检测结果；

（六）法律、法规和规章规定的其他条件。

日供水 1000 立方米以上或者供水人口 1 万人以上的集中供水工程，供水单位应当设立水质检验室，配备仪器设备和专业检验人员，负责供水水质的日常检验工作。

供水单位不符合本条第一款、第二款规定条件的，县级人民政府水行政主管部门应当督促并指导供水单位限期整改，有关部门应当给予技术指导。供水单位在整改期间应当采取应急供水措施。

第十六条　供水单位应当按照工程设计的水压标准，保持不间断供水或者按照供水合同分时段供水。因工程施工、设备维修等确需暂停供水的，应当提前 24 小时告知用水单位和个人，并向所在地县级人民政府水行政主管部门备案。

供水设施维修时，有关单位和个人应当给予支持和配合。暂停供水时间超过 24 小时的，供水单位应当采取应急供水措施。

第十七条　供水单位应当加强对农村饮水安全工程供水设施的管理和保护，定期进行检测、养护和维修，保障供水设施安全运行。

第十八条　供水单位应当建立规范的供水档案管理制度。水源变化记录、水质监测记录、设备检修记录、生产运行报表和运行日志等资料应当真实完整，并有专人管理。

第十九条　供水单位应当建立健全财务制度，加强财务管理，接受有关部门对供水水费收入、使用情况的监督检查。

供水单位应当在营业场所公告国家和省有关农村饮水安全工程建设和运行管理的政策措施，并定期公布水价、水量、水质、水费收支情况。

第二十条　鼓励供水单位使用自动化控制系统、信息管理系统和节水的技术、产品和设备，降低工程运行成本，提高供水的安全保障程度。

第二十一条　农村饮水安全工程供水价格，按照补偿成本、保本微利、节约用水、公平负担的原则，由市、县人民政府确定。

第二十二条　供水单位应当与用水单位和个人签订供水用水合同，明确双方的权利和义务。

供水单位应当在供水管道入户处安装质量合格的计量设施，并按照规定的时间抄表收费。

用水单位和个人应当保证入户计量设施的正常使用，并按时交纳水费。

第二十三条　用水单位和个人需要安装、改造用水设施的，应当征得供水单位同意。

任何单位和个人不得擅自在农村饮水安全工程输配水管网上接水，不得擅自向其他单位和个人转供用水。

第四章　安全管理

第二十四条　县级以上人民政府应当划定本行政区域内农村饮水安全工程水源保护区。水源保护区由县级人民政府环境保护行政主管部门会同水、国土资源、卫生等行政主管部门提出划定方案，报本级人民政府批准后公布；跨县级行政区域的水源保护区，应当由有关人民政府共同商定，并报其共同的上一级人民政府批准后公布。

县级人民政府环境保护行政主管部门应当在水源保护区的边界设立明确

的地理界标和明显的警示标志。

第二十五条　任何单位和个人不得在农村饮水安全工程水源保护区从事下列活动：

（一）以地表水为水源的，在取水点周围 500 米水域内，从事捕捞、养殖、停靠船只等可能污染水源的活动；在取水点上游 500 米至下游 200 米水域及其两侧纵深各 200 米的陆域，排入工业废水和生活污水或者在沿岸倾倒废渣、生活垃圾。

（二）以地下水为水源的，在水源点周围 50 米范围内设置渗水厕所、渗水坑、粪坑、垃圾场（站）等污染源。

（三）以泉水为供水水源的，在保护区范围内开矿、采石、取土。

（四）其他可能破坏水源或者影响水源水质的活动。

第二十六条　县级人民政府水行政主管部门应当划定农村饮水安全工程设施保护范围，经本级人民政府批准后予以公布。供水单位应当在保护范围内设置警示标志。

第二十七条　在农村饮水安全工程设施保护范围内，禁止从事下列危害工程设施安全的行为：

（一）挖坑、取土、挖砂、爆破、打桩、顶进作业；

（二）排放有毒有害物质；

（三）修建建筑物、构筑物；

（四）堆放垃圾、废弃物、污染物等；

（五）从事危害供水设施安全的其他活动。

在农村饮水安全工程供水主管道两侧各 1.5 米范围内，禁止从事挖坑取土、堆填、碾压和修建永久性建筑物、构筑物等危害农村饮水安全工程的活动。

第二十八条　在农村饮水安全工程的沉淀池、蓄水池、泵站外围 30 米范围内，任何单位和个人不得修建畜禽饲养场、渗水厕所、渗水坑、污水沟道以及其他生活生产设施，不得堆放垃圾。

第二十九条　任何单位和个人不得擅自改装、迁移、拆除农村饮水安全工程供水设施，不得从事影响农村饮水安全工程供水设施运行安全的活动。确需改装、迁移、拆除农村饮水安全工程供水设施的，应当在施工前 15 日与供水单位协商一致，落实相应措施，涉及供水主体工程的，应当征得所在地县级人民政府水行政主管部门同意。造成供水设施损坏的，责任单位或者个人应当依法赔偿。

第三十条　县级以上人民政府环境保护、卫生和水行政主管部门应当按照职责分工，加强对农村饮水安全工程供水水源、供水水质的保护和监督管理，定期组织有关监测机构对水源地、出厂水质、管网末梢水质进行化验、检测，并公布结果。

前款规定的水质化验、检测所需费用由本级财政承担，不得向供水单位收取。

第三十一条　县级人民政府水行政主管部门应当会同有关部门制定农村饮水安全保障应急预案，报本级人民政府批准后实施。

供水单位应当制定供水安全运行应急预案，报县级人民政府水行政主管部门备案。

因环境污染或者其他突发事件造成供水水源水质污染的，供水单位应当立即停止供水，启动供水安全运行应急预案，并及时向所在地县级人民政府环境保护、卫生和水行政主管部门报告。

第五章　扶持措施

第三十二条　市、县级人民政府负责落实农村饮水安全工程运行维护专项经费。

运行维护专项经费主要来源：市、县级财政预算安排资金，通过承包、租赁等方式转让工程经营权的所得收益等。

第三十三条　市、县级人民政府应当将农村饮水安全工程建设用地作为公益性项目纳入当地年度建设用地计划，优先安排，保障土地供应。

农村饮水安全工程建设项目，可以依法使用集体建设用地。涉及农用地的，应当依法办理农用地转用审批手续。

第三十四条　企业投资农村饮水安全工程的经营所得，依法免征、减征企业所得税。

农村饮水安全工程建设、运行的其他税收优惠，按照国家和省有关规定执行。

第三十五条　农村饮水安全工程运行用电执行农业生产用电价格。

第六章　法律责任

第三十六条　违反本办法规定，供水单位擅自停止供水或者未履行停水通知义务，以及未按照规定检修供水设施或者供水设施发生故障后未及时组织抢修的，由县级以上人民政府水行政主管部门责令改正，可以处2000元以上 5000 元以下的罚款；发生水质污染未立即停止供水、及时报告的，责令改正，可以处 5000 元以上 1 万元以下的罚款。

违反本办法规定，供水单位的供水水质不符合国家规定的生活饮用水卫生标准的，由县级以上人民政府卫生行政主管部门责令改正，并依据有关法律、法规和规章的规定予以处罚。

第三十七条　违反本办法规定，有下列行为之一的，由县级以上人民政府水行政主管部门责令停止违法行为，限期改正，可以处 2000 元以上 1 万元以下的罚款：

（一）擅自改装、迁移、拆除农村饮水安全工程供水设施的；

（二）擅自在农村饮水安全工程输配水管网上接水或者擅自向其他单位和个人转供用水的。

第三十八条　违反本办法第二十五条第一项至第三项规定的，由县级以上人民政府水行政主管部门责令停止违法行为，限期改正，可以处 5000 元以上 2 万元以下的罚款。

第三十九条　违反本办法第二十七条第一款第一项至第四项、第二款规定的，由县级以上人民政府水行政主管部门责令停止违法行为，限期改正，可以处 1000 元以上 5000 元以下的罚款；造成农村饮水安全工程设施损坏的，依法承担赔偿责任。

第四十条　违反本办法规定，在农村饮水安全工程的沉淀池、蓄水池、泵站外围 30 米范围内修建畜禽饲养场、渗水厕所、渗水坑、污水沟道以及其他生活生产设施，或者堆放垃圾的，由县级以上人民政府水行政主管部门责令停止违法行为，限期改正，可以处 5000 元以上 2 万元以下的罚款。

第四十一条　违反本办法有关农村饮水安全工程建设管理规定的，由有关主管部门责令限期改正，并按照有关法律、法规和规章的规定予以处罚。

第四十二条　各级人民政府及有关部门的工作人员在农村饮水安全工程建设和管理工作中，有滥用职权、徇私舞弊、玩忽职守情形的，依法给予行政处分；构成犯罪的，依法追究刑事责任。

第七章　附　则

第四十三条　本办法下列用语的含义：

（一）集中供水工程，是指以乡（镇）或者村为单位，从水源地集中取水，经净化和消毒，水质达到国家生活饮用水卫生标准后，利用输配水管网统一输送到用户或者集中供水点的供水工程。

（二）分散供水工程，是指以户为单位或者联户建设的供水工程。

第四十四条　本办法自 2012 年 5 月 1 日起施行。

发改委、水利部、卫生委、环境部、财政部《农村饮水安全工程建设管理办法》（发改农经〔2013〕2673 号）

备注：该办法既是对过去农村饮水工程建设管理工作的经验总结，也是今后农村饮水工程建设管理工作的总纲。

2.《农村饮水安全工程建管理办》（发改农经〔2013〕2673 号）

农村饮水安全工程建设管理办法

第一章　总　则

第一条　（使用范围）为加强农村饮水安全工程建设管理，保障农村饮水安全，改善农村居民生活和生产条件，根据《中央预算内投资补助和贴息项目管理办法》（国家发展改革委第 3 号令）等有关规定，制定本办法。

本小法适用于纳入全国农村饮水安全工程规划、使用中央预算内投资的农村饮水安全工程项目。

第二条　（规划区域）纳入全国农村饮水安全工程规划解决农村饮水安全问题的范围为有关省（自治区、直辖市）县（不含县城城区）以下的乡镇、村庄、学校，以及国有农（林）场、新疆生产建设兵团团场和连队饮水不安全人口。因开矿、建厂、企业生产及其他人为原因造成水源变化、水量不足、水质污染引起的农村饮水安全问题，按照"污染者付费、破坏者恢复"的原则由有关责任单位和责任人负责解决。

第三条　（责任划分）农村饮水安全保障实行行政首长负责制，地方政府对农村饮水安全负总责，中央给予指导和资金支持。

"十二五"期间，要按照国务院批准的《全国农村饮水安全工程"十二五"规划》和国家发展改革委、水利部、卫生计生委、环境保护部与各有关省（自治区、直辖市）人民政府、新疆兵团签订的农村饮水安全工程建设管理责任书要求，全面落实各项建设管理任务和责任，认真组织实施，确保如期实现规划目标。

第四条　（发展方向）农村饮水安全工程建设应当按照统筹城乡发展的要求，优化水资源配置，合理布局，优先采取城镇供水管网延伸或建设跨村、跨乡镇联片集中供水工程等方式，大力发展规模集中供水，实现供水到户，确保工程质量和效益。

第五条　（部门职责）各有关部门要在政府的统一领导下，各负其责，密切配合，共同做好农村饮水安全工作。发展改革部门负责农村饮水安全工程项目审批、投资计划审核下达等工作，监督检查投资计划执行和项目实施情况。财政部门负责审核下达预算、拨付资金、监督管理资金、审批项目竣工财务决算等工作，落实财政扶持政策。水利部门负责农村饮水安全工程项目前期工作文件编制审查等工作，组织指导项目的实施及运行管理，指导饮用水水源保护。卫生计生部门负责提出地氟病、血吸虫疫区及其他涉水重病区等需要解决饮水安全问题的范围，有针对性地开展卫生学评价和项目建成后的水质监测等工作，加强卫生监督。环境保护部门负责指导农村饮用水水源地环境状况调查评估和环境监管工作，督促地方把农村饮用水水源地污染防治作为重点流域水污染防治、地下水污染防治、江河湖泊生态环境保护项目以及农村环境综合整治"以奖促治"政策实施的重点优先安排，统筹解决污染型水源地水质改善问题。

第六条　（资质要求）农村饮水安全工程建设标准和工程设计、施工、建设管理，应当执行国家和省级有关技术标准、规范和规定。工程使用的管材和设施设备应当符合国家有关产品质量标准及有关技术规范的要求。

第二章　项目前期工作程序和投资计划管理

第七条　（审批权限）农村饮水安全项目区别不同情况由地方发展改革部门审批或核准。对实行审批制的项目，项目审批部门可根据经批准的农村饮水安全工程规划和工程实际情况，合并或减少某些审批环节。对企业不使用政府投资建设的项目，按规定实行核准制。

各地的项目审批（核准）程序和权限划分，由省级发展改革委商同级水利等部门按照国务院关于推进投资体制改革、转变政府职能、减少和下放投资审批事项、提高行政效能的有关原则和要求确定。项目建设涉及占地和需要开展环境影响评价等工作的，按规定办理。

第八条　（设计内容）各地要严格按照现行相关技术规范和标准，认真做好农村饮水安全工程勘察设计工作，加强水利、卫生计生、环境保护、发展改革等部门间协商配合，着力提高设计质量。工程设计方案应当包括水源工程选择与防护、水源水量水质论证、供水工程建设、水质净化、消毒以及水质检测设施建设等内容。其中，日供水 1000 立方米或供水人口 1 万人以上的工程（以下简称"千吨万人"工程），应当建立水质检验室，配置相应的水质检测设备和人员，落实运行经费。

农村饮水安全工程规划设计文件应由具有相应资质的单位编制。

第九条 （卫生学评价）农村饮水安全工程应当按规定开展卫生学评价工作。

第十条 （项目申报）根据规划确定的建设任务、各项目前期工作情况和年度申报要求，各省级发展改革、水利部门向国家发展改革委和水利部报送农村饮水安全项目年度中央补助投资建议计划。

第十一条 （资金属性）国家发展改革委会同水利部对各省（自治区、直辖市）和新疆兵团提出的建议计划进行审核和综合平衡后，分省（自治区、直辖市）下达中央补助地方农村饮水安全工程项目年度投资规模计划，明确投资目标、建设任务、补助标准和工作要求等。

中央补助地方农村饮水安全工程项目投资为定额补助性质，由地方按规定包干使用、超支不补。

第十二条 （投资标准）中央投资规模计划下达后，各省级发展改革部门要按要求及时会同省级水利部门将计划分解安排到具体项目，并将计划下达文件抄送国家发展改革委、水利部备核。分解下达的投资计划应明确项目建设内容、建设期限、建设地点、总投资、年度投资、资金来源及工作要求等事项，明确各级地方政府出资及其他资金来源责任，并确保纳入计划的项目已按规定履行完成各项建设管理程序。项目分解安排涉及财政、卫生计生、环境保护等部门工作的，应及时征求意见和加强沟通协商。

在中央下达建设总任务和补助投资总规模内，各具体项目的中央投资补助标准由各地根据实际情况确定。

第三章　资金筹措与管理

第十三条 （资金来源）农村饮水安全工程投资，由中央、地方和受益群众共同负担。中央对东、中、西部地区实行差别化的投资补助政策，加大对中西部等欠发达地区的扶持力度。地方投资落实由省级负总责。入户工程部分，可在确定农民出资上限和村民自愿、量力而行的前提下，引导和组织受益群众采取"一事一议"筹资筹劳等方式进行建设。

鼓励单位和个人投资建设农村供水工程。

第十四条 （资金使用）中央安排的农村饮水安全工程投资要按照批准的项目建设内容、规模和范围使用。要建立健全资金使用管理的各项规章制度，严禁转移、侵占和挪用工程建设资金。

各地可在地方资金中适当安排部分经费，用于项目审查论证、技术推广、人员培训、检查评估、竣工验收等前期工作和管理支出。

第十五条 （工程后评价）解决规划外受益人口饮水安全问题、提高工程建设标准以及解决农村安全饮水以外其他问题所增加的工程投资由地方从其他资金渠道解决。对中央补助投资已解决农村饮水安全问题的受益区，如出现反复或新增的饮水安全问题，由地方自行解决。

第四章 项目实施

第十六条 （组织保障）农村饮水安全项目管理实行分级负责制。要通过层层落实责任制和签订责任书，把地方各级政府农村饮水安全保障工作的领导责任、部门责任、技术责任等落实到人，并加强问责，确保农村饮水安全工程建得成、管得好、用得起、长受益。

第十七条 （建管形式）农村饮水安全工程建设实行项目法人责任制。对"千吨万人"以上的集中供水工程，要按有关规定组建项目建设管理单位，负责工程建设和建后运行管理；其他规模较小工程，可在制定完善管理办法、确保工程质量的前提下，采用村民自建、自营的方式组织工程建设，或以县、乡镇为单位集中组建项目建设管理单位，负责全县或乡镇规模以下农村饮水安全工程建设管理。

鼓励推行农村饮水安全工程"代建制"，通过招标等方式选择专业化的项目管理单位负责工程建设实施，严格控制项目投资、质量和工期，竣工验收后移交给使用单位。

第十八条 （社会监督）加强项目民主管理，推行用水户全过程参与工作机制。农村饮水安全工程建设前，要进行广泛的社区宣传，就工程建设方案、资金筹集办法、工程建成后的管理体制、运行机制和水价等充分征求用水户代表的意见，并与受益农户签订工程建设与管理协议，协议应作为项目申报的必备条件和开展建设与运行管理的重要依据。工程建设中和建成后，要有受益农户推荐的代表参与监督和管理。

第十九条 （设计变更）农村饮水安全工程投资计划和项目执行过程中确需调整的，应按程序报批或报备。对重大设计变更，须报原设计审批单位审批；一般设计变更，由项目法人组织参建各方及有关专家审定，并将设计变更方案报县级项目主管部门备案。重大设计变更和一般设计变更的范围及标准由省级水利部门制定。

因设计变更等各种原因引起投资计划重大调整的，须报该工程原审批部门审核批准。

第二十条 （工程质量）各地要根据农村饮水安全项目特点，建立健全行之有效的工程质量管理制度，落实责任，加强监督，确保工程质量。

第二十一条 （宣传公示）国家安排的农村饮水安全项目要全部进行社会公示。省级公示可通过政府网站、报刊、广播、电视等方式进行，市（地）、县两级的公示方式和内容由省级发展改革和水利部门确定。乡、村级公示在施工现场和受益乡村进行，内容应包括项目批复文件名称、文号，工程措施、投资规模、资金来源、解决农村饮水安全问题户数、人数及完成时间、水价核算、建后管理措施等。

第二十二条 （竣工验收）项目建设完成后，由地方发展改革、水利部门商卫生计生等部门及时共同组织竣工验收。省级验收总结报送水利部。验收结果将作为下年度项目和投资安排的重要依据之一。对未按要求进行验收或验收不合格的项目，要限期整改。

第五章 建后管理

第二十三条 （运行管理）农村饮水安全工程项目建成，经验收合格后要及时办理交接手续，明晰工程产权，明确工程管护主体和运行管理方式，完善管理制度，落实管护责任和经费，确保长期发挥效益。以政府投资为主兴建的规模较大的集中供水工程，由按规定组建的项目法人负责管理；以政府投资为主兴建的规模较小的供水工程，可由工程受益范围内的农民用水户协会负责管理；单户或联户供水工程，实行村民自建、自管。由政府授予特许经营权、采取股份制形式或企业、私人投资修建的供水工程形成的资产归投资者所有，由按规定组建的项目法人负责管理。

在不改变工程基本用途的前提下，农村饮水安全工程可实行所有权和经营权分离，通过承包、租赁等形式委托有资质的专业管理单位负责管理和维护。对采用工程经营权招标、承包、租赁的，政府投资部分的收益应继续专项用于农村饮水工程建设和管理。

第二十四条 （水价政策）农村饮水安全工程水价，按照"补偿成本、公平负担"的原则合理确定，根据供水成本、费用等变化，并充分考虑用水户承受能力等因素适时合理调整。有条件的地方，可逐步推行阶梯水价、两部制水价、用水定额管理与超定额加价制度。对二、三产业的供水水价，应按照"补偿成本、合理盈利"的原则确定。

水费收入低于工程运行成本的地区，要通过财政补贴、水费提留等方式，加快建立县级农村饮水安全工程维修养护基金，专户存储，统一用于县域内工程日常维护和更新改造。

第二十五条 （行业监管）各地原则上应以县为单位，建立农村饮水安全工程管理服务机构，建立健全供水技术服务体系和水质检测制度，加强水质检测和工程监管，提供技术和维修服务，保障工程供水水量和水质达标。要全面落实工程用电、用地、税收等优惠政策，切实加强工程运行管理，降低工程运行成本。加强农村饮水安全工程从业人员业务培训，提高工程运行管理水平，保障工程良性运行。

第二十六条 （水源水质）各级水利、环境保护等部门要按职责做好农村饮水安全工程水源保护和监管工作，针对集中式和分散式饮用水水源地的不同特点，依法划定水源保护区或水源保护范围，设置保护标志，明确保护措施，加强污染防治，稳步改善水源地水质状况。

农村饮水安全工程管理单位负责水源地的日常保护管理，要实现工程建设和水源保护"两同时"，做到"建一处工程，保护一处水源"；加强宣传教育，积极引导和鼓励公众参与水源保护工作；确保水源地管理和保护落实到人，责任落头到位。

第二十七条 （部门协调）各级水利、卫生计生、环境保护、发展改革等部门要加强信息沟通，及时向其他部门通报各自掌握的农村饮水安全工程建设和项目建成后的供水运行管理情况。

第六章 监督检查

第二十八条 （监察内容）各省级发展改革、水利部门要会同有关部门全面加强对本省农村饮水安全工程项目的监督和检查。检查内容包括组织领导、相关管理制度和办法制定、项目进度、工程质量、投资管理使用、合同执行、竣工验收和工程效益发挥情况等。

中央有关部门对各地农村饮水安全工程实施情况进行指导和监督检查，视情况组织开展专项评估、随机抽查、重点稽察、飞行检查等工作，建立健全通报通告、年度考核和奖惩制度，引导各地合理申报和安排项目，强化管理，不断提高政府投资效率和效益。

第七章 附 则

第二十九条 本办法由国家发展改革委商水利部、卫生计生委、环境保护部、财政部负责解释。各地可根据本办法，结合当地实际，制定实施细则。

第三十条 本办法自发布之日起施行，原《农村饮水安全项目建设管理办法》（发改投资〔2007〕1752 号）同时废止。

（二）有关经营优惠政策及文件

1. 《关于印发农村自来水价格管理规定的通知》（皖价商〔2011〕66 号）

2. 《关于明确农村饮水安全工程运行用电价格的通知》（皖价商〔2008〕211 号）

3. 《转发〈财政部 国家税务总局关于支持农村饮水安全工程建设运营税收政策〉的通知》（财税〔2012〕685 号）

4. 《关于转发"国土资源部、水利部关于农村饮水安全工程建设用地管理有关问题的通知"的通知》（皖国土资函〔2012〕584 号）

5. 其他政策文件

二、我省村镇供水工程管理形式

1. 从资产属性可分为国有资本、国有资本为主体、企业资本为主体、集体资本、私人资本为主体等。

2. 从管理组织形式可分为公司制管理、委托管理、集体管理、承包管理、个体管理等。

3. 从隶属关系可分为水利系统、乡镇、村、企业、协会、个人等。

三、村镇供水工程运行管理存在的问题及对策

（一）存在问题

目前我省农村集中供水工程运行管理过程中主要存在的问题是行业监管不到位，管理形式不适当，不能合法性经营，供水工程内部管理问题较突出，人员技能不高；部分净水设施工艺不合理，设备不配套，管理粗放，设备损坏率高，维修不及时，投加混凝剂、消毒剂不计量，甚至不加混凝剂、不消毒，也没有基本的水质检验，未按要求反冲洗，导致滤料板结过滤机能降低，出厂水浊度和微生物指标超标，供水水质没有安全保障；没有制定供水应急

预案，抗击自然灾害和应对突发事件的能力不强。

（二）思想观念

这些问题的成因是多方面的，个人认为运行管理观念尤为重要，不能就运行谈运行，应用系统论和控制论观点，解决运行管理中存在的问题。

用系统论观点，统筹谋划工程运行管理工作；用控制论观点，抓好工程运行管理在规划、设计、施工、运行等阶段具体措施的落实；牢固树立"系统决定效益，细节决定成本"的大工程运行管理观。

（三）解决对策

（1）思想认识；（2）规划体现；（3）设计完整；（4）施工质量；（5）建设配套；（6）维护措施；（7）基础管理；（8）技能培训；（9）合法经营；（10）行业监管。

四、村镇供水工程建设管理基本术语

（一）村镇供水工程设计术语

1. 村镇供水工程

向县（市）城区以下的镇（乡）、村、学校、农场、林场等居民区及分散住户供水的工程，以满足村镇居民、企事业单位的日常生活用水和生产用水需要为主，不包括农业灌溉用水。

2. 集中式供水工程

从水源集中取水输送至水厂，经水厂净化和消毒后，通过配水管输送到用户或集中供水点的供水工程。

3. 规模化供水工程

供水规模不小于 1000m³/d 或用水人口不小于 1 万人的村镇集中式供水工程。

4. 管网延伸供水工程

利用已有可靠水厂将其供水管网向周边居民区进一步延伸的供水工程。

5. 分质供水

受制水成本高等因素限制，将饮用水与其他杂用水分开供水的方式。

6. 分散式供水工程

以一户或几户为独立供水单元，由用水农户自管自用的小型供水工程。

7. 区域供水工程总体规划

根据区域水资源条件、地形条件、居民区分布、供水现状、用水户需求等，对一个或多个乡镇，或全县甚至跨县进行的供水工程总体布局。

8. 设计供水规模

供水工程最高输出的水量，不含水厂自用水量。

9. 水厂自用水

水厂内部生产工艺过程和其他用途所需用的水。

10. 日变化系数

最高日供水量与平均日供水量的比值。

11. 时变化系数

最高日最高时供水量与该日平均时供水量的比值。

12. 最小服务水头

配水管网在用户接管点处应维持的最小水头。

13. 取水构筑物

为集取原水而设置的各种构筑物的总称。

14. 截潜流

在有基流的沟溪内修建截渗墙和低坝，拦蓄地下潜流和雨水，利用渗渠、大口井等集取渗透水的构筑物。

15. 取水泵站

提升原水的泵站。

16. 供水泵站

水厂内提升清水的泵站。

17. 加压泵站

增加局部管网水压的泵站。

18. 调节构筑物

调节产水量、供水量与用水量不平衡的构筑物，包括清水池、高位水池和水塔等。

19. 水处理

对水源水质不符合用水水质要求的水，采用物理、化学、生物等方法改善水质的过程。

20. 常规水处理

主要去除原水中浊度和微生物的水处理工艺，通常包括混凝、沉淀、过滤和消毒等过程。

21. 一体化净水器

集絮凝、沉淀、过滤等净水单元为一体，主要去除原水中浊度的净水设备。

22. 特殊水处理

去除原水中常规水处理无法去除的超标化学指标的水处理工艺。

23. 预处理

在混凝、沉淀、过滤、消毒等工艺前所设置的处理工序。

24. 混凝剂

为使胶体失去稳定性和脱稳胶体相互聚集所投加的药剂。

25. 混合

使投入的药剂迅速均匀地扩散于被处理的水中,创造良好絮凝条件的过程。

26. 絮凝

完成凝聚的胶体在一定的外力扰动下相互碰撞、聚集,形成较大絮状颗粒的过程。

27. 沉淀

利用重力沉降作用去除水中杂物的过程。

28. 澄清

通过与高浓度泥渣层的接触去除水中杂物的过程。

29. 气浮

运用絮凝和浮选原理使杂质分离上浮被去除的过程。

30. 过滤

水流通过粒状材料或多孔介质去除水中杂物的过程。

31. 滤速

单位过滤面积在单位时间内的滤过水量,通常以 m/h 为单位。

32. 强制滤速

部分滤格因进行检修或翻砂而停运时,在总滤水量不变的情况下其他运行滤格的滤速。

33. 冲洗强度

单位时间内单位滤料面积的冲洗水量,通常以 $L/(m^2 \cdot s)$ 为单位。

34. 膨胀率

滤料层在反冲洗时的膨胀程度,以滤料层厚度的百分比表示。

35. 冲洗周期(过滤周期、滤池工作周期)

滤池冲洗完成开始运行到再次进行冲洗的整个间隔时间。

36. 吸附法除氟

采用吸附滤料吸附去除水中氟化物的过程。

37. 再生

使失效的吸附滤料恢复其吸附能力的过程。

38. 吸附容量

滤料吸附某种物质或离子的能力。

39. 空床接触时间

为达到净化效果，水与吸附滤料接触需要的时间，一般以 min 为单位。

40. 慢滤

滤速低于 0.3m/h、在滤料表层形成生物滤膜的过滤工艺。

41. 微污染水

受生活及工农业生产的污染影响，部分化学指标微量超标的水源水。

（二）村镇供水工程施工质量验收术语

1. 隐蔽工程

在施工过程中，上一工序结束，被后续工序或工程所覆盖、包裹或遮挡，以致无法进行复查的工程。

2. 单元工程

在分部工程中，由几个工序（或工种）施工完成的最小综合体，是日常质量考核的基本单位。

3. 分部工程

在一个建筑物内能组合发挥一种功能的建筑安装工程，是单位工程的组成部分，对单位工程安全、功能或效益起决定性作用的分部工程称为主要分部工程。

4. 单位工程

具有独立发挥作用或独立施工条件的构（建）筑物。

5. 见证取样检测

在监理单位或项目法人（建设单位）的监督下，由施工单位质量检测人员现场取样，并送至具有相应资质的质量检测单位所进行的检测。

6. 抽样检验

按规定的抽样方案，从进场的材料、构配件、设备或建筑工程等检验项目中，随机抽取一定数量的样本所进行的检验。

7. 外观检验

通过观察和必要的测量反映工程外在质量的检验。

8. 验收

在施工单位自行质量检查评定的基础上，参与建设活动的各有关单位共同对分部工程、单位工程的质量进行抽样复验，并根据相关标准，以书面形式对工程质量是否达到合格做出的确认。

9. 竣工验收

在工程全部施工完毕后，投入使用前，以书面形式对工程质量是否达到合格做出的确认。

（三）村镇供水工程运行管理术语

1. 渗渠

壁上开孔，集取浅层地下水或地表水体渗透水的水平管渠。

2. 泉室

集取泉水的构筑物。

3. 混凝

通过混合、絮凝，使水中胶体以及微小悬浮物聚集的过程。

4. 沉淀

利用重力沉降作用去除水中杂物的过程。

5. 澄清

通过与高浓度泥渣层的接触而去除水中杂物的过程。

6. 气浮

运用絮凝和浮选原理使水中杂质分离上浮而被去除的过程。

7. 过滤

水流通过粒状材料或多孔介质以去除水中杂物的过程。

8. 消毒

采取物理或化学的方法，杀灭或清除水中致病微生物的过程。

9. 预处理

在混凝、沉淀、过滤、消毒等工艺前所设置的处理工序。

10. 膨胀率

滤料层在反冲洗时的膨胀程度，以滤料层厚度的百分比表示。

11. 冲洗强度

在没有填装滤料的情况下，单位水量通过滤床所占空间需要的时间，一般以 $L/(m^2 \cdot s)$ 为单位。

12. 空床接触时间

在没有装填滤料的情况下，单位水量通过滤床所占空间需要的时间，一般以 min 为单位。

13. 冲洗周期

滤池冲洗完成后，从开始运行到再次冲洗的间隔时间。

14. 反渗透

在膜的原水一侧施加比溶液渗透压高的外界压力，原水透过膜时，只允许水透过，其他物质不能透过而被截留的过程。

15. 电渗析

在外加直流电场的作用下，利用阴离子交换膜和阳离子交换膜的选择透过性，使一部分离子透过离子交换膜而迁移到另一部分水中，从而使一部分水淡化而另一部分水浓缩的过程。

16. 再生

离子交换剂或滤料失效后，用再生剂使其恢复到原型态交换能力的工艺过程。

17. 混凝剂

为使胶体失去稳定性和脱稳胶体相互聚集所投加的药剂。

18. 脱盐率

在采用化学或离子交换法去除水中阴、阳离子过程中，去除的量占原有量的百分数。

19. 一体化净水装置

将絮凝、沉淀（澄清）、过滤等水处理工艺组合在一起的净水装置。

五、村镇供水工程运行管理规程

（一）基本规定

1. 村镇供水工程应明晰产权，确定工程管理主体和管理责任人，落实管护责任。

2. 供水单位应建立健全生产运行、水质检验、维护保养、卫生防护、计量收费、财务管理和安全生产等规章制度，并制定供水应急预案。

3. 村镇供水工程可分为集中式和分散式两大类，其中集中式供水工程按供水规模可分为表 1 中的五种类型。

4. 供水单位应根据有关要求取得取水许可证和卫生许可证。

5. 供水单位供应的生活饮用水，其水质、水量、水压等指标应分别符合《生活饮用水卫生标准》（GB 5749）、《村镇供水工程设计规范》（SL 687）等相关标准的规定。

6. 村镇供水工程的卫生管理应符合《农村饮水安全工程卫生学评价技术

细则》（全爱卫办发〔2008〕4 号）和《生活饮用水集中式供水单位卫生规范》（卫监发〔2001〕161 号）的规定。

表 1　村镇集中式供水工程按供水规模分类

工程类型	规模化供水工程			小型集中供水工程	
	Ⅰ 型	Ⅱ 型	Ⅲ 型	Ⅳ 型	Ⅴ 型
供水规模 W（m³/d）	W≥10000	10000>W ≥5000	5000>W ≥1000	1000>W ≥200	W<200

7. 供水单位应做好安全保卫工作，经常巡查安全、防盗等状况，并做好相关记录。

8. 直接从事制水、水质检验和管网维护的人员应具有健康合格证，并定期进行健康检查。凡患有传染疾病及其他有碍饮用水卫生的疾病或病原携带者，均不得直接从事供水生产和运行管理工作。

9. 供水单位的各类技术、操作人员应经过相关专业知识的岗前培训，持证上岗。

10. 供水单位应建立日常保养、定期维护和大修理三级维护检修制度。

11. 供水单位因施工、维修等原因需临时停止供水时，应预先通告用户；需较长时间停水时，应经主管部门批准后实施；发生水污染等事件时，供水单位应立即启动供水应急预案，并及时向主管部门报告，查明原因，妥善处理。

12. 村镇供水中与水直接接触的材料、药剂、设备、产品等，均应具有有效的生产许可证、卫生许可批件、产品合格证及化验报告；其储存和使用应符合相关标准和使用说明书的要求；在新进厂和久存后投入使用前应按有关标准规定进行抽检；未经检验或检验不合格的，不得投入使用。

13. 供水单位应接受主管部门的监管和社会监督，听取用水户的意见，不断总结管理经验，提高供水质量和管理水平。

14. 供水单位应积极配合主管部门对用水户进行饮用水卫生安全和节约用水的科普知识宣传。

（二）水源管理

1. 水源保护

（1）村镇供水工程应按照《饮用水水源保护区污染防治管理规定》

〔（89）环管字第201号〕等有关规定，参照《饮用水水源保护区划分技术规范》（HJ/T 338）等相关标准，结合当地实际情况，划定水源保护区或水源保护范围，明确安全防护要求；并宜参照《饮用水水源保护区标志技术要求》（HJ/T 433）的规定，设置饮用水水源保护标志。

（2）供水单位应根据划定的水源保护区或水源保护范围，定期巡查，及时妥善处理影响水源安全的问题。

（3）地表水饮用水源保护应符合下列规定：

① 取水点周围半径100m的水域内，严禁捕捞、放养畜禽、停靠船只、洗涤、游泳、旅游或其他可能污染水源的活动。

② 取水点上游1000m至下游100m的水域，禁止工业废水和生活污水排放、网箱养殖，并严格限制上游污染物的排放总量；沿岸50m的防护范围内，禁止有产生污染的活动。

③ 感潮河段水源地，保护区上游侧范围不得小于1000m，下游侧范围应视具体河段水流状况确定。

④ 以水库和湖泊为供水水源时，应根据水库、湖泊规模及供水功能，将取水点周围部分水域或整个水域及其沿岸划分为保护区范围。

⑤ 作为生活饮用水水源的输水渠道，应严防污染、破坏，减少水量损失；有条件的宜加盖密封，防止人为投毒或杂物进入。

（4）地下水饮用水源保护应符合下列规定：

① 地下水饮用水源保护区和井的影响半径范围，应根据饮用水水源地所处的地理位置、水文地质条件、开采方式、开采量和污染源分布等情况划定；单井保护半径应不小于井的影响半径，且不小于《饮用水水源保护区划分技术规范》（HJ/T 338）规定的上限值。

② 在保护范围内，不得设置生活居住区、畜禽饲养场和垃圾处理场，禁止使用工业废水、生活污水灌溉和施用难降解或剧毒农药，禁止修建渗水厕所和污废水渗水坑、堆放废渣或垃圾、粪便或铺设污水管（渠）道，不得从事农牧业活动或破坏深层土层的活动。

③ 雨季应及时疏导地表积水，防止积水入渗或漫流到水源井内。

④ 易受地表水影响的渗渠、大口井、辐射井等取水设施，其水源卫生防护应符合第3条的要求。

（5）任何单位和个人在水源保护区内进行生产、建设活动时，应征得供水单位的同意和有关主管部门的批准；如发现有违规行为，供水单位应及时向有关单位报告，采取处理措施。

2. 水源水质管理

（1）水源水质应符合《地表水环境质量标准》（GB 3838）或《地下水质量标准》（GB/T 14848）的规定；不满足要求时，供水单位应增加相应的净水处理工艺。

（2）水源水质采样点的选取，水质检验项目、频率和方法应符合有关规定。

3. 水源水量管理

（1）供水单位应巡查、记录水源水量的变化情况，发现水量不足时，应查明原因，及时向主管部门报告，并告知用水户。必要时，应采取适宜的应急供水措施。

（2）地表水源的水量管理应符合下列规定：

① 每日观察取水口附近的水位，汛期应适当增加观测次数。

② 每日记录总取水量，有条件时应每日定时记录取水流量。

③ 汛期应及时了解和掌握上游来水情况，包括水文、水质、含砂量变化情况和洪水来量。

④ 定期对观测数据进行整理、分析，发现异常情况应及时查清原因，妥善处理。

（3）地下水源的水量管理应符合下列要求：

① 每日记录水源井的取水量，定期观测水源井的静水位和动水位。通过观测分析，预测水源井出水量的变化趋势，提出防止水量衰竭的措施。

② 水源井实际取水量应小于该井的涌水量。

（三）取水管理

1. 地下水取水设施管理

（1）水源井的运行维护，应符合下列规定：

① 保持井内外良好的卫生环境，防止水质污染。

② 水源井停用时，应定期进行维护性抽水。

③ 每半年至少量测 1 次井深；井底、辐射管出现淤积时，应及时清淤。

④ 出水量减少或出水中含砂量增加时，应查明原因并及时维修。

⑤ 每次维修后，应对井水进行消毒。

（2）水源井出现下列状况之一时，应进行修复：

① 因滤水管、辐射管堵塞等，单井流量比上一次洗井后的流量减少了30%以上。

② 管井淤积达5m以上。

③ 井管、过滤器或辐射管损坏，井内大量涌砂。

（3）水源井的修复应符合《机井技术规范》（GB/T 50625）的规定。

（4）对不能保障安全供水需求且应报废的水源井，其报废条件、审批程序、报废处理方法和要求，应符合《机井技术规范》（GB/T 50625）的规定。

（5）渗渠的运行，应符合下列要求：

① 定期观测、记录渗渠检查井或观测孔的水位、出水量。

② 渗渠运行初期，每隔 5d 观测、记录渗渠检查井或观测孔的水位、河水水位和水泵的出水量，在降雨前后应适当增加观测次数。

（6）渗渠的维护，应符合下列要求：

① 渗渠集水管、检查井、集水井内淤积的泥砂，应及时清理。

② 汛期应防止渗渠冲刷或淤积。

③ 渗渠产水量减少时，应查明原因并及时维修。

④ 对于易淤积的河道，应及时清除河床上的淤积层。

（7）泉室的运行，应符合下列要求：

① 定期观测泉室水位，水位应在限定区间内运行。

② 经常检查泉室顶盖的封闭状况，防止泉水遭受污染。

③ 泉室的通气管、溢流管、排水管和人孔应有防止水质污染的防护措施，并及时清扫。

④ 汛期应保持泉室周边的排水畅通，防止污水倒流或渗漏。

（8）泉室的维护，应符合下列规定：

① 定期对水尺或水位计进行检查；每年检修 1 次。

② 定期检查泉水收集系统的运行状况，发生堵塞应及时疏通。

③ 定期检查泉室室壁、室底的密封状况，如有渗漏应及时处理。

④ 定期启闭阀门，每年检修阀门 1 次。

⑤ 定期检查各种管道有无渗漏、损坏或堵塞现象，发现问题及时处理。

⑥ 每年对泉室放空、清洗和消毒不少于 1 次。

2. 地表水取水设施管理

（1）地表水取水设施的防汛，应符合下列要求：

① 汛期前对取水设施进行全面检查，发现隐患及时处理。

② 汛期加强对取水设施及其附近堤防的巡查，发现险情及时处理。

③ 汛后对取水设施的防汛效果进行全面检查总结。

（2）河床式取水构筑物的自流引水管（渠）应定期进行清淤冲洗；虹吸管运行时应防止漏气，发现问题应及时维修。

（3）寒冷地区，在冰冻期间地表水取水口应有防冻措施，流冰期和开河期应有防冰凌措施。

（4）固定式取水设施的运行，应符合下列规定：

① 格栅应定时检查，汛期还应增加检查次数，及时清除漂浮物。

② 清除格栅污物时，应有充分的安全防护措施，操作人员不得少于2人。

③ 藻类、杂草、杂物较多的地区，格栅前后的水位差不得超过0.3m。

④ 每4~8h巡视一次，发现问题及时处理。

（5）固定式取水设施的日常保养项目、内容，应符合下列要求：

① 由专人清除格栅、格网上的截留物，保持操作平台清洁。

② 格栅栅条与格网无松动、变形、脱落等现象。

③ 检查丝杆、齿轮等传动部件、闸（阀）门的运行状况，按规定加注润滑油脂，调节阀门填料，并擦拭干净。

④ 检查水位计是否正常。

⑤ 集水井泥砂应及时清除。

（6）固定式取水设施的定期维护项目、内容，应符合下列规定：

① 格栅、格网、闸（阀）门及其附属设备每季度检查1次；长期开或关的闸（阀）门每季度开关1次，并进行保养。

② 取水设施的构件、格栅、格网、钢筋混凝土构筑物等每年检修1次，并清除垃圾、修补易损构件，对金属结构进行除锈防腐处理。

③ 取水口河床深度每年至少锤测1次，做好记录，并根据锤测结果及时进行疏浚。

（7）移动式取水设施的运行，应符合下列要求：

① 应设防护装置并装设信号灯和航道警示牌。

② 在杂草旺盛的季节，应有专人及时清理取水口。

③ 泵船发生倾斜时，应立即采取措施，使其保持平稳。

（8）移动式取水设施的日常保养项目、内容，应符合下列要求：

① 经常检查泵船锚固设备、缆车制动装置的完好情况，发现问题及时处理。

② 泵车变形时，应及时维修加固。

③ 坡道基础沉陷、轨道梁变形时，应及时采取补救措施。

④ 经常对索引设备进行清理涂油。

⑤ 及时清理缆车轨道淤积的泥沙和杂物。

（9）移动式取水设施的定期维护项目、内容，应符合下列规定：

① 定期检查和维护缆车取水的轨道、输水斜管以及法兰接头。

② 每年对泵车进行除绣防腐处理。

③ 每 2 年对泵船进行除绣防腐处理。

④ 定期对钢筋混凝土船进行检修维护。

（10）固定式、移动式取水设施及其附属设备应每 3 ~ 5 年大修理一次，对设备进行全面检修，重要部件进行修复或更换；大修理质量应符合有关标准的规定。

（11）取水泵房管理应符合有关规定。

（四）净水管理

1. 一般规定

（1）各净水构筑物（或净水装置），应按设计工况运行；应严格控制运行水位（或水压），不宜超设计负荷运行。特殊情况需要超负荷运行时，应以保证出水水质符合《生活饮用水卫生标准》（GB 5749）的相关要求为前提。

（2）各净水构筑物（或净水装置）的出口应设质量控制点；当出水浊度不能满足要求时，应查明原因，采取相应的水处理措施。

（3）新建供水工程投产前或既有供水设备设施修复改造后，应进行冲洗、消毒，供水水质指标经检验合格后方可正式供水。

（4）水厂生产区和单独设立的生产构（建）筑物，其安全卫生防护应符合下列规定：

① 净水构筑物上的主要通道应设防护栏杆，栏杆高度不低于 1.1m。

② 防护范围不小于 30m，并有明显标志。

③ 防护范围内，保持良好的卫生状况，不应设置生活居住区、禽畜饲养场、渗水厕所、渗水坑，不应堆放垃圾、粪便和废渣等废弃物；有条件时应进行绿化。

④ 每年应对调节构筑物进行 1 次清洗消毒；消毒完成后应用清水再次冲洗。

⑤ 各类生产构（建）筑物和设备应保持清洁。

（5）除特殊要求外，各净水构筑物（或净水装置）及其附件的定期维护，应符合下列规定：

① 每日检查各净水构筑物、阀门、机械设备、传动部件、仪器仪表的运行状况，做好设备、环境的清洁和传动部件的润滑保养。

② 阀门、机械设备、传动部件、电气装置等，每月检修 1 次；每 1 ~ 2 年解体检修 1 次，更换易损部件。

③ 每年对金属设备及部件防锈涂漆 1 次。

④ 定期检测构（建）筑物的冻涨、沉降和裂缝等情况，发现异常应妥善处理。

⑤ 寒冷地区，在冰冻期间，净水构筑物（或净水装置）及其附件应做好防冻、保温措施。

2. 预处理

（1）自然预沉池的运行，应符合下列规定：

① 水位限值宜保障供水系统的经济运行。

② 寒冷地区，在冰冻期间，应视具体情况制定水位控制标准和防凌措施。

③ 根据原水水质、预沉池容积及沉淀情况确定适宜的挖泥频率，挖泥宜为（1~2）次/年。

（2）应每日观测预沉池的进水含砂量，定期测量淤积高度，及时清淤。

（3）根据地区和季节的不同，确定沉砂池的排砂频率，排砂宜为（1~3）次/d。

（4）预氧化设施的运行，应符合下列规定：

① 所有与氧化剂或溶解氧化剂水体接触的材料应耐氧化腐蚀。

② 氧化剂的投加点和投加量，应根据原水水质，试验确定，并应保证有足够的接触时间。

（5）生物预处理池的运行，应符合下列规定：

① 进水浊度不宜高于 40NTU。

② 出水溶解氧不应低于 2.0mg/L；曝气量应根据原水中可生物降解有机物、氨氮含量及进水溶解氧的含量而定，气水比宜为（0.5~1.5）：1。

③ 初期挂膜时水力负荷应减半，以氨氮去除率大于 50%、COD_{Mn}（耗氧量）去除率大于 15% 为挂膜成功的标志。

④ 观察水体中填料的状态和曝气的均匀性，并对原水水质和出水水质进行检验。

⑤ 生物滤池冲洗前的水头损失宜控制在 1.0~1.5m，过滤周期宜为 5~10d。

（6）预处理设施的定期维护项目、内容，应符合下列规定：

① 每 1~2 年对氧化剂溶解稀释设施、臭氧接触池放空清洗 1 次，并进行相应的检修。

② 定期对生物滤池性能进行检测，测定生物预处理池填料的生物量。

（7）预处理设施的大修理，应符合下列规定：

① 每 3~5 年对氧化药剂溶解配制池、臭氧接触池、阀门、管件等进行全面检修，更换易损部件，并重新进行防腐处理。

② 每 3~5 年对滤池曝气设施进行全面检修，检查曝气设施的完好性，检查填料的性状和生物承载能力，必要时应更换填料。

3. 投药

（1）应按规定的浓度用清水配置药剂溶液；应根据原水水质和流量确定加药量，原水水质和流量变化较大时，应及时调整加药量；应按规定的投加方式计量投加，保证药剂与水快速均匀混合。

（2）应巡查各类加药系统的运行状况，发现问题及时处理，并对各种药剂每日的用量、配制浓度、投加量以及加药系统的运行状况进行记录。

（3）投药设施或设备的日常保养项目、内容，应符合下列要求：

① 每日检查投药设施运行是否正常，储存、配制和传输设备是否有堵塞、泄漏现象。

② 每日检查设备的润滑、投加和计量是否正常，并进行清洁保养及场地清扫。

（4）每年应检查投药设施或设备 1 次，做好清洗、修漏、防腐和附属机械设备的解体检修工作。

（5）药剂仓库，每 5 年应大修理 1 次；储存设备应每 5 年重做防腐处理。

（6）药剂仓库和加药间应保持清洁，通风和照明设备齐全、环境卫生良好，备件、物品放置整齐，并有安全防护措施。

4. 混合、絮凝

（1）混合池的运行，应符合下列规定：

① 机械混合时间宜控制在 30s 以内。

② 混合后的原水在管内停留时间不宜超过 2min。

（2）絮凝池的运行，应符合下列要求：

① 隔板、折板絮凝池初次运行时，进水速度不宜过大，防止隔板、折板倒塌、变形。

② 絮凝池宜在设计流速范围内运行。

③ 经常观测絮凝池的絮体颗粒大小、均匀程度和絮凝效果，及时调整加药量，保证絮体颗粒大而密实、大小均匀、与水分离度大。

④ 定期监测积泥情况，及时排除絮凝池的积泥。

（3）混合、絮凝池的定期维护项目、内容，应符合下列规定：

① 絮凝池的隔板、网格和管式混合器应每年检查 1 次。

② 混合设施（包括机械传动设备）应 1~3 年进行 1 次检修或更换，大修理质量应符合有关标准的规定。

5. 沉淀、澄清

（1）沉淀池的运行，应符合下列规定：

① 控制运行水位，防止沉淀池出水淹没出水槽。

② 采用排泥车排泥时，排泥周期根据原水浊度和排泥水浊度确定；采用其他形式排泥时，排泥周期可视具体情况确定。

③ 出口应设质量控制点，浊度宜控制在 5NTU 以下；供水规模不足 1000m³/d 的村镇供水工程，出水浊度可放宽至 8NTU。

④ 启用斜管（板）沉淀池时，斜管（板）应固定在承托支架上，初始上升流速应适当放缓，防止斜管（板）漂起。

⑤ 斜管（板）表面及斜管管内沉积的泥渣应定期冲洗，并根据需要及时清理池中的死区积泥。

⑥ 启用或停运时宜缓慢操作，减少对沉淀池出水浊度的影响。

⑦ 藻类繁殖旺盛的季节，应采取投氯或其他有效除藻措施，防止滤池阻塞。

（2）沉淀池的维护，应符合下列规定：

① 无机械排泥设施的平流沉淀池，应人工清洗，每年不少于 2 次；有机械排泥设施时，应每年安排人工清洗 1 次；每 3~6 月冲洗清通斜管（板）1 次。

② 沉淀池每年排空 1 次，对斜管（板）、支托架、混凝土池底、池壁进行检查修补；必要时对金属件除锈油漆。

③ 平流沉淀池的排泥机械应 3~5 年进行检修 1 次，更换损坏失效部件；每 3~5 年对斜管（板）沉淀池，进行检修 1 次，更换损坏的支承框架、斜管（板）。

（3）澄清池的运行，应符合下列规定：

① 宜连续运行。

② 初始运行应符合下列规定：

A. 运行水量为正常水量的 50%~70%。

B. 投药量为正常运行投药量的 1~3 倍。

C. 原水浊度偏低时，在投药的同时可投加石灰或黏土；或在空池进水前通过排泥把相邻运行的澄清池内泥浆压入空池内，再放入原水。

D. 当第二反应室 5min 沉降比达 10% 以上、澄清池出水基本达标后，方可减少加药量，增加水量。

E. 增加水量应间歇进行，间隔时间不少于 30min，每次增加水量应为正常水量的 10% ~15%，直至达到设计能力。

F. 搅拌强度和回流提升量应逐步增加到正常值。

③ 短时间停运后重新投运时，应先开启底阀排除积泥；适当增加投药量，进水量控制在正常水量的 70%，待出水水质正常后逐步增加到正常水量，同时减少投药量至正常投加量。

④ 机械搅拌澄清池在正常运行期间，至少每2h 测定1次第二反应室泥浆沉降比值，使沉降比值控制在 10% ~15%，当第二反应室内泥浆沉降比达到 20% 时，应及时排泥；水力循环澄清池正常运行时，水量应稳定在设计范围内，保持喉管下部喇叭口处的真空度，保证适量泥渣回流。

⑤ 出口应设质量控制点，浊度宜控制在 5NTU 以下。

（4）澄清池的维护，应包括下列内容：

① 每年放空清泥、疏通管道1次。

② 变速箱每年解体清洗、更换润滑油1次，每年检修传动部件1次。

③ 加装斜管（板）时，每3~6月冲洗斜管1次；每年放空检查斜管（板）托架、池底及池壁并时行检修，必要时对金属件除锈油漆。

④ 搅拌设备、刮泥机械等易损部件，每3~5年应进行检修1次，更换易损部件。

⑤ 加装斜管（板）时，每3~5年应进行检修1次，支承框架、斜管（板）视具体情况进行局部或整体更换。

（5）气浮池的运行，应符合下列规定：

① 宜连续运行，经常观察气泡的释放情况是否均匀。

② 宜根据浮渣厚度和出水水质确定刮渣时间和周期。

③ 宜采用刮渣机排渣，刮渣机的行车速度不宜大于 5m/min。

④ 底部应定期排泥。

（6）气浮设施的维护，应包括下列内容：

① 每日检查压力溶气罐压力是否在设计范围，泵、空压机、刮渣机等是否运行正常；并检查压力容器系统阀门与管道的接口密封状况、释放器的运行状况、电机温度等。

② 刮渣机每年检查维修1次，传动部件每年检查加油维护1次。

③ 底部排泥系统每年检查维修1次，检查排气管道是否松动、排泥孔是否堵塞。

④ 压力溶气罐每年检查1次，释放器每半年检查1次，空压机系统每半

年加油维修保养1次。

⑤ 每3年将气浮池放空1次，对池体、刮渣设备、底部排泥系统、压力溶气罐进行全面维护。

6. 过滤

（1）慢滤池的运行，应符合下列规定：

① 进水浊度不宜大于20NTU。

② 宜24h连续运行；滤速不应超过0.3m/h。

③ 初期应半负荷、低滤速运行，15d后可逐渐增大到设计值。

④ 定时观测水质、水位和出水流量，及时调整出水堰高度或阀开启度，满足设计出水量和滤速要求；否则应进行刮砂等措施处理。

⑤ 滤层上面应保持1.0～1.3m的水深。

⑥ 当滤料堵塞需要清洗时，可采用人工方法进行，清洗周期为3～6个月，根据慢滤池的进水浊度而定。

⑦ 每隔5年，应对滤料和承托层全部翻洗1次。

（2）普通快滤池的运行，应符合下列规定：

① 冲洗前，当水位降至距砂层200mm左右时，应及时关闭出水阀，缓慢开启冲洗阀。

② 滤池单水冲洗强度宜为12～15L/（$m^2 \cdot s$）；采用双层滤料时，单水冲洗强度宜为14～16L/（$m^2 \cdot s$）。

③ 冲洗时，排水槽、排水管道应畅通，不应有壅水现象。

④ 冲洗时的滤料膨胀率宜为30%～50%。

⑤ 进水浊度宜控制在5NTU以下；冲洗结束时，排水浊度不宜大于20NTU。

⑥ 初用或冲洗后上水时，池中的水位不应低于排水槽，严禁暴露砂层；运行中，滤床的淹没水深不得小于1.5m。

⑦ 正常滤速宜控制在8m/h以下。采用双层滤料时，平均滤速宜控制在10m/h以下。滤速应保持稳定，不宜产生较大波动。

⑧ 滤后应设质量控制点，滤后水浊度应小于设定目标值，可为0.5～1.0NTU。

⑨ 滤池水头损失达1.5～2.0m、滤后水浊度大于设定目标值、运行时间超过48h，出现这三种情况之一时，应及行冲洗。

⑩ 滤池新装滤料后，应在含氯量30mg/L以上的水中浸泡24h消毒，用清水进行冲洗，并经检验滤后水质合格后方可使用。

⑪ 滤池停运 7d 以上，应将滤池放空，恢复运行时应进行反冲洗后方可重新启用。

⑫ 滤料应每年检查、添加 1 次。

（3）重力式无阀滤池的运行，应符合下列规定：

① 初次运行或检修后，应排除滤池中的空气。

② 初次反冲洗前，应将冲洗强度调节到虹吸下降管直径 1/4 左右的开启度，进行反冲洗，以后逐次放大开启度，直至规定的冲洗强度为止。

③ 定期检查滤料层是否平整或受到污染，当滤料层局部板结或表面遭受藻类污染时，应将表面被污染的滤料（约 100mm 厚）清除，更换新滤料。

（4）虹吸滤池的运行，应符合下列规定：

① 定期检查虹吸管和真空管路等是否保持完好，防止漏气。

② 冲洗时如有 1 格或数格滤池停用，则应先将停用滤池投入运行后再进行冲洗。

（5）过滤设施，每季度应测量 1 次砂层厚度；减少 10% 以上时，应及时补砂。

（6）滤池、机械设备 5 年内至少大修理 1 次，必要时应及时进行大修理，大修理应包括下列内容：

① 检查、更换滤料、承托层、集水滤管、滤砖、滤板、滤头和尼龙网等。

② 控制阀门、管道和附属设施、土建构筑物的恢复性检修。

③ 行车及传动机械解体检修或更换。

④ 钢制排水槽涂漆。

⑤ 检查清水渠，清洗池壁、池底。

7. 深度处理

（1）活性炭滤池的运行，应符合下列规定：

① 冲洗前，当水位降至距滤料表层 200mm 左右时，关闭出水阀。

② 水冲洗强度宜为 12 ~ 15L/（m² · s）。

③ 具有生物作用的活性炭滤池，宜采用滤后水作为冲洗水源。

④ 冲洗时的滤料膨胀率应控制在设计范围内。

⑤ 运行中，滤床上部的淹没水深不得小于设计值。

⑥ 空床接触时间宜控制在 10min 以上。

⑦ 滤后水浊度应符合设计要求。

⑧ 水头损失达到 1.0 ~ 1.5m、滤后水浊度大于标准规定限值、冲洗周期大于 5 ~ 7d，出现这三种情况之一时，应进行冲洗。

⑨ 初用或冲洗后进水时，池中的水位不得低于排水槽，严禁滤料暴露在空气中。

⑩ 全年的滤料损失率不应大于 10%，否则应补充滤料。

（2）臭氧活性炭深度处理设施的运行，应符合下列规定：

① 每日检查臭氧接触池的进气管路和尾气管路，观察室内环境氧气、臭氧浓度值以及尾气处理装置运行是否正常。

② 臭氧接触池定期排空清洗，并按照产品说明书规定的步骤，对臭氧发生和扩散系统进行检查和维护。

③ 臭氧接触池的压力人孔盖关闭时，应检查法兰密封圈，发现破损或老化应及时更换。

（3）臭氧活性炭深度处理设施的维护，应符合下列规定：

① 每 1～3 年放空清洗臭氧接触池 1 次。

② 定期检查臭氧接触池内的布气管路是否移位松动，布气盘或扩散管出气孔是否堵塞，发现问题应及时处理。

8. 一体化净水装置

（1）一体化净水装置的运行管理，应符合下列规定：

① 滤料可采用天然石英砂等滤料，滤料粒径不宜小于 0.5mm，使用周期宜为 5 年，滤料到期后应及时更换。

② 运行前，应检查装置是否处于正常状态，加药设备、控制柜等附属设备能否正常工作。

③ 进水浊度最高不宜超过 500NTU。

④ 按产品说明书或相关标准的要求，稳定运行一段时间后，应检测装置的进出水水质，根据水质情况调整混凝剂、消毒剂的投加量。

⑤ 关闭时，应关闭加药装置、控制柜、进水阀，保持所有反冲洗排水阀、排气阀处于关闭状态。

（2）重力式一体化净水装置的运行，应符合下列规定：

① 累计运行 12～24h、过滤装置水头损失达到设计值、水质不满足要求，出现这三种情况之一时，应进行反冲洗。

② 定期开启排泥阀进行排泥，每次开阀 1min 左右，排水变清后关闭排泥阀，排泥周期视原水浊度而定；停止运行前应先进行排泥。

（3）压力式一体化净水装置的运行，应符合下列规定：

① 应全封闭运行，进水压力不大于 0.3MPa，出水压力不大于 0.25MPa。

② 累计运行 12～24h 或进出水压力差达到 0.05MPa 后，进行反冲洗，反

冲洗时装置应处于正常运行状态。

9. 特殊水处理

(1) 特殊水处理装置的运行，应符合下列规定：

① 开启前应检查水泵、罐体的进出水阀是否正常开启。

② 运行时应注意压力情况，定时检查装置顶部的排气阀和安全阀，发现故障及时检修；不得憋压运行。

③ 停运时应开启产水阀，并关闭其他所有阀门；停运48h以上时，应适当送水，更换存水。

④ 水处理过程中产生的浓水或泥渣等应妥善处置，防止形成新污染源。

(2) 除铁、除锰装置的日常运行，应符合下列规定：

① 运行一个周期或水质发生变化时，应对滤料进行反冲洗，冲洗完毕化验其水质合格后，再投入运行。

② 反冲洗周期应根据处理后水质、压力而定；当滤后水中铁、锰含量或进出水压力差超过规定允许值时，应立即进行反冲洗。

③ 采用自然氧化法除铁锰时，应保证有足够的曝气量，宜采用较低的滤速。

④ 采用接触氧化法除铁锰时，应保证有足够的曝气量，宜在滤速较高的条件下运行。

⑤ 采用生物法除铁锰时，曝气强度不宜过高，生物滤池的滤速宜为 5 ~ 7m/h，反冲洗强度宜控制在18L/（$m^2 \cdot s$）左右，反冲洗水不应含氯。

(3) 除铁、除锰装置的定期维护项目、内容，应符合下列规定：

① 每年对滤料进行翻砂整理，观察滤层厚度，如发现滤层减薄，应及时补充滤料。

② 有氧化水箱时，至少每半年清洗1次，防止沉淀物吸入除铁、除锰装置。

(4) 每5年应对除铁、除锰装置进行大修理1次，大修理应包括下列检修内容：

① 对曝气设施进行全面检修，检查曝气设施的完好性，防止曝气不均匀，对损坏设施应进行检修或更换。

② 检修或更换集水和配水设施。

③ 检修或更换阀门、管道及附属设施。

(5) 吸除法除氟、除砷装置的运行，应符合下列规定：

① 吸附装置进水浊度应小于5NTU。

② 定期检测装置出水中的氟、砷含量，大于标准规定限值时，应对吸附剂进行再生处理，再生方法应按设计要求和相关标准的规定执行。

③ 再生液的处理、排放应符合相关要求，且不得污染当地水体的水质。

（6）混凝沉淀法除氟装置的运行，应符合下列规定：

① 使用硫酸铝为混凝剂时，pH 值宜为 6.4 ~ 7.2；聚合氯化铝为混凝剂时，pH 值宜为 5.0 ~ 8.0。

② 使用铝盐为混凝剂时，应定期检测出水中的铝含量。

（7）反渗透法除氟、除砷、除盐等装置的运行维护，应符合下列规定：

① 定期观察并记录反渗透装置的压力、温度、流量和电导率等运行参数。

② 不得长期停运，每日至少通水 2h。如停机 72h 以上，应对反渗透膜采用必要的保护措施。

③ 定期检查与更换预处理设备，使反渗透装置的进水水质达到要求。

④ 出现下列任一情况时，应根据有关要求进行化学清洗：

A. 总压差比运行初期增加 0.15 ~ 0.20MPa。

B. 脱盐率比上次清洗后下降 3% 以上。

C. 产水量比上次清洗后下降 10% 以上。

⑤ 反渗透膜元件因堵塞、老化、损坏或超过使用年限等，经清洗或修复仍达不到使用要求时，应进行更换，更换时宜采用相同型号或性能参数的膜元件。

（8）电渗析除氟、除盐等装置的运行维护，应符合下列规定：

① 进入电渗析装置的水压应小于 0.3MPa。调节浓水和极水的压力，浓水和极水宜比淡水压力小 0.01MPa 左右。隔室中的流速宜控制在 5 ~ 25cm/s。

② 倒极可采用自动阀门控制或手动倒极方式。自动倒极周期为 10 ~ 30min；手动倒极周期宜为 2 ~ 4h。

③ 运行中，不得让带有游离氯的水（如氯消毒后的水）与膜元件接触。

④ 清洗溶液中，不宜含有阳离子表面活性剂，避免造成膜元件不可逆转的污染。

⑤ 定期观察并记录电渗析装置的进出水压力、水量等运行参数。

⑥ 定期检查与更换预处理设备，使电渗析装置的进水水质达到要求。

⑦ 根据实际情况，确定倒极、酸洗、反冲洗等工作周期，保证处理效果。

10. 消毒

（1）饮用水消毒应符合下列规定：

① 供水单位应根据供水规模、管网情况和经济条件等综合因素，合理采

取液氯、二氧化氯、次氯酸钠、臭氧、紫外线、漂白粉或漂粉精等单一或联合消毒措施。

② 应按时记录各种药剂的用量、配制浓度、投加量及处理水量。

③ 消毒剂仓库的固定储备量应根据当地供应、运输等条件，按 15 ~ 30d 的最大用量计算；其周期储备量应根据当地具体条件确定。

④ 每日检查消毒设备与管道的接口、阀门等渗漏情况，定期更换易损部件，每年维护保养 1 次。

⑤ 消毒剂应在滤后投加，投加点宜设在清水池、高位水池或水塔的进水口处；无调节构筑物时，可在泵前或泵后管道中投加。当原水中有机物和藻类较多时，可在混凝沉淀前和滤后分别投加。

⑥ 消毒剂投加量应根据原水水质、出厂水和管网末梢水的消毒剂余量，合理确定。

⑦ 消毒剂加注时应配置计量器具，计量器具应定期进行检定。

⑧ 消毒剂与水应充分混合，各种消毒剂与水的接触时间、出厂水中限值以及出厂水和管网末梢水中的消毒剂余量应符合《生活饮用水卫生标准》（GB 5749）的规定。

⑨ 冬季应有取暖保温措施，水温以及环境温度应在 5℃ 以上。

（2）采用液氯消毒时，应符合下列规定：

① 氯气使用、运输和储存等应执行《氯气安全规程》（GB 11984）的有关规定，完善安全防护措施。

② 液氯的气化应根据水厂实际用氯量选用安全的气化方式。

③ 液氯应采用加氯机投加，并有防止水倒灌氯瓶的措施；加氯间应有校核氯量的磅秤和泄氯吸收装置。

④ 采用真空式加氯机和水射器加氯时，水射器的水压应大于 0.3MPa。

⑤ 应有液氯泄漏的应急处理措施。

（3）采用二氧化氯消毒时，应符合下列规定：

① 采用发生器现场制备二氧化氯时，发生器质量应符合《化学法复合二氧化氯发生器》（GB/T 20621）和《环境保护产品技术要求 化学法二氧化氯消毒剂发生器》（HJ/T 272）的有关规定。

② 制备二氧化氯的原料氯酸钠、亚氯酸钠和盐酸、硫酸等严禁相互接触，应分别分类储存，储放槽需设置隔离墙。盐酸或硫酸库房应设置酸泄漏的收集槽；氯酸钠库房应备有快速冲洗措施。

③ 二氧化氯的制备及原料储存，应有防毒、防火、防爆等安全措施。

（4）采用次氯酸钠等消毒时，应符合下列规定：

① 采用次氯酸钠溶液法消毒时，次氯酸钠应储存安全、可靠，储存量宜满足 5~7d 的用量。

② 采用高位罐加转子流量计时，高位罐的药液进入转子流量计前，应配装恒压装置；并定期清洗转子流量计的计量管。

③ 采用压力投加时，应定期清洗加药泵或计量泵。

④ 定期测定次氯酸钠的有效氯浓度，作为调节加注量的依据。

⑤ 采用电解食盐水现场制备时，次氯酸钠发生器质量应符合《氯酸钠发生器》（GB 12176）的有关规定。

（5）采用臭氧消毒时，应符合下列规定：

① 臭氧发生器质量，应符合《环境保护产品技术要求　臭氧发生器》（HJ/T 264）的有关规定。选用电晕法发生器时，宜选择氧气源的发生器以及制备高浓度臭氧水的投加系统。

② 水厂无调节构筑物时，应采用接触时间 2min，臭氧余量不小于 0.3mg/L、不大于 0.4mg/L 的控制投加量；投加点可设在供水泵出水管上，臭氧投加应与供水泵联动。

③ 采用电晕法臭氧发生器时，应定期维护空气过滤器，更换分子筛；将溶解罐的尾气排到室外。

④ 采用电晕法臭氧发生器时，应及时添加纯净水。

⑤ 每日对出厂水中的臭氧浓度进行检测；定期对溴酸盐副产物进行送样检测，必要时还应对甲醛副产物进行检测。

⑥ 经常察看设备的运行状况，包括指示灯、电压、电流、管路是否堵塞，以及室内、尾气管和溶解罐内的臭氧气味等。当发现溶解罐内无任何臭氧气味或室内有明显的臭氧气味时，应查找原因，并采取相应的处理措施。

（6）采用紫外线消毒时，应符合下列规定：

① 经常查看供水水质。当水的浑浊度、色度较大时，应及时查找原因，妥善处理。

② 每日查看灯管指示灯，发现不亮时，应及时检查灯管或整流器。

③ 选用有自动除垢的装置时，应每周手动检查 1 次其工作状态。无自动除垢装置时，灯管运行 500h 左右，全面清洗 1 次。

④ 选用有光强检测仪的装置时，当光强衰竭到 50% 以下时，应及时更换灯管。无光强检测仪时，灯管每运行 1000~2000h，宜检测 1 次光强。

（7）采用漂白粉、漂粉精等消毒时，应设溶解池和溶液池，用清水制成浓度为 1% ~2% 的澄清液投加。

（8）消毒间及其仓库的运行维护应符合下列规定：

① 通向消毒间的压力给水管道应连续供水，并保持水压稳定。

② 寒冷地区，冬季宜采用暖气片取暖，不应使用火炉取暖。取暖设备应远离消毒剂投加装置。

③ 消毒间应保持清洁、通风，备有防毒面具、抢救材料和工具箱。

④ 消毒间应第每年清洗墙面 1 次、油漆门窗 1 次，铁件应每年进行油漆防腐处理。

（五）泵房与输配水管理

1. 泵房及附属建筑物管理

（1）泵房管理应符合《泵站技术管理规程》（SL 255）的有关规定。

（2）泵房等生产建筑物及化验室、监控室、仓库等附属建筑物应保持室内清洁、无油污、门窗明亮、通风和照明设备齐全、环境卫生状况良好，备件、物品旋转整齐。

2. 输配水管道管理

（1）供水单位应建立完整的供水管网档案资料，有条件的宜逐步建立供水管网管理信息系统。

（2）输配水管道通水前，应先检查所有空气阀是否完好有效，正常后方可投入运行。

（3）输配水管道的运行，应符合下列规定：

① 经常巡查管线上有无压、埋、占等行为，发现问题应及时处理。

② 管道出现故障，应判别情况，拟订方案，组织检修，尽快恢复供水。

③ 输配水管道的运行压力不应超过规定的允许值。

④ 定期测读配水管网中的测压点压力，每月至少 2 次。

⑤ 管道中的水流在输送过程中不应受到污染，发现问题应及时查明原因，加以解决。

⑥ 管道及其附件更换或修复后，应冲洗、消毒，经水质检验合格后方可恢复通水。

⑦ 管道低处的泄水阀应定期排水冲洗，每月至少开启 1 次。

（4）输配水管道的维护，应符合下列规定：

① 经常巡查管道有无漏水、腐蚀、地面塌陷、人为损坏等现象和附属设施的运行维护情况，发现问题应及时处理。

② 定期对管道漏水进行检测，发现漏水应及时修复。

③ 每年对金属管线的外露部分进行防腐处理。

④ 管道附属设施的检查、维护，应符合下列规定：

A. 干管上的闸阀每年维护和启闭 1 次；支管上的闸阀每 2 年维护和启闭 1 次；经常浸泡在水中的闸阀，每年至少维护和启闭 2 次。

B. 每月至少对空气阀检查维护 1 次，及时更换易损部件；每 1～2 年对空气阀解体清洗、维修 1 次。

C. 每年对泄水闸、止回阀维护 1 次。

D. 定期检查减压阀的运行和振动情况，发现问题应及时维修或更换。

E. 定期检查消火栓，保持启闭灵活。

F. 定期检查供水管网中的计量装置，不得随意更换或移动位置。

G. 定期清理阀门井，修复、配齐或更换井盖、井座、井圈及踏步。

H. 定期检查支墩，发生异常沉降、位移时，应查找原因，妥善解决。

（5）输配水管道的大修理，应符合下列规定：

① 管道严重腐蚀影响供水安全时，应立即更换管道，其更新管段的外防腐及内衬应符合相关标准的规定，较长距离的更新管段应按有关标准规定进行水压试验。

② 管道漏损率较大时，应进行检修，必要时应更换管道。

③ 钢管外防腐质量检测和金属管水泥砂浆衬里质量检测，应符合《城镇供水厂运行、维护及安全技术规程》（CJJ 58）的有关规定。

3. 调蓄构筑物管理

（1）清水池和高位水池的运行，应符合下列规定：

① 每日观测水池水位；水位应在限定水位区间内运行。

② 检查人孔、通气孔和溢流管是否保持完好，并及时清扫。

③ 池顶及周围不得堆放造成池内水质污染的物品和杂物；池顶覆土绿化时，严禁使用肥料和农药。

④ 汛期应保持清水池和高位水池四周排水通畅，防止污染。

（2）清水池和高位水池的维护，应符合下列规定：

① 每年至少清洗水池 1 次。

② 在水池投运前、清洗后，应进行消毒，经检验合格后方可使用。

③ 每月对阀门检修 1 次，每季度对长期开或关的阀门操作 1 次，并对水位计或水尺检修 1 次。

④ 电传水位计检修应根据其规定的校验周期进行；机械传动水位计宜每

年校对和检修 1 次。

⑤ 高位水池的防雷接地装置应每年检查 1 次，并检测接地电阻，接地电阻不应大于 10Ω。

⑥ 每 1～2 年对池底、池顶、池壁、通气孔、伸缩缝和各种管件检修 1 次，并检修阀门，铁件除锈涂漆。

（3）清水池和高位水池的大修理，应符合下列规定：

① 每 5 年对池底、池顶、池壁、伸缩缝和阀门等各种管件进行全面检查修理，更换易损部件。

② 清水池和高位水池大修后，应进行满水试验。

（4）水塔的运行，应符合下列规定：

① 应在限定水位区间内运行。

② 经常检查进水管、出水管、溢流管、排水管有无漏水、损坏或堵塞以及塔身有无裂缝现象。

③ 水塔周围保持环境卫生良好。

（5）水塔的维护，应符合下列规定：

① 每年清洗水箱 1 次。

② 在清洗水箱后、恢复运行前，进行消毒处理。

③ 每月对水塔各种阀门和管道接头检修 1 次；经常开或关的阀门，每月润滑保养 1 次；每月检修水位计或水尺 1 次。

④ 防雷接地装置检查和接地电阻检测，应符合有关规定。

⑤ 汛期应保持水塔周围排水畅通，防止雨水冲刷水塔基础。

⑥ 定期观测水塔基础的稳定。必要时应采取补救措施。

⑦ 寒冷地区，入冬前应对水箱、管道等进行检查和维修，使其保温性能良好。

⑧ 每 1～2 年对水塔建筑物以及管道、扶梯、平台、栏杆、照明等设施检修 1 次。

（6）每 5 年应对水塔的水箱、塔体、管道、基础等设施进行全面检查修理；水箱大修理后，应进行满水试验。

（六）设备管理

1. 一般规定

（1）供水设备运行与日常保养应由运行值班人员负责，经常进行观测、记录及设备的保养和除尘。

（2）供水设备定期维护应由专业检修人员负责，每年进行 1～2 次专业性的检查、清扫、维修、测试。

（3）供水设备大修理应由专业检修人员负责，大修理周期应根据有关标准、使用说明书及实际运行状况综合确定。

（4）机电设备应保持运转正常、平衡、无异常噪声；设备及附属装置完好无损；阀门启闭灵活，密封良好，无漏水、漏油、漏气现象；电机及电气系统齐全，启动装置灵活，保护装置可靠，接地符合要求。

（5）裸露在室外的金属设备及附属装置应定期除锈涂漆，无腐蚀，基础牢固。

（6）应做好设备的防冻、防腐、防盗等措施。

（7）机电、仪表和监控设备应备有一定数量的易损零配件。

2. 水泵机组

（1）水泵机组的运行，应符合下列规定：

① 进水水质、水位等符合设计要求。

② 泵的轴承温度、温升、填料室滴水、振动和噪声等应正常。

③ 运行中应监视水泵的流量、水位、压力、真空度，电机的电流、电压等参数。

④ 宜使水泵保持在高效区工作。

⑤ 潜水电泵停机后如需再启动，其间隔应在5min以上。

（2）水泵机组出现异常情况时应立即停机，记录并及时上报，查明原因妥善处理。

（3）水泵机组及其辅助设备每月应保养1次。停止工作的水泵机组，每月应试运转1次。

（4）环境温度低于0℃、水泵机组不工作时，应关闭阀门，将水泵、管道及其附件内的存水排净。

（5）电动机在运行中自动跳闸，应及时查明原因。未查明原因前，不应重新启动。

（6）水泵机组的维护、保养和检修宜符合《泵站技术管理规程》（SL 255）的规定；电动机宜与水泵同时大修。

3. 电气设备

（1）电气设备的操作、运行维护应符合《电业安全工作规程（发电厂和变电所电气部分）》（DL 408）、《电业安全工作规程（电力线路部分）》（DL 409）的规定。

（2）应定期检查各种电气设备的运行状态，发现异常及时处理。

（3）高压真空开关分闸时，应由两人以上共同确认开关的分、合闸位置指示牌是否与实际位置一致，确认无误后，方可分闸。

（4）应保持配电装置区域内的整洁和通风，定期清除积尘或污垢。

（5）电气设备每年应检查、清扫、维修和测试1次；继电保护装置应每年检验1次，在环境潮湿或湿度较高的季节应根据需要增加巡检次数。

（6）电气设备接地线应完好，接地线完好测试每年不应少于2次；出现故障时，应立即进行维护检修。

（7）应保持各控制件、转换开关动作灵活、可靠，接触良好。

（8）电气安全用具的检查和维护，应符合下列规定：

① 绝缘手套、绝缘靴每半年进行电气试验1次。

② 高压测电笔、绝缘毯、绝缘棒、接地棒每年进行电气试验1次。

③ 电气安全用具定点放置。

（9）电力变压器的运行维护、检修等应符合《电力变压器运行规程》（DL/T 572）的规定。

（10）电气设备的预防性试验应符合《电力设备预防性试验规程》（DL/T 596）的规定。

4. 防雷保护装置

（1）防雷保护装置的检查，应符合下列规定：

① 避雷器外绝缘及金属法兰应清洁完好，无裂纹及放电痕迹。

② 避雷器引线连接螺栓及结合处应严密无裂缝；接地线不应锈蚀或断裂，与接地网连接可靠。

③ 避雷器5m范围内不得搭设临时建筑物。

④ 避雷器本体不得有断裂、锈蚀或倾斜现象，接地引下线及其保护管应完好无损。

⑤ 避雷保护装置的架构上不应装设未采取保护措施的通信线、广播线或低压照明线。

（2）防雷保护装置出现异常音响、放电以及有接触不良、烧痕、裂纹等现象时，应查明原因，进行更换或妥善处理。

（3）过电压保护装置的检查清扫应与供配电装置或电力线路的检查清扫同步进行。

（4）变配电间的接地网、各防雷装置的接地引下线、独立避雷针的接地装置应每年检查1次；设备间电气设备的接地线及中性线应每年至少检查2次。

（5）接地装置的检查，应符合下列规定：

① 接地线应接触良好，无松动、脱落、砸伤、碰断及腐蚀现象。

② 接地线截面、接地电阻应符合设计要求。

③ 接地体被扰动露出地面，应及时进行恢复维修，其周围不得堆放腐蚀性的物质，对装设在腐蚀环境的接地装置，应加大检查力度，发现问题及时处理。

5. 仪器仪表

（1）仪器仪表的日常保养和运行维护，应由持有有效证件或经过专业培训的计量人员或专业的管理人员负责，按相关标准和使用说明书的规定进行操作，未经批准，不得私自拆装。

（2）仪器仪表的运行维护，应符合下列规定：

① 保持各部件完整、清洁无锈蚀，玻璃透明，表盘标尺刻度清晰，铭牌、标记和铅封完好。

② 定期更换干燥剂，保证电气线路元件完好无腐蚀。

③ 仪器仪表周围环境应清洁、无积水。

（3）计量装置的运行维护，应符合下列规定：

① 运行时应检查其工作状态，发现异常应查明原因，及时维修或更换。

② 智能仪表，应定期检查接地线、传导电缆、连接导线等是否完好有效。

③ 按照说明书要求，定期清洗检查仪表；检查电池是否完好，自动充、断电系统是否有效。

④ 插入式涡轮流量计，应根据水质状况每季度或每半年检查修理涡轮头。

⑤ 超声波流量计，每年检查探头、管道与连接处的锈蚀情况，并妥善处理；安装时测量波形信号是否正常。

⑥ 电磁流量计，每季度检查转换器的零点漂移情况。零点漂移时，应查明原因并修复正常。

（4）仪器仪表的检定，应符合下列规定：

① 按相关标准和使用说明书规定的检定周期进行检定，发现损坏或计量不准时应立即送检或更换。

② 国家强制检定的仪器仪表，应在检定周期内送往法定计量检测部门进行检定。

③ 自行检定的仪器仪表，应经当地质量技术监督部门授权后方可进行检定。

（七）水质管理

1. 一般规定

（1）供水单位应根据供水规模及具体情况建立水质检验制度，配备检验人员和检验设备，对水源水、出厂水和管网末梢水进行水质检验。

（2）村镇供水工程应根据有关要求接受卫生部门监督检查。

（3）供水单位不能检验的水质指标项目应委托具有相关检验资质或相应检验能力的单位进行检验。

（4）水质检验记录应真实、完整、清晰，并应及时归档、统一管理。

2. 水质标准与水质检验

（1）水源水质应符合有关规定；出厂水和管网末梢水水质应符合《生活饮用水卫生标准》（GB 5749）的规定。

（2）村镇供水工程的水质检验资料及其月报、年报等，应按当地主管部门的要求定期上报。

3. 水质检验项目和频率

（1）水质检验项目及频率应根据原水水质、净水工艺和供水规模等综合确定，Ⅰ~Ⅲ型村镇供水工程的水质检验项目和频率不应低于表2的规定；Ⅳ型村镇供水工程的水质检验项目和频率不宜低于表2的规定。

表2　水质检验项目及频率

水样		检验项目	村镇供水工程类型			
			Ⅰ型	Ⅱ型	Ⅲ型	Ⅳ型
水源水	地下水	感官性状指标、pH值	每周1次	每周1次	每周1次	每月1次
		微生物指标	每月2次	每月2次	每月2次	每月1次
		特殊检验项目	每周1次	每周1次	每周1次	每月1次
		全分析	每年1次	每年1次	每年1次	—
	地表水	感官性状指标、pH值	每日1次	每日1次	每日1次	每月1次
		微生物指标	每周1次	每周1次	每月2次	每月1次
		特殊检验项目	每周1次	每周1次	每周1次	每周1次
		全分析	每年2次	每年1次	每年1次	—

（续表）

水样	检验项目	村镇供水工程类型			
		Ⅰ型	Ⅱ型	Ⅲ型	Ⅳ型
出厂水	感官性状指标、pH 值	每日1次	每日1次	每日1次	每日1次
	微生物指标	每日1次	每日1次	每日1次	每月2次
	消毒剂指标	每日1次	每日1次	每日1次	每日1次
	特殊检验项目	每日1次	每日1次	每日1次	每日1次
	全分析	每季1次	每年2次	每年1次	每年1次
管网末梢水	感官性状指标、pH 值	每月2次	每月2次	每月2次	每月1次
	微生物指标	每月2次	每月2次	每月2次	每月1次
	消毒剂指标	每周1次	每周1次	每月2次	每月1次

注：① 感官性状指标包括浑浊度、肉眼可见物、色度、臭和味。

② 微生物指标主要包括菌落总数、总大肠菌群。

③ 消毒剂指标，根据不同的供水工程消毒方法，为相应的消毒控制指标。

④ 特殊检验项目是指水源水中氟化物、砷、铁、锰、溶解性总固体、COD_{Mn}或硝酸盐等超标且有净化要求的项目。

⑤ 全分析项目应符合有关规定。每年2次时，应为丰、枯水期各1次；全分析每年1次时，应在枯水期或按有关规定进行。

⑥ 水质变化较大时，应根据需要适当增加检验项目和检验频率

（2）进行水样全分析时，检验项目宜包括《生活饮用水卫生标准》（GB 5749）中规定的常规指标，并根据下列情况进行适当删减。

① 微生物指标应检测细菌总数和总大肠菌群；当检出总大肠菌群时，应进一步检测大肠埃希氏菌或耐热大肠菌群。

② 消毒剂指标，应根据不同的供水工程消毒方法，为相应的消毒控制指标。如没有使用臭氧消毒时，可不检测甲醛、溴酸盐和臭氧这三项指标。

③ 常规指标中，当地确实不存在超标风险的，可不进行检测；从未发生放射性指标超标的地区，可不检测放射性指标。

④ 非常规指标中，在本县（区）已存在超标或有超标风险的指标，应进行检测。如地表水源存在微污染风险时，应增加氨氮指标的检测；以存在石油污染的地表水为水源时，宜增加石油类指标的检测。

⑤ 暂不具备条件的部分县（区），至少应检测微生物指标、毒理指标（砷、氟化物和硝酸盐）、感官性状指标（浑浊度、肉眼可见物、色度、臭和味）、一般化学指标（pH、铁、锰、氯化物、硫酸盐、溶解性总固体、总硬度、耗氧量）和消毒剂指标等。

（3）暂不具备水质检验条件的水厂，水质检验点数量和布局、检验指标选择及检验频率应执行县级以上主管部门的规定。

4. 水质检验方法

（1）水样采集、保存和水质检验方法应符合《生活饮用水标准检验方法》（GB/T 5750）的规定。水质检验也可采用国家质量监督部门、卫生部门认可的简便设备和方法。

（2）Ⅰ~Ⅲ型供水工程应建立水质化验室，配备与供水规模和水质检验要求相适应的检验人员及仪器设备；Ⅳ型供水工程应逐步具备检验能力。

（3）水质采样点应有代表性，选在水源取水口、水厂（站）出水口、水质易受污染的地点、居民经常用水点及管网末梢等部位。管网末梢采样点数应按供水人口每2万人设1个；人口在2万人以下时，不应少于1个。

（4）有条件的Ⅲ型以上村镇供水工程宜采用水质在线监测手段。

（5）当检验结果超过水质指标限值时，应立即复测，增加检验频率。水质检验结果连续超标时，应查明原因，及时采取措施解决，必要时应启动供水应急预案。

（八）自动监测与控制

1. 一般规定

（1）运行操作人员应保持自动监控系统、设备的完好与正常使用，机房和周围环境的整齐清洁；在处理系统故障、进行重要测试或操作时，不得交接班。

（2）运行操作人员应经专业培训后方可上岗，能基本掌握自控系统的组成、功能和主要技术性能指标；并能按设计和使用说明书的要求对其进行操作、使用。

（3）应定期对自动监控系统和设备进行巡视、检查、测试、校准和记录，核对准确性、完整性、联动性，确保水位、水量、水压、水质等在线监测数据及时传送到监控中心进行监控和处理。每年应至少对自动监控设备进行1次全面检查和清扫。发现系统监测数据与实际不符等异常情况时应及时处理，并做好记录。

（4）村镇供水工程自动化监控系统的平均无故障时间（MTBF）应大

于 8760h。

（5）自动监控设备维护或检修时，不得影响正常供水，并应将控制装置由自动切换到手动。

2. 运行与维护

（1）在线监控仪器、设备应根据相关要求定期进行校准及维护，当仪表读数波动较大且非受外界环境干扰时，应增加校对次数。

（2）自动监控系统的日常保养和定期维护，应符合下列规定：

① 日常维护主要包括定期清扫设备、检查防雷装置、回路测试、易损部件更换和硬件、软件维护等。

② 监控软件出现乱码提示、死机情况时，应由专业人员进行处理，并填写记录。

③ 应每周对数据库进行 1 次备份，并在终端监测设备中保留 1 年以上的监测储存数据，不得修改或删除。

④ 每年分析系统日志和业务操作日志不少于 2 次。

⑤ 自动监控系统的定期维护项目和周期应符合表 3 的规定。

（3）在线监控仪器、设备的日常保养和定期维护，应符合下列规定：

① 运行中的监控仪器应每月至少巡视 1 次，并填写记录。

② 监控仪器仪表、变频器等设备每半年应检查清扫 1 次，环境恶劣时应增加清扫次数。

表3　自动监控系统的定期维护项目和周期

序号	项　目	维护周期（年）
1	可编程逻辑控制器（PLC）、远程终端单元（RTU）、通信设施及通信接口检查	0.5
2	现地控制系统各检测点的模拟量或数字量校验	1
3	系统的供电系统检查、维护	1
4	手动和自动（遥控）控制功能和控制级的优先权等检查	1
5	系统的接地（接零）和防雷保护装置检查和维护	0.5
6	系统的自诊断、保护及自启动、通信等功能测试	1

③ 仪器仪表、设备的维护保养尚应符合相关规定。

（4）监控站或监控中心的日常保养和定期维护，应符合下列规定：

① 日常维护主要包括定期清扫、检查装置、内置电池和易损部件更换等。

② 使用 UPS 电源时，应避免阳光直射，远离火源，保持通风，防止爆炸。按照说明书的要求对其进行充、放电操作。长期闲置不用时，应 3~6 月充电 1 次。

③ 现场监控站的供电电源、系统接插件及设备连接可靠性检查应每年维护 1 次。

4PLC、RTU、通信系统的工况和性能校验，故障报警设置值校验，应每年维护 1 次。

3. 仪器设备校验与检修

（1）仪器设备的检查，应符合下列规定：

① 仪表安装牢固、接线可靠，现场保护箱完好；余氯、二氧化氯等在线检测仪宜安装在防腐、防晒和干燥的室内。

② 仪表显示正常，显示值异常时，应及时维护并做好记录。

③ 供电和过电压保护良好。

④ 密封件防护等级应符合环境要求。

（2）仪器设备的清洗，应符合下列规定：

① 传感器每月清洗 1 次，零点和量程应在仪表规定的范围内。

② 传感器的自动清洗装置每月检查 1 次。

（3）仪器设备的标定与校验，应符合下列规定：

① 在线监测仪表应达到所需的灵敏度和准确度，每半年应进行 1 次零点和量程调整。

② 流量计的标定应由有关计量机构进行，每 1~2 年标定 1 次。

③ 浊度仪每月标定 1 次，并应按说明书的要求进行维护。

④ pH 检测仪每 2 月标定 1 次，并按说明书的要求清洗电极和去除附着物。

⑤ 电导率监测仪应定期清洗探头，经常检查零点和满度的漂移。

⑥ 余氯、二氧化氯等在线检测仪应按使用说明书要求定期进行维护和标定。

⑦ 各类仪器的外部镜片应定期擦拭，易损部件应及时更换，附属设备应定期除尘。

4. 视频安防系统

（1）视频安防系统应连续运行，图像存储设备应满足各监控点 1 个月的存储容量，关键部位宜连续录像。

（2）应每年对下列项目检查和维护1次：

① 前端设备、传输设备、显示器、与其他系统联动接口及通信接口的检查。

② 视频安防系统的供电系统检查、维护。

③ 手动和自动（遥控）控制功能和控制级的优先权等检查。

④ 防雷设施检查和维护。

⑤ 视频安防系统的自诊断、报警、图像显示、通信等功能测试。

（3）摄像头、云台应定期进行清洁、除垢，及时修剪遮挡视线的树枝、清理障碍物。

（九）运营管理

1. 一般规定

（1）供水单位应优先保证工程设计范围内村镇居民的生活饮用水，统筹兼顾第二、第三产业及其他用水，并按质、按量、按时，安全地将水送至用水户。

（2）供水单位应合理设置岗位，择优配备运行管理人员。

（3）未经上级主管部门批准，供水单位不得擅自改变供水用途和供水范围。

（4）供水单位应强化内部管理，努力提高服务质量，降低运营成本。

（5）供水单位宜对用水户逐户进行登记，与用水户签订供用水协议，按协议供水。

（6）供水区域内的临时用水，用水户应向供水单位提出申请。核准后，用水单位应按协议规定用水。

（7）供水单位的运营活动，应有规范的原始记录和统计报表。

（8）供水单位应建立档案制度，将工程规划、可行性研究、勘测设计、施工质量验收、水质化验等报告，工程更新改造资料，工商注册、经营许可、上级批复等相关证件，相关管理规章制度运行维护记录等及时归档，规范化管理。

2. 水费计收及财务管理

（1）供水成本应由供水单位按相关规定进行测算，生活饮用水按保本微利的原则核定，生产及经营用水按成本加合理利润的原则核定。水价应根据各地规定的程序，报有关部门审核、批准后执行。

（2）水费标准应以公示等形式向供水覆盖区公开，接受社会和群众监督。经核准的水价需要变更的，应按有关程序重新报批。

（3）供水单位应规范水费计收行为，定期抄表收费。用水户应按计量的用水量，按时足额交纳水费。

（4）供水单位应加强对供水计量设施的维护管理，保证计量设施灵敏准确。

（5）供水单位应加强财务管理，按照有关规定建立健全财务管理制度。

（6）水费开支应符合有关财务规定，保证水费用于补偿供水成本支出；任何单位和个人不得平调、挤占、挪用。

3. 主要绩效指标

（1）村镇供水工程主要绩效指标可参照表4的规定执行。

（2）供水单位应制定绩效考核管理方案，加强员工的绩效考核。

表4 村镇供水工程主要绩效指标

主要绩效指标（%）	村镇供水工程			
	Ⅰ型	Ⅱ型	Ⅲ型	Ⅳ型
供水保证率	≥97	≥96	≥95	≥92
感官性状、pH、微生物、消毒剂指标达标率	≥98	≥95	≥93	≥90
供水水压合格率	≥98	≥95	≥95	≥92
常规净化工艺水厂的自用水率	<10	<10	<10	<10
管网漏损率	<12	<13	<14	<15
设备完好率	≥98	≥96	≥95	≥92
管网修漏及时率	≥98	≥96	≥95	≥92
水费回收率	≥95	≥94	≥93	≥90
抄表到户率	≥98	≥96	≥95	≥92

注：感官性状指标，包括浑浊度、肉眼可见物、色度、臭和味；微生物指标，主要包括菌落总数和总大肠菌落

（十）安全与节能

1. 安全生产

（1）供水单位应建立健全安全生产制度，落实到人，并做到主要规章制度上墙。

（2）安全生产制度，应包括下列主要内容：

① 安全生产责任制度，包括净水工、水泵工、电工、水质化验员、值班

人员等水厂运行管理人员的岗位责任制度。

② 人员持证上岗制度，主要包括下列内容：

A. 直接从事制水、水质检验和管网维护的人员应有健康证。

B. 从事电气设备的运行管理人员应有电工证。

③ 供水设施、设备的安全操作，运行管理和维修、检修制度。

④ 危险源和危险区域的预防、安全检测、监控管理制度。

⑤ 消防安全管理制度。

⑥ 安全生产检查、事故隐患排查整改及报告制度。

⑦ 安全生产教育培训考核制度。

⑧ 安全生产预案。

（3）供水单位使用各类气体前，应按有关规定到安全监管部门办理相关许可证件；供水单位使用的高压气体钢瓶应符合有关气瓶安全监察的规定。

（4）消防设施、器材的检查与维护应符合下列规定：

① 消火栓、水枪及水龙带每年试压 1 次。

② 灭火器等消防器材按相关要求配置并定期检查更换。

③ 做好露天消防设施的防冻、防盗措施。

2. 突发事件管理

（1）供水单位应设 24h 服务热线，并向用水户及社会公布，保持通信畅通。

（2）宜依靠供水规模较大的供水单位或供水服务单位，建立一定区域内的应急保障体系，包括建立抢修服务队伍，储备一定数量的拉水车、柴油发电机、水泵机组、管材、管件、消毒剂等。有条件时，还可配备移动式水处理、便携式水质检验、管道检漏设备等，提供应急物资保障。

（3）供水单位应制定供水应急预案，应包括下列主要内容：

① 应急突发事件的分级、分类。

② 不同类别、级别突发事件的应急措施。

③ 应急组织结构。

④ 运行机制，主要包括：监测预警、预案启动、应急响应、应急处理、应急终止等程序和内容。

⑤ 应急保障和监督管理机制。

（4）发生供水突发事件时，供水单位应及时逐级上报，通告用水户，启动应急预案，并及时通报供水突发事件的处置进展状况。

（5）供水突发事件处理后，恢复正常供水应遵循"谁启动、谁终止"的原则进行应急终止程序，并公告于众。

（6）供水系统应急终止后的 10d 内，供水单位应向上级主管部门提交书面报告，应包括下列主要内容：

① 事故发生的原因及发展过程，造成的生命伤害、财产损失及社会影响等。

② 分析、评价应急处理措施的有效性，总结经验教训。

③ 事故责任人的处理结果。

④ 所有记录和文件资料。

（7）供水单位应加强对运行管理人员和用水户宣传饮水安全知识和应急措施常识，提高安全防范意识。

（8）供水单位应及时总结所辖工程及相邻地区的突发供水事件，关注天气预报和相关预警预测信息，采取必要的应急措施，提高应急保障能力。

3. 节能

（1）供水单位在制定规章制度时，应包含节能降耗措施。

（2）供水单位在设置管理机构、人员、管理设备及设施时，应遵循精简高效的原则。

（3）供水单位应使用节能、节水的供水设备，减少水厂自用水量，在确保供水水质的前提下减少反冲洗用水量；加强管道的巡查和检漏工作，降低水量漏损率。

（4）应合理安排主要设备和设施的维护和检修，提高利用率。

（5）应做好暖通、空调设备的节能工作，优先考虑自然通风或保暖措施，夏季宜打开门窗，冬季应随手关闭门窗。

（6）应做好照明、控制柜等电气设备与监控系统的节能工作，使用节能灯具，随手关灯；设备与计算机等不使用时，应及时关闭电源。

（7）应对水泵机组等主要供水设备进行能耗考核指标。

（8）应结合村镇供水工程特点，探索工程运行节能方案，主要包括下列措施：

① 保护和涵养水源，降低供水工程的水处理能耗。

② 对于多水源的供水工程，应考虑实施水源联合调度方案，降低能耗。

③ 加强水源水位与管网压力监测，合理确定管网供水压力，优化工程运行工况。

④ 对于具有多台、不同型号水泵机组的工程，探索水泵机组的开机组合，

提高水泵的运行效率，保持水泵在高效区运行。

⑤ 对于叶片角度或电动机转速可调节的水泵，应考虑调角或调速措施。

⑥ 对于有清水池等调蓄构筑物的工程，应充分利用其调蓄容积，优化运行方式。

⑦ 对于有压力罐、变频器等压力控制调节方式的工程，应探索小流量等工况下的优化运行方式。

⑧ 对于需要反冲洗或再生的供水设施或设备，应根据水量、水质、电量监测结果，优化运行方式。

⑨ 及时更换易损易耗件，更新老化、高能耗的供水材料、设备与设施，保持供水设备与设施的高效运行状态。

六、村镇供水工程管理几个具体问题的思考

（一）小水厂并网运行问题

应按供水规模和供水区域，经水力计算复核后，统筹考虑；充分利用原供水设施，给予必要的改建后，再并网运行；可分为环状并网运行和树状并网运行两种。

（二）水质检测能力建设问题

按四部委下发的《关于加强农村饮水安全工程水质检测能力建设的指导意见》（发改农经〔2013〕2259号）有关规定：2014年，国家启动农村饮水安全工程水质能力建设；2015年，全面建设。县级水质监测中心的检测能力要达到42项常规指标及本地区存在风险的非常规指标的检测能力。中央预算内投资主要用于购置仪器设备和水质检测车辆。按照《村镇供水工程技术规范》的要求，在规模较大的农村供水工程设置水质化验室，配备相应的检验人员和仪器设备，具备日常指标检测能力；规模较小的供水工程可配备自动检测设备或简易检验设备，也可委托具有生活饮水化验资质的单位进行检测。

《农村饮水安全工程水质检测中心建设导则》规定，设计供水规模 $20m^3/d$ 及以上的集中式供水工程日常现场水质检测：

（1）出厂水主要检测：浑浊度、色度、pH值、消毒剂余量、特殊水处理指标（如铁、锰、氨氮、氟化物等）等。

（2）末梢水主要检测：浑浊度、色度、消毒剂余量等。

我省计划于2014年编制水质能力建设总体建设方案，2015年启动项目建设。

已有89个县区建立了水质检测中心，其中水利部门建设的有16个。

（三）关于开户费收取问题

依据《安徽省农村饮水安全工程管理办法》（省人民政府第238号令）第二章第九条规定：农村饮水安全工程入户部分，由农村居民自行筹资，建设单位或供水单位统一组织施工建设。

按省水利下发的《关于农村饮水安全工程建设管理有关问题的通报》（皖水农函〔2013〕719号）文中第二条相关规定：按当前物价水平，入户管网材料费不应超过300元/户。

根据上述规定，规划内居民入户时应按上述文件规定收取开户费，其他用户开户费收取应经物价部门批准，按核准标准收取。

（四）关于维修养护经费问题

（1）《农村饮水安全工程建设管理办法》（发改农经〔2013〕2673号）第二十四条规定：水费收入低于工程运行成本的地区，要通过财政补贴、水费提留等方式，加快建立县级农村饮水安全工程维修养护基金，专户存储，统一用于县域内工程日常维护和更新改造。

（2）《安徽省农村饮水安全工程管理办法》（省人民政府第238号令）第五章第三十二条规定：市、县级人民政府负责落实农村饮水安全工程运行维护专项经费。运行维护专项经费主要来源：市、县级财政预算安排资金，通过承包、租赁等方式转让工程经营权的所得收益。

（3）县级养护基金落实情况：已有92个县区建立了县级维修养护经费制度，累计落实资金1.2亿元，其中2013年落实0.48亿元。

（五）关于水价问题

根据《农村饮水安全工程建设管理办法》（发改农经〔2013〕2673号）第二十四条规定：农村饮水安全工程水价，按照"补偿成本、公平负担"的原则合理确定，根据供水成本、费用等变化，并充分考虑用水户承受能力等因素适时合理调整。有条件的地方，可逐步推行阶梯水价、两部制水价、用水定额管理与超定额加价制度。对二、三产业的供水水价，应按照"补偿成本、合理盈利"的原则确定。

已有62个县区实施了两步制水价，其中县区政府出台文件的有8个，物价部门出台文件的有19个。

目前，省水利厅正在和省物价局商谈，争取2014年出台省级"两步制"水价政策。

（六）农村饮水管理机构及队伍建设问题

根据《农村饮水安全工程建设管理办法》（发改农经〔2013〕2673号）

第二十五条规定：各地原则上应以县为单位，建立农村饮水安全工程管理服务机构，建立健全供水技术服务体系和水质检测制度，加强水质检测和工程监管，提供技术和维修服务，保障工程供水水量和水质达标。

我省已有91个县区成立了专管机构，其中确定为事业单位的79个。

本文依据了相关规划、规范和规程，有些内容是自己长期从事农饮管理工作中的体会和思考，并非符合各地的实际情况，不妥之处请同志们批评指正。农村饮水工作将是水利部门一项长期而艰巨的任务，肩负着党和政府重托、人民群众的希望，我们要充满信心，敢于担当，发扬"求真、务实、献身"的水利行业精神，全心全意为百姓服务，展示水利人的形象和风采。最后以习近平总书记的一句话"为人民服务，担当起该担当的责任"和大家共勉。

安徽省农村饮水安全工程
水质检测工作综述

（2015 年 11 月）

一、全省农村饮水工程现状

（一）农村饮水发展情况

"十五"以来，为解决农村人口饮用水问题，安徽省按照国家有关部署，先后实施了人畜饮水解困工程（2001—2004 年）和农村饮水安全工程（2005—2015 年）。同时，部分县（市、区）积极引进个人、企业等社会资本，单独或结合农饮项目实施建设了一批农村供水工程，形成对政府投资的补充，进一步促进了全省农村饮水事业的发展。

人畜饮水解困工程主要是解决饮用水源缺水的问题。在正常情况下，当地饮用水源缺乏，需到本村庄以外的地方取水，其单程在 1 ~2km，或垂直高度 100m 以上的地方，即列为"人畜饮用水困难"地区。2001—2004 年，全省完成投资 4.4 亿元，其中省级以上资金 2.43 亿元（国债资金 1.875 亿元）、市县配套资金 1.1 亿元、群众自筹 0.87 亿元，建设供水工程 2 万处，解决了196 万人的饮水困难问题，主要工程措施为打深井、挖当家塘、低坝取水等，建设标准比较低。

为解决农村人口饮水不安全问题，安徽省从 2005 年起实施农村饮水安全工程。饮水不安全的判别标准有水质、水量、方便程度、供水保证率四项指标。2005—2015 年，全省完成政府投资 166.87 亿元，其中中央投资 108.22 亿元、省级配套资金 27.61 亿元、市县自筹 31.04 亿元，解决了 3374.36 万农村居民和 194.8 万农村学校师生饮水不安全问题。其中"十一五"期间，整体以单村供水为主，解决方式为从水源取水多未经处理和消毒直接输送至用水户，工程建设标准不高。"十二五"期间，各地统一认识，积极推进规模化供水工程建设，特别是 2012 年以后，全省除山区受限于自然条件等特殊情况外，其余地区均大力发展规模化供水工程。

另外，合肥市、滁州市、马鞍山市、芜湖市、池州市等部分县（市、区），早期通过乡镇政府招商引资等方式，建设了不少私人水厂负责镇区及周边村庄供水；近年来，结合农村饮水安全工程实施，进一步扩展了供水范围，除农村饮水安全工程下达的任务指标外，额外增加了部分受益人口。

（二）农村供水工程情况

根据《安徽省农村饮水安全工程现状与需求调查报告》中有关统计数据，预计至 2015 年底，安徽省农村供水人口 5454.23 万人（含县城以下城镇非农业人口 113.63 万人），其中，3985.99 万人为集中供水（主要供水形式为农村自来水）；1468.23 万人为分散供水（采用手压井、引泉水、塘坝等方式取水）。全省农村集中式供水率为 73.1%，自来水普及率为 72.1%。全省有集中式供水工程 8700 处，设计供水能力 630.22 万 m^3/d，实际供水 379.07 万 m^3/d。其中：规模化供水工程（Ⅰ～Ⅲ型）1265 处，设计供水能力 539.93 万 m^3/d，实际供水 319.05 万 m^3/d，供水人口 3057.09 万人，占农村用上自来水人口数的 77.8%；小型集中供水工程（Ⅳ～Ⅴ型）7435 处，设计供水能力 90.29 万 m^3/d，实际供水 60.02 万 m^3/d，供水人口 873.26 万人，占农村用上自来水人口数的 22.2%。

各地从水源地集中取水，经输水管送至净水厂，在净化处理和消毒后，通过配水管网送至用水农户。淮北平原区主要以中深层地下水、淮河及部分支流为水源，地下水净水工艺有消毒、除氟、除铁锰等；江淮丘陵区主要以水库、灌溉渠道、河流为水源，水处理工艺为常规净水工艺（混合—絮凝—沉淀—过滤）；沿江平原区主要以长江及其支流为水源，采取常规净水工艺处理；皖南山区、皖西大别山区主要以山泉水、溪流水、中小型水库为水源，经过滤消毒后输送至高位水池。

在工程规模上，淮北平原区、江淮丘陵区、沿江平原区均以发展规模化供水工程为主，其中：淮北平原区农村供水人口 2510.56 万人，用上自来水的农村人口 1657.66 万人，自来水普及率为 66.0%，规模化供水工程（Ⅰ～Ⅲ型）456 处，设计供水能力 94.87 万 m^3/d，实际供水 56.69 万 m^3/d，供水人口 1168.19 万人，占农村用上自来水人口数的 70.5%；江淮丘陵区的农村供水人口 1431.10 万人，用上自来水的农村人口 980.08 万人，自来水普及率为 68.5%，规模化供水工程（Ⅰ～Ⅲ型）325 处，设计供水能力 175.27 万 m^3/d，实际供水 93.27 万 m^3/d，供水人口 934.59 万人，占农村用上自来水人口数的 95.4%；沿江平原区农村供水人口 642.42 万人，用上自来水的农村人口 596.67 万人，自来水普及率为 92.9%，规模化供水工程（Ⅰ～Ⅲ型）247 处，设计供水能力 134.71 万 m^3/d，实际供水 89.70 万 m^3/d，供水人口 564.64 万人，占农村用上自来水人口数的 94.6%。皖南山区、皖西大别山区以小型集中供水工程为主，其中皖南山区农村供水人口 479.51 万人，用上自来水的农村人口 405.18 万人，自来水普及率为 84.5%，规模化供水工程（Ⅰ～Ⅲ型）152 处，设计供水能力 109.58 万 m^3/d，实际供水 61.30 万 m^3/d，供水人口 219.51 万人，占农村用上自来水人口数的 54.2%；皖西大别山区农村供水人口 371.50 万人，用上自来水农村人口 271.64 万人，自来水普及率为 73.1%，规模化供水工程（Ⅰ～Ⅲ型）76 处，设计供水能力 21.85 万 m^3/d，实际供水 15.27 万 m^3/d，供水人口 151.84 万人，占农村用上自来水人口数的 55.9%。另外，农垦和监狱系统农村供水人口 19.13 万人，均为农村自来水，规模化供水工程（Ⅰ～Ⅲ型）9 处，设计供水能力 3.65 万 m^3/d，实际供水 2.84 万 m^3/d，供水人口 18.33 万人，占农村用上自来水人口数的 95.8%。

二、村镇供水工程分类及基本特征

（一）村镇供水系统的组成

村镇供水系统是保证农村、城镇居民和工业企业等饮用水，将原水经加工处理后供应到用户的各项构筑物与输配水管网所组成的系统。

村镇供水根据不同的性质，其分类方法多样。

1. 按取水水源种类来分

可分为：地下水供水系统（浅层地下水、深层地下水、泉水等）；地表水供水系统（江河、湖泊、水库等）。如图 1 和图 2 所示。

2. 按供水方式来分

村镇供水可分为：管网延伸供水、联片区域供水和单村独立供水。

（1）管网延伸供水：在已有管网供水水质、能力满足要求的条件下，依靠现有管网（如城市管网）向村镇供水。这一形式只需建设输配水管网，供水安全率和水质合格率高。

（2）联片区域供水：在有可靠的水源，居民居住相对集中且村与村之间的距离较近的情况下，采用一个系统同时向几个村、镇供水的方式。

（3）单村独立供水：在有可靠水源，居住相对集中，但村与村之间距离较远的情况下，一个行政村采用独立的供水系统，仅向本村供水。

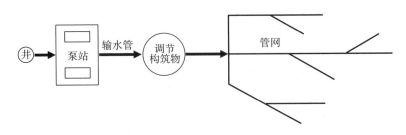

图1 地下水源供水系统

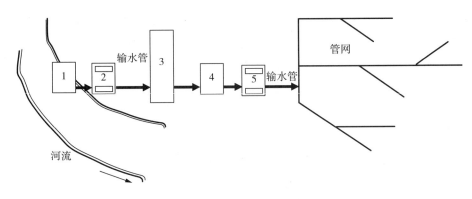

图2 地表水源供水系统

1-取水构筑物；2-一级泵站；3-水处理构筑物；4-清水池；5-二级泵站

3. 从供水规模来分

（1）村镇供水工程可分为集中式和分散式两大类，其中集中式供水工程按供水规模可分为五种类型（见表1）。

表1 村镇集中式供水工程按供水规模分类

工程类型	规模化供水工程			小型集中供水工程	
	Ⅰ型	Ⅱ型	Ⅲ型	Ⅳ型	Ⅴ型
供水规模 W（m³/d）	W≥10000	10000>W ≥5000	5000>W ≥1000	1000>W ≥200	W<200

（2）村镇供水系统工程设施的组成

① 取水构筑物：从水源取水的构筑物，包括地下水取水构筑物、地表水取水构筑物。

② 水处理构筑物：对原水进行处理，使处理后的水质符合用水户的要求。生活用水质应符合国家《生活饮用水卫生标准》（GB 5749）的要求。

③ 泵站：将所需要的水量提升到要求的高度，包括抽提原水的一级泵站、输送成品水的二级泵站和设于管网中的中途加压泵站等。

④ 输水和配水管网：输水管道是将原水送至水厂，或将水厂成品水送至指定管网的管段，其特点是沿线基本无流量分出。管网是指将成品水送至供水区域的全部管道。

⑤ 调节构筑物：保证水压、贮存和调节水量的构筑物，如高位水池、清水池、气压罐、水塔等。清水池的作用通常是贮存和调节水量；高位水池的作用兼有保证水压的作用；气压罐在小型供水工程中起到保持一定时间内管网水压的作用。水塔与高位水池的作用相似，但由于其施工工艺条件要求高、工期较长，不便清理维护，目前已较少采用。

（二）村镇供水工程的基本特征

村镇供水工程与城市供水工程相比，规模小，用户分散，建设条件、管理条件、供水方式、用水条件和用水习惯等方面都有较大差异。其主要特征为：

（1）居民用水点多相对分散，管线相对较长，给水量小。当前农村居民的住房分布虽比以前有所集中，但是和城市相比仍很分散，而且人口少。自然村民组人口一般在300~800人，大的村庄可超过1000人。而集镇人口居住比较集中，可达3000~5000人。

（2）以生活用水为主，其中包括居民生活用水和农民家庭饲养的牲畜用水以及正在开发的庭院经济用水。随着农村经济的发展，其用于工、副业生产的水量会不断增长，所占的比重会逐渐地提高。但在相当长一段时期内，生活用水仍是农村供水的主要部分。

（3）用水时间相对集中。由于农村给水对象主要为生活用水，人们基本上从事着同一性质的劳动和工作，因此生活和生产活动规律较为一致，用水时间也相应集中。季节变化亦有规律性，因此供水也有规律。

（4）农村对安全供水的要求程度相对较低。这主要是针对不间断供水而言的。由于农村给水工程以生活用水为主，即使发生短时间停水，所造成的经济损失及对生活的影响也较小。这是相对于城市供水而言的。当然，随着农村经济的发展，安全用水的要求也会越来越高。

（5）农村供水工程建设可因地制宜，就地取材，分期建设，逐步完善。由于农村地域广阔，地理环境、水资源条件、居住水平、生活习惯及经济水平差异很大，而供水工程是投资较大的基础性建设，建设资金主要依靠自力更生，也就是以受益单位、企业和群众自筹为主，国家和地方财政适当补助以及利用部分贴息贷款等综合的方式加快农村供水工程建设的进程，这是行之有效的筹资办法。就多数农村地区而言，资金有限，因此农村供水工程应尽量因地制宜，因时制宜，充分利用地方材料和质优价廉的设备，尽量在统一规划的前提下，分期实施，逐步完善。可根据实际情况确定是一步到位，还是先建简易的或主要的构筑物和主要管道，以后逐步配齐，尽量使供水工程经济、合理，避免浪费。

（6）管理机构简化、人员精干。农村供水工程所需工作人员少，他们往往既是操作人员又是管理人员，要求他们一专多能，身兼数职。

（7）规模小、水量少。由于日供水量少且用水时间集中，一部分小型水厂往往采用间歇式运行方式，定时供水。

（三）村镇供水发展方向——城乡供水一体化

所谓城乡供水一体化，是指管网向农村延伸供水的工程，由城市自来水公司管理，公司实行市场化运营，企业化管理，负责农村供水工程管网维修、水费收缴、水质监测等工作。

城乡供水一体化是实行水资源统一管理、推进城乡水务一体化的重要突破口，是解决农村居民安全饮水问题、统筹城乡发展、缩小城乡差别的最佳选择和根本出路。

城乡供水一体化涉及范围广、工程量大、建设面分散、牵涉人口多、问题复杂，是一项长期而艰巨的任务。为此，各级政府应不断努力，处理好流域管理与区域管理、统一管理与综合管理相协调的关系，建立起"政府主导、部门协作、公众参与、协调统一"的城乡供水安全管理体制；积极建立"政府主导，企业主体，市场运作"的城乡供水一体化供水模式。从全局一盘棋的高度，打破区域、打破界限，理顺职能关系，建立区域水资源"统一管理，统一开发，统一调配，统一供给，统一核算，统一核价，统筹盈亏"的运营体制。积极推动供水企业的改组；从实际出发，建设稳定、安全、清洁的城乡供水系统，实现供水企业的规模经营；对现有的骨干供水企业实行统一管理，根据经济社会发展情况和自然条件，按照整合资源、统筹规划的要求，鼓励中心城区大型骨干供水企业就近向郊区延伸供水管网，拓展服务区域；鼓励规模供水企业逐步兼并农村水厂，改变小而散、自成体系、分散供水的现状，合理布局设置二级供水网点，最终实现城乡供水"同网、同质、同价"的目标。

三、全省农村饮水工程水质检测开展情况

（一）水资源利用与水源水质状况

1. 水资源利用现状

根据《安徽省水资源评价与利用研究》第二次成果，全省多年平均水资源总量为716.3亿 m³。按流域分，淮河流域水资源量为226.14亿 m³，占全省的31.6%；长江流域420.88亿 m³，占全省的58.7%；新安江流域69.24亿 m³，占全省的9.7%。50%、75%和95%频率年，全省水资源总量分别为691亿 m³、551亿 m³和385亿 m³。全省多年平均人均水资源占有量、亩均耕地水资源占有量均低于全国平均水平。安徽省水资源分布的特点是长江、新安江流域水资源相对较丰，淮河流域水资源相对贫乏。按目前国际公认的评价准则，淮北地区属水资源严重短缺地区，江淮丘陵区的淮河流域属水资源短缺区。

长江、淮河作为我省主要的过境水源，入境总水量达8586亿 m³。其中，长江入境水量8434亿 m³；淮河入境的水量为152亿 m³。全省出境水量9129亿 m³。其中，由长江出境的水量8757亿 m³，占总量的96%。

全省地表水资源量为652.1亿 m³。其中淮河流域、长江流域、新安江流域地表水资源量分别为175.8亿 m³、407.1亿 m³、69.3亿 m³。

全省地下水资源量为191.3亿 m³。其中，省境淮河流域为89.4亿 m³；长江流域为90.6亿 m³；新安江流域为11.3亿 m³。

全省共有大型水库16座，总库容263.20亿 m³。其中，中型水库113座，总库容31.13亿 m³；小型水库5697座，总库容30.45亿 m³。全省共有塘坝61.72万处，总容积48.19亿 m³；窖池1001处，总容积16.65万 m³。全省共有地下水取水井979.24万眼。其中，供水用机电井461.22万眼，年取水量14.23亿 m³；人力井458.51万眼，年取水量4.18亿 m³。

全省共有灌溉面积6447.27万亩（429.8万 hm²），设计灌溉面积30万亩（2万 hm²）及以上的灌区10处，灌溉面积1641.76万亩（108.36万 hm²）；设计灌溉面积1万亩~30万亩（0.066万~2万 hm²）的灌区488处，灌溉面积1373.82万亩（90.67万 hm²）；万亩以下的灌区2.9万处，灌溉面积1253.98万亩（82.76万 hm²）。全省年用水总量为291.41亿 m³。其中，居民生活用水20.87亿 m³；农业用水173.86亿 m³；工业用水80.91亿 m³；建筑业用水1.13亿 m³；第三产业用水11.64亿 m³；生态环境用水3.00亿 m³。

2. 水源水质状况

（1）主要江河水体水质

2013年，全省地表水总体水质状况为轻度污染。247个地表水监测断面中，Ⅰ～Ⅲ类水质占67.6%，水质状况为优良；劣Ⅴ类水质占9.7%，水质状况为重度污染。与2012年相比，全省地表水总体水质状况无明显变化，Ⅰ～Ⅲ类水质比例上升0.9个百分点，劣Ⅴ类水质比例下降1.7个百分点，地表水环境质量有所改善。

① 淮河

省辖淮河流域总体水质状况为轻度污染，监测的45条河流88个断面中，Ⅱ～Ⅲ类水质断面占42.1%，水质状况为优良；劣Ⅴ类水质断面占19.3%，水质状况为重度污染。

淮河干流总体水质状况为优，出境断面水质好于入境水质。阜阳王家坝入境水为Ⅳ类，滁州小柳巷出境水质为Ⅲ类，其余断面水质为Ⅱ～Ⅲ类。淮河支流总体水质状况为中度污染。19条入境支流中，有3条支流水质为轻度污染、5条为中度污染、11条为重度污染。

淮河南岸支流水质状况好于北岸支流。南岸15条支流中，有12条支流水质为优或良好，无重度污染支流。北岸29条支流中，有3条支流水质为良好，12条为重度污染。

与2012年相比，省辖淮河流域总体水质状况由中度污染好转为轻度污染，Ⅱ～Ⅲ类水质断面比例上升3.1个百分点，劣Ⅴ类水质断面比例下降6.3个百分点。

② 长江

省辖长江流域总体水质状况为良好，监测的39条河流70个断面中，Ⅰ～Ⅲ类水质占82.9%，水质状况为优良；劣Ⅴ类水质占1.4%，水质状况为重度污染。

长江干流总体水质状况为优，20个断面中，有12个水质为Ⅱ类，8个水质为Ⅲ类。长江支流总体水质状况为良好。监测的38条支流中，有20条支流水质为优、8条为良好、5条为轻度污染、4条为中度污染、1条为重度污染。

与2012年相比，省辖长江流域总体水质状况无明显变化，Ⅰ～Ⅲ类水质比例下降2.8个百分点，劣Ⅴ类水质比例上升1.4个百分点。

③ 巢湖

全湖平均水质为Ⅳ类、轻度污染，呈轻度富营养状态。其中，东半湖水质为Ⅳ类、轻度污染、呈轻度富营养状态；西半湖水质为Ⅴ类、中度污染、呈中度富营养状态。环湖河流总体水质状况为中度污染，监测的 11 条河流 19 个断面中，Ⅱ～Ⅲ类水质占 63.1%，水质状况为优良；劣Ⅴ类水质占 31.6%，水质状况为重度污染。11 条环湖河流中，有 2 条河流水质为优、4 条为良好、5 条为重度污染。与 2012 年相比，全湖平均水质和水体营养状态均无明显变化。环湖河流总体水质状况有所好转，Ⅱ～Ⅲ类水质断面比例上升 10.5 个百分点，其中，丰乐河水质由轻度污染转为良好，杭埠河水质由轻度污染转为优，裕溪河水质由良好转为优，南淝河、店埠河、十五里河、派河和双桥河水质仍为重度污染。

④ 新安江

省辖新安江流域总体水质状况为优。其中，新安江干流水质状况为优；扬之河、率水和横江水质为优，练江水质为良好。与 2012 年相比，省辖新安江流域总体水质状况无明显变化，练江水质由优下降为良好。

（2）其他湖泊、水库

全省其他 27 座湖泊、水库总体水质状况为优，水库水质优于湖泊水质。除瓦埠湖、高塘湖和南漪湖水体呈轻度富营养状态外，其余湖泊、水库水体均未出现富营养状态。磨子潭水库、佛子岭水库、梅山水库、响洪甸水库、沙河水库、港口湾水库、城西水库、太平湖和丰乐湖 9 座水库水质为优，龙河口水库、董铺水库、大房郢水库、凤阳山水库、牯牛背水库和奇墅湖 6 座水库水质为良好。花亭湖水质为优，瓦埠湖、高塘湖、女山湖、高邮湖、南漪湖、石臼湖、武昌湖和升金湖 8 座湖泊水质为良好，菜子湖、龙感湖和黄湖 3 座湖泊水质为轻度污染。与 2012 年相比，全省湖泊、水库总体水质状况无明显变化。其中，太平湖水质由Ⅱ类好转为Ⅰ类，沙河水库、港口湾水库水质由Ⅲ类好转为Ⅱ类，武昌湖、升金湖水质由Ⅳ类好转为Ⅲ类，龙河口水库水质由Ⅱ类下降为Ⅲ类。

（3）地下水水质

① 浅层孔隙水

浅层孔隙水主要接受大气降水入渗补给，排泄以潜水蒸发为主，垂向交替强烈，除局部地势低洼、天然富集人类活动造成污染的地区外，绝大部分地区地下水属 $HCO_3—Ca$、$HCO_3—Na$ 或 $HCO_3—Mg$ 型淡水。

总体上看，山丘区浅层地下水水质优于平原区浅层地下水水质。省内淮河流域各地市除六安以外，浅层地下水水质普遍较差，长江两岸的铜陵、马鞍山浅层地下水水质较周边区域差，黄山、宣城、池州、六安、巢湖等地市浅层地下水水质相比其他区域较好。

② 深层孔隙水水质

深层孔隙水主要分布于我省淮河以北平原区，大多不直接接受当地大气降水补给，更新缓慢，水循环条件较差，排泄以人工开采为主，水化学变化特征与浅层水相似，自北向南水质类型从 HCO_3—$Ca \cdot Na$ 型逐渐变为 HCO_3—Na 型水，矿化度逐渐增高，Ca^{2+}、Mg^{2+} 逐渐降低，而 Na^+、HCO_3^-、Cl^-、SO_4^{2-} 逐渐增大。

从矿化度分布上看，全省深层地下水基本上都为矿化度小于 2.0g/L 的淡水，其中，矿化度 0.5~1.0g/L 的淡水主要分布于淮北平原中南部地区，面积约占总面积的 50%；矿化度 1.0~2.0g/L 的区域约占总面积的 48%；矿化度小于等于 0.5g/L 的区域位于颍上沿淮一带，约占总面积的 1%；矿化度大于 2.0g/L 的区域主要分布在亳州东部和砀山南部，约占总面积的 1%。

淮北平原大面积分布着Ⅲ类和Ⅳ类水，局部地区出现Ⅱ、Ⅴ类水。Ⅴ类水主要分布于砀山县城、蚌埠市周围，属污染所致，地下水中超标组分除原生的铁、锰、氟外，主要为 COD、NH_4^+；Ⅱ类水分布于界首—阜阳一带；Ⅲ类和Ⅳ类水遍布淮北平原，地下水中铁、锰、氟、pH 值含量超过Ⅴ类水标准。

③ 岩溶水水质

岩溶水主要分布于淮北平原北部萧县—淮北—灵璧一带的低山丘陵区，多为水质较好的Ⅱ类、Ⅲ类水。其中淮北市区部分地区，因人工开采及污染，少数水样中总硬度、pH 值、COD、NO_3^-、NO_2^-、NH_4^+ 含量达Ⅳ、Ⅴ类。

(二) 农村饮用水源水质状况

1. 集中式供水工程

安徽省南北气候、地形等自然条件差异很大，农村供水工程可利用的水源种类也很不相同。淮北平原以中深层地下水为主，江淮丘陵区以中型、小型水库水及河湖水为主，沿江地区以长江及其支流、湖泊为水源，大别山区、皖南山区以小河流、小溪、山泉水为主要水源。各地在工程建设前对取水口处的水质进行了检验，以中深层地下水和山泉水为水源的水质一般能够达到《生活饮用水水源水质标准》中Ⅰ类水源水的标准；以河、湖、水库为水源的水质多数能够达到《生活饮用水水源水质标准》Ⅱ类水源水的标准，沿淮地区部分工程的水源水质仅能达到《地表水环境质量标准》Ⅲ类水的标准。

在水厂运行过程中，部分地表水取水口夏季受洪涝及温度等影响，短期出现水源水浊度偏高、藻类含量偏高等现象。只要通过相应的处理措施，就能够使出厂水符合《生活饮用水卫生标准》的要求。淮北地区部分地下水源由于管井不良、含水层封闭质量不高，或者受地下水开采等影响，水厂建成运行后出现水源氟化物超标，铁、锰离子超标等现象，均增加了相应的处理设备，使出厂水达到《生活饮用水卫生标准》的要求。但仍有个别小型水厂运行管理不够规范，除氟、除铁、除锰设备不能正常运行，导致出厂水中的氟或铁、锰超标。

2. 分散式供水工程

我省所建农村饮水安全工程均为集中式供水工程。分散式取水主要是农村居民在房前屋后自建的手压井、筒井等。农村居民自身的防污染意识不强，生活垃圾随意堆放，生活污水任意排放，直接导致取水井水质受到污染。调查发现，分散农民自建的手压井、筒井水中普遍悬浮物较多，水质浑浊，口感苦涩，抽样水质化验结果表明，部分水源中氟、氯、铁、锰、硫酸盐、微生物指标等严重超标，根本不适宜作为生活饮用水。

（三）采用的主要水处理工艺

我省农村饮水安全工程取用的水源，淮北地区为中深层地下水，皖西和皖南山区为泉水，一般不需要净化处理，消毒后即可为居民供水。少数水源中铁、锰含量超标时，一般采取曝气与催化氧化过滤进行处理；砀山等县（市、区）水源中的氟、氯、硫酸盐等离子超标，一般采用反渗透或吸附法进行深度处理。沿淮、江淮丘陵、沿江地区农村饮水安全工程取用的水源为地表水源，水质良好，一般采用混合、絮凝、沉淀、过滤、消毒等常规净化处理工艺。春、夏季，当原水中含有少量藻类时，一般采用投加高锰酸盐复合剂、二氧化氯等进行预氧化后，再进行常规处理。

当前，我省农村饮水安全工程采用的供水消毒模式多为二氧化氯，部分偏远村镇由于制取二氧化氯的原料不便购买，采用了电解食盐水，实行次氯酸钠消毒的方式；山区以山泉水为水源的工程多使用漂白粉精片进行消毒。个别单村供水工程曾使用过臭氧消毒。

（四）农村饮水安全工程水质检测开展情况

1. 水质检测机构

水质监测是供水管理的重要内容，是保障饮水安全不可缺少的措施之一。安徽省农村饮水安全工程水质检测主要有水利部门建设的县级水质检测中心和当地县（市、区）卫生、环保部门建设的检测机构。水利部门建设的检测机构分为单独建立的水质检测机构、依托水厂建立的水质检测机构两种方式。

如定远县、寿县、长丰县等水利（水务）局已单独建立了服务全县农村饮水工程的水质检测中心；当涂等县（市、区）则依托区域内规模水厂建立了检验室。经全面普查，目前全省县级共有 149 所机构开展水质检测。其中，水利部门单独设立的共 15 所，水利部门依托水厂建立的共 19 所，卫生、环保部门所属的水质检测机构共 115 所。

2. 检测方式

自"十二五"开始，我省积极推进日供水量在 1000m³ 以上的供水工程建立水厂化验室，完善水质检测制度，定期对原水、出厂水和供水管网末梢的水质进行检测。但受设备购置经费不足及检测人员缺乏等影响，各水厂在水质自检中，无论是检测项目还是频次上均未达到《村镇供水工程运行管理规程》中的要求。日供水量在 1000m³ 以下的供水工程，由于规模较小、管理人员少，供水收益仅能勉强维持运行，厂内一般均未设置水质检测室，水质检测主要依赖当地疾病预防控制中心的不定期水质抽检。经调查，全省每年约有 980 座水厂进行自检，比例为 14.1%，检测项目多为浊度、色度等感官指标；其余水厂采取送（巡）检的方式进行水质检测，比例为 85.9%，并主要对出厂水、末梢水进行检测，检测项目 20 ~ 42 项，年检测次数只有 2 ~ 10 次。

3. 检测结果

近年来，我省农村饮水工程供水水质合格率虽逐年稳步提升，但仍需要进一步高度重视。2015 年 11 月 17 日，省第十二届人大常委会第 24 次会议听取了省人民政府关于全省水污染防治情况的报告。报告显示：2014 年，全省生活饮用水水样合格率为 65.9%，其中城市市政供水合格率为 83.3%，农村供水合格率为 58.4%。下面以 2013 年全省农村饮水安全工程水质监测为例，分析农村供水工程水质合格率情况、存在的问题等。2013 年，我省对 69 个县（市、区）农村饮水安全工程的 1000 个水厂分别在丰、枯水期进行了抽样监测，取得符合要求的水样共 3695 份。以 18 项检测指标进行计算，全年水质合格率为 62.45%。其中，枯水期水质总合格率为 63.25%，去除微生物指标后合格率为 79.74%；丰水期总合格率为 61.66%，去除微生物指标后合格率为 80.95%。以 1644 份水样 31 项指标进行合格率分析，合格水样 1092 份，合格率 66.42%。去除微生物指标后，合格水样 1426 份，合格率为 86.73%。具体结果见表 2。

由表 2 可见，微生物指标依然是影响我省农村生活饮用水水质合格率的重要因素；淮北地区氟化物超标则是影响水质合格率的主要因素。根据各地疾病预防控制中心的抽样监测，全省农村饮水安全工程有消毒设备的工程约占76%，24%工程无消毒设备配备。在配备消毒设备的工程中，约有22%偶尔使用或不使用消毒设备。这也是农村集中式供水水质合格率偏低的一个重要原因。

表2 2013年安徽省农村生活饮用水水质抽检情况

指标数	分 类	枯水期			丰水期			合计
		水样数	合格数/去除微生物合格数	合格率(%)/去除微生物合格率(%)	水样数	合格数/去除微生物合格数	合格率(%)/去除微生物合格率(%)	合格率(%)/去除微生物合格率(%)
18项指标	出厂水	823	535/656	65.00/79.70	830	517/664	62.28/80.00	63.64/79.85
	末梢水	826	508/659	61.50/79.78	829	506/679	61.03/81.90	61.26/80.84
	合计	1649	1043/1315	63.25/79.74	1659	1023/1343	61.66/80.95	62.45/80.35
31项指标	出厂水	372	246/315	66.12/84.67	450	306/395	68.00/87.77	67.15/86.37
	末梢水	372	244/315	65.59/84.67	450	296/401	65.77/89.11	65.69/87.10
	合计	744	490/630	65.86/84.67	900	602/796	66.88/88.44	66.42/86.73

（五）县级饮用水水质检测能力现状

1. 水利部门设立的水质检测机构

（1）检测机构隶属关系及人员编制

安徽省水行政主管部门设立的水质检测机构为安徽省水环境监测中心，隶属于安徽省水利厅直属事业单位——安徽省水文局。水环境监测中心当前拥有原子吸收仪、气相色谱仪、离子色谱仪、液相色谱仪、双光道原子荧光光度计，双光束紫外分光光度计等大型精密仪器，能进行地表水、地下水、大气降水、污水与中水、生活饮用水和饮用天然矿泉水、土壤与底质等六大类共87项参数分析测试工作。它是全省水环境质量监测的法定机构，主要负责全省江河湖库、地下水、大气降水等水环境质量监测评价；发布全省水资源质量公报、年报、水功能区水质状况公报；承担水功能区划分和重点水域水环境容量分析评价以及取水许可水质监测等工作。但是其设备和人员尚不能满足农村饮用水水质全分析的能力。

目前，安徽省县（市、区）水利部门单独设立的水质检测机构仅有定远、寿县、长丰等 15 个，规模化水厂内部建立的水质检测室共 19 个。全省水利部门设立的水质检测机构现共有 71 个，其中专门从事水质监测的人员共 56 人（含聘用的服务人员）。在全部人员中，仅有 40 人享有编制待遇，占总人数的 56%。

（2）仪器设备配置

全省各县（市、区）的农村饮水安全水质检测机构基本都配置了天平、蒸馏器、过滤器和部分便携式测定仪等小型检测仪器，部分县（市、区）没有配置或少量配置大型水质分析仪器。由于检测机构配置的部分大型水质分析仪器参差不齐，缺乏必要的水质分析仪器设备，丧失了部分指标的检测能力，农村饮水安全工程供水水质难以得到保障。

（3）检测人员专业水平

当前，各地水利部门严重缺乏专业的水质检验人员，受编制名额的限制，县（市、区）农村饮水安全水质检测机构内从事专业检测的人员多在 3 人以下，且检测人员中具有卫生或化学分析专业背景的人员只有 21 人，占检测人员的 37.5%。检测人员无论是在人数上还是在技能上均存在局限性，难以满足农村饮水安全工程点多面广、水源多样的要求。

（4）检测经费渠道

全省县（市、区）现有的农村饮水安全水质检测中心基本无正常运行经费，主要为财政补贴和实验室自筹。经调查，全省县（市、区）水利部门设立的农村饮水安全水质检测机构，年运行经费共 237.7 万元，其中自筹 58.8 万元，财政补贴 97.9 万元，其他渠道 81 万元。现有经费仅能满足实验室日常运行和管理，难以满足县（市、区）农村饮水安全专管部门职能监测的要求。

2. 卫生计生、环保、城市供水等部门设立的水质检测机构

目前，安徽省卫生、环保等行政主管部门设立的省级水质检测机构主要为安徽省疾病预防控制中心和安徽省环境监测中心站。省疾病预防控制中心作为省卫计委的饮用水水质监测部门，现有的人员配置只能满足饮用水水质的送检，但不能满足农村供水水质抽检的需求。省环境监测中心站主要组织实施全省环境质量监测、污染源监督性监测、环境应急和预警监测，为社会提供科技服务和承接委托性监测，为政府决策和环境管理提供技术支撑。其业务范畴不涉及农村饮用水日常检测。因此，我省目前尚没有省级农村饮水水质监测机构专业从事农村饮用水安全的监测。

经调查统计，安徽省卫生、环保、城镇供水等部门设立的县（市、区）

级水质检测机构隶属当地相应的主管部门管理，检测人员隶属于相应主管部门的事业编人员，且检测人员多为具有一定的检验、分析化学专业的人员。化验室依托当地卫生部门的监测办公场所，但仪器设备的配置难以达到水质监测 42 项常规指标的检测要求。

从近期的情况来看，全省曾经开展过农村饮水水质检测的 69 个县（市、区）疾病预防控制中心多数不能独立开展 42 项常规项目的监测工作。通过县（市、区）疾控中心的努力，仅 6 个县（市、区）完成 42 项常规项目中的 35 项。虽然大部分县（市、区）具备 42 项常规项目的检测仪器，但在配件及试剂方面有所欠缺。各检测机构人员缺乏也是影响实验室检测能力的另一原因，部分监测县实验室只有 2 个人（微生物和理化实验室各 1 人），无法正常开展实验室检测工作。另外，项目县实验室人员流动性大，技术人员刚熟悉相关仪器设备就已离职，从而导致实验室有设备无人使用的局面出现。

（六）主要不合格指标及原因

根据近年来国家卫生计生委对农村饮水工程出厂水和末梢水水质监测结果，影响我省农村生活饮用水水质合格率的主要因素是氟超标和微生物指标，原因主要有以下几个方面：

（1）我省北方地区水源类型主要以地下水为主，受地质影响，水质氟化物超标较为严重。而降低水质氟化物最有效的办法就是更换水源，然而皖北氟超标地区很难找到其他合适的水源。

（2）供水规模小的供水工程有的配备了消毒设备，但使用率低，消毒剂指标合格率低。由于缺乏足够的资金，导致水厂管理混乱；另外，有些地区的村民反映消毒设备致使水有消毒剂的味道，而停止使用消毒设备。

（3）全省 2005 年以前以及"十一五"期间已建成的不少农村饮水工程补助标准低，建设标准低，建设内容不完整，供水处理比较简单，有的甚至缺乏净化设施，无消毒设备等，未经处理和消毒直接将水输送至用水户。

（4）在管理方式上，有村集体管理、个人承包、特殊经营、水利站管理、专业化供水单位等多种形式，少量水厂由专业供水单位运行，更多由个人、村委会、企业主等非专业人员进行管理。由于缺乏专业技术人才，其专业水平低、技术力量差，很难正确使用现有净水、消毒、除氟以及水质检测等设备。

四、农村饮水工程水质管理政策文件及国家标准

关于加强农村饮水安全工程水质
检测能力建设的指导意见

发改农经〔2013〕2259 号

有关省、自治区、直辖市、新疆生产建设兵团发展改革委、水利（水务）厅（局）、卫生厅（局、卫生计生委）、环境保护厅（局）：

按照国务院批准《全国农村饮水安全工程"十二五"规划》的有关要求，为进一步提高农村饮水安全工程水质检测能力，促进水质达标，确保供水安全，拟从 2014 年起，在全国稳步开展农村饮水安全工程水质检测能力建设。为科学有序做好这项工作，现提出以下意见：

一、总体要求

针对农村饮水安全工程类型多、分布广、标准低和水质检测能力弱的特点，按照省级统筹、合理布局、资源共享、全面覆盖的原则，依托规模较大水厂水质化验室及现有水质检测机构、监测机构、供水管理机构，分期分级建设完善区域农村饮水安全工程水质检测中心（站、室，以下统称"水质检测中心"），提升工程水质检测设施装备水平和检测能力，满足区域内农村供水工程的常规水质检测需求。区域水质检测中心除承担规模较大集中式供水工程水源水、出厂水、管网末梢水的水质自检外，还要对区域内设计供水规模 20m³/d 以下的集中式供水工程和分散式供水工程进行巡检，以统筹解决农村中小型水厂单独设立水质化验室成本高、缺少专业技术人员的问题，降低水质检测费用，扩大覆盖面，增强农村供水水质自检和行业监管能力。有条件的地区，可统筹考虑城乡供水水质检测工作。在加强农村饮水安全工程水质自检的同时，卫生计生部门要按照职责，继续加强对饮用水的卫生监督监测工作，保障饮用水卫生安全。

二、基本原则

科学规划，省级统筹。水质检测中心建设由地方政府负总责，以省为单位统筹规划布局实施。中央按省分期下达水质检测中心工程建设任务和定额补助投资，各水质检测中心的具体建设方式、建设内容、建设时序、政府投资补助额度等由省级有关部门商地方政府按照合理布局、分期实施、注重实效的原则统筹协调确定，成熟一个，建设一个，见效一个。

因地制宜，整合资源。根据各地水源水质特征、水质检测力量、已建和拟建农村供水工程水质状况、存在问题等，合理确定水质检测中心的建设内容、标准，以及管理模式和运行机制。要充分利用和统筹优化配置现有水质检测机构、监测机构、供水管理机构设备设施以及相关资源，依托规模较大水厂或利用卫生计生、水利、环保、城市供水等部门的现有水质检测、监测机构合作共建，资源共享、业务协同，确保高效利用和长期持续发挥效益，原则上不单独新建农村饮水安全工程水质检测中心。积极探索通过委托、承包、采购等方式，由政府向社会力量购买水质检测公共服务。

完善机制，长效运行。水质检测中心建设前，应先行落实机构、专业技术人员和运行管理费用来源，明确各项检测任务和工作要求，完善管理制度，实行先建机制、后建工程。根据原水水质、净水工艺、供水规模等合理确定各级水质检测中心的水质检验项目和频率，抓住关键性项目，对非常规指标中常见的或经常被检出的有害物质，可调整作为常规检测项目。建立健全水质检测数据质量管理控制体系和检测能力验证制度，严格标准，规范操作，保证检测结果真实、准确、可靠。有关政府部门要加强对供水单位生产活动的监管，督促其落实水质安全责任，做好供水水质净化、消毒和检测工作，优化水处理工艺，保证出厂水水质稳定达标。

强化预防，源头治理。在加强水质检测能力建设的同时，全面加强源头预防和治理，做到"防患于未然"。强化水源保护意识，针对集中式和分散式饮用水水源地的不同特点，依法划定水源保护区或水源保护范围，设置保护标志，明确保护措施，加强污染防治，严格控制新污染源产生，稳步改善水源地水质状况。

示范引领，梯次推进。继续发挥"全国农村饮水安全工程示范县"的作用，优先安排具有一定基础、已初步建立水质检测中心地区的项目，加大投入和技术指导的支持力度。及时总结各地工程建设和运行管理的经验教训，加大示范推广力度，不断改进和提高工作水平。

三、主要建设内容和标准

借鉴目前一些地方和城市供水水质检测能力建设的经验，探索以省为单位统筹优化省内各地区、各行业水质检测资源配置，以规模较大的水厂水质化验室建设、与现有水质检测监测机构合作共建和政府购买服务等方式，建立完善农村饮水安全工程水质检测网络和信息共享平台，避免重复建设，提高运行效率，形成网络合力，满足水厂运行的水质控制和管理要求。

（一）按照《村镇供水工程技术规范》的要求，在规模较大的农村供水工程设置水质化验室，配备相应的检验人员和仪器设备，具备日常指标检测能力；规模较小的供水工程可配备自动检测设备或简易检验设备，也可委托具有生活饮用水化验资质的单位进行检测。

（二）通过规模较大的水厂水质化验室建设以及提升现有相关机构水质检测技术装备水平和检测能力，原则上每个设区市具备《生活饮用水卫生标准》（GB 5749—2006）中要求的 42 项常规指标以及本地区存在风险的非常规指标的检测能力，每个县具备《生活饮用水卫生标准》（GB 5749—2006）中要求的满足日常需求的检测能力，满足本区域内农村饮水安全工程日常运行及水质周、月度和季度检测需求。水源水质、处理工艺等有特殊检测要求的水厂和地区，可根据实际需要和条件相应地提高水质检测能力。

（三）水质检测中心应达到以下标准：有相应的工作场所和办公设备，包括办公室、档案室、设备设施及药品储存库等；有符合标准的水质化验室，配备相应的水质检测仪器设备，县级水质检测中心可根据需要配备水质采样和巡检车辆；有中专以上学历并掌握水环境分析、化学检验等相应的专业基础知识与实际操作技能，经培训取得岗位证书的水质检验人员；有明确的机构设置、检测任务和运行管理经费来源，有完善、规范的管理制度。

四、有关工作安排

为加强技术指导和项目实施总体设计，各省（区、市）发展改革、水利、卫生计生、环保部门要在具体项目建设前组织编制省级总体建设方案并送水利部牵头组织进行技术复核。根据技术复核反馈的意见，各地在对省级总体建设方案进行修改完善后，按程序批复完成项目前期工作和报送项目资金申请报告。

2014 年，国家将选择部分省（区、市）启动开展第一批农村饮水安全工程水质检测能力建设，请具有一定工作基础、有先行先试意愿的省（区、市）

先行开展省级总体建设方案编制工作并于 2013 年 12 月底送水利部牵头组织进行技术复核。根据复核情况，从中选择部分在项目建设和运行管理方式上特点突出、代表性强的省（区、市）于 2014 年安排启动相关项目建设，积累经验和具备条件后争取 2015 年全面推开。

五、建设资金和运行管理经费筹措

农村饮水安全水质检测中心项目建设投入由中央和地方共同承担，中央预算内投资主要用于购置仪器设备和水质检测车辆，各项目的具体投资补助额度由省级发展改革和水利部门统筹确定，不足部分资金由项目所在地政府安排解决，并由省级发展改革、水利部门负责协调落实。对工作场所建设，要按照中共中央办公厅、国务院办公厅《关于党政机关停止新建楼堂馆所和清理办公用房的通知》有关要求，严格规范办公用房管理。

水质检测中心运行和检测费用根据机构性质、任务来源等情况，主要通过相关工程供水水费收入和社会服务收费等解决，不足部分由本级财政通过现有资金渠道给予必要支持，并由项目所在地政府负责统筹落实；不能足额落实水质检测中心年运行管理经费的，不得审批建设。各地要按照《全国农村饮水安全工程"十二五"规划》和已签订农村饮水安全工程建设管理责任书的有关要求，"建立县级财政补贴制度，落实水质检测室（中心）运行经费"。

根据以上主要目标和原则，我们请水利部农村饮水安全中心细化制定了《农村饮水安全工程水质检测中心建设导则》，现一并印发给你们，供在工作中参考。实施中的重大情况和问题，请及时反馈。

附件：农村饮水安全工程水质检测中心建设导则

国家发展改革委　水利部

卫生计生委　环境保护部

2013 年 11 月 13 日

附件：

农村饮水安全工程水质检测中心建设导则

一、总则

1. 根据《全国农村饮水安全工程"十二五"规划》要求，为加强和规范农村饮水安全工程水质检测中心（站、室，以下统称"水质检测中心"）建设，制定本导则。

2. 本导则适用于水质检测中心的建设。

3. 水质检测中心的主要任务是，对本区域内规模较大集中式供水工程开展水源水、出厂水、管网末梢水水质自检，对区域内设计供水规模 $20m^3/d$ 以下的集中式供水工程和分散式供水工程进行水质巡检，为供水单位和农村饮水安全专管机构提供技术支撑，保障供水水质安全。

4. 本导则的引用标准主要有：

《生活饮用水卫生标准》（GB 5749—2006）

《生活饮用水标准检验方法》（GB/T 5750—2006）

《地表水环境质量标准》（GB 3838—2002）

《地下水质量标准》（GB/T 14848—93）

《水利质量检测机构计量认证评审准则》（SL 309—2007）

5. 水质检测中心的建设，除考虑本导则要求外，还应符合国家现行有关法规、标准的规定。

二、水质检测机构布设

1. 各地水质检测中心建设以省为单位统筹规划布局实施，具体建设方式和地域单元根据各区域农村供水工程和现有相关水质检测能力分布、拟建水质检测中心检测任务和服务范围等合理确定。

2. 水质检测中心可依托规模较大水厂化验室组建，由农村饮水安全工程专管机构指导和管理；也可依托卫生计生、水利、环保、城市供水等部门的现有水质检测、监测机构合作共建，接受各有关部门的业务指导和管理，为农村饮水安全工程专管机构等提供技术服务。

三、水质检测要求

1. 检测指标和频次

（1）各水质检测中心的水质检验项目和频率根据原水水质、净水工艺、供水规模等合理确定。在选择检测指标时，应根据当地实际，重点关注对饮用者健康可能造成不良影响、在饮水中有一定浓度且有可能常检出的污染物质。必要时，可在进行《生活饮用水卫生标准》（GB 5749—2006）106 项指标全分析的基础上，合理筛选确定水质检测指标。

（2）设计供水规模 $20m^3/d$ 及以上的集中式供水工程定期水质检测：

① 出厂水和管网末梢水水质检测指标一般应包括《生活饮用水卫生标准》（GB 5749—2006）中的 42 项水质常规指标，并根据下列情况增减指标：

第一，微生物指标中一般检测总大肠菌群和细菌总数两项指标，当检出总大肠菌群时，需进一步检测耐热大肠菌群或大肠埃希氏菌。

第二，常规指标中当地确实不存在的指标可不检测，如：没有臭氧消毒的工程，可不检测甲醛、溴酸盐和臭氧三项指标；没有氯胺消毒的工程，可不检测总氯等。

第三，非常规指标中在本县已存在超标的指标和确实存在超标风险的指标，应纳入检测能力建设范围之内。如地表水源存在生活污染风险时，应增加氨氮指标的检测，以船舶行驶的江河为水源时应增加石油类指标的检测。

第四，部分不具备条件的县，至少应检测微生物指标（菌落总数、总大肠菌群）、消毒剂余量指标（余氯、二氧化氯等）、感官指标（浑浊度、色度、臭和味、肉眼可见物等）、一般化学指标（pH、铁、锰、氯化物、硫酸盐、溶解性总固体、总硬度、耗氧量、氨氮）和毒理学指标（氟化物、砷和硝酸盐）等。

② 水源水水质检测按照《地表水环境质量标准》（GB 3838—2002）、《地下水质量标准》（GB/T 14848—93）的有关规定执行。

③ 水质检测频次应符合表 1 的要求：

常规检测指标：

污染指标是指：氨氮、硝酸盐、COD_{Mn} 等

表1 集中式供水工程的定期水质检测指标和频次

工程类型	水源水，主要检测污染指标	出厂水，主要检测确定的常规检测指标+重点非常规指标	管网末梢水，主要检测感官指标、消毒剂余量和微生物指标
日供水大于等于1000m³以上的集中供水工程	地表水每年至少在丰、枯水期各检测1次，地下水每年不少于1次	常规指标每个季度不少于1次	每年至少在丰、枯水期各检测1次
1000～200m³/d集中供水工程	地表水每年至少在水质不利情况下（丰水期或枯水期）检测1次，地下水每年不少于1次	每年至少在丰、枯水期各检测1次	每年至少在丰、枯水期各检监测1次
20～200m³/d集中供水工程		每年至少在丰、枯水期各检测1次；工程数量较多时每年分类抽检不少于50%的工程	每年至少在水质不利情况下（丰水期或枯水期）检测1次

感官指标：浑浊度、色度、臭和味、肉眼可见物

消毒剂余量：余氯、二氧化氯等

微生物指标：菌落总数、总大肠菌群

（3）设计供水规模20m³/d及以上的集中式供水工程日常现场水质检测：

① 出厂水主要检测：浑浊度、色度、pH、消毒剂余量、特殊水处理指标（如铁、锰、氨氮、氟化物等）等。

② 末梢水主要检测：浑浊度、色度、消毒剂余量等。

③ 每个月应对区域内20%以上的集中式供水工程进行现场水质巡测。

（4）设计供水规模20m³/d以下供水工程和分散式供水工程的水质抽检应根据水源类型、水质及水处理情况进行分类，各类工程选择不少于2个有代表性的工程，每年进行1次主要常规指标和部分非常规指标分析，以确定本地区需要检测的常规指标和重点非常规指标，并加强区域内分散式供水工程供水水质状况巡检。

（5）当检验结果超出水质指标限值时，应立即复测，增加检验频率。水质检验结果连续超标时，应查明原因，及时采取措施解决，必要时应启动供水应急预案。

（6）当发生影响水质的突发事件时，应对受影响的供水单位适当增加检测频率。

（7）在建立水质检测制度时，水质检测中心应详细掌握区域内每个供水规模在 20m³/d 及以上集中供水工程的供水规模、水源类型、水处理及消毒工艺、水厂的检测能力。巡查时应详细了解水源保护情况、水处理及消毒设施的运行情况、水厂的日常水质检测情况。对检测发现的水质问题，应及时通知供水单位并监督其及时整改。水质检测中心同时负责对小型供水单位水质检测人员培训及检测仪器操作维护的指导。

2. 检测方法

水样的采集、保存、运输和检测方法按照《生活饮用水标准检验方法》（GB/T 5750—2006）确定。

四、建设标准

1. 工作场所建设

（1）水质检测中心应选择在无震动、灰尘、烟雾、噪音和电磁等干扰的地方进行建设。

（2）水质检测中心应区分化验室和办公区，化验室一般包括天平室、药剂室、理化室、微生物室、分析仪器室、放射室（若不检测总 α、总 β 放射性，可不设放射室）、水样储存间等，办公区一般包括办公室、资料室、更衣室、会议室、车库等。

（3）化验室宜相对独立，各类化验室宜设独立房间，空间应满足仪器设备安装和操作等需要（天平室不宜小于 8 平方米，药剂室不宜小于 10 平方米，理化室不宜小于 30 平方米，微生物室不宜小于 20 平方米，大型分析仪器室面积根据仪器种类和数量确定，不宜小于 20 平方米，放射室不宜小于 20 平方米）。

（4）化验室应采用耐火或不易燃材料建造，隔断、顶棚和门窗应考虑防火性能，地面应耐酸碱及溶剂腐蚀、防滑、防水。

（5）化验室应确保用电安全，应有防雷接地系统，电线应尽量避免外露，电源接口应靠近仪器设备，精密检测仪器设备应配备不间断电源。

（6）化验室应确保用气安全，大型分析仪器的压缩气体钢瓶应放在阴凉的地方储存与使用，不能靠近火源，必须固定；应根据设备运行需要设排气设施，废气排放口宜设在房顶。

（7）化验室温度夏季不宜超过30℃、冬季不宜低于15℃，湿度不宜超过70%。有条件时应尽可能恒温恒湿，寒冷地区应有采暖设施，潮湿地区应安装空调（水样储存间除外）。

（8）理化室应设上下水和洗涤设施。

（9）化验室应根据需要配置设备台、操作台、器皿柜（架）等，设备台和操作台应防水、耐酸碱及溶剂腐蚀。

（10）微生物室应设无菌操作台，配备紫外灭菌灯。

（11）化验室应设置有害废液储存设施。

（12）化验室应配置灭火器。

2. 人员配备

（1）水质检测中心建设前，应先行落实水质检测专业技术人员，水质检测技术人员全程参与水质检测中心设计和建设。

（2）具备《生活饮用水卫生标准》（GB 5749—2006）中20项以上常规指标检测能力的水质检测中心通常应配备专门的水质检测人员3人，具备42项常规指标检测能力的水质检测中心通常应配备专门的水质检测人员6人，具体人数由各地根据检测任务等进一步合理确定。检测人员应有中专以上学历并掌握水环境分析、化学检验等相应的专业基础知识与实际操作技能，经培训取得岗位证书。

（3）检测人员应通过岗前操作考试后才能正式上岗，岗前操作考试应包括微生物指标、消毒剂余量、感官性状以及溶解性总固体、COD_{Mn}、氨氮、重金属等指标检测考试。

3. 仪器设备配备

（1）仪器设备的配备，应首先根据《生活饮用水卫生标准》（GB 5749—2006）和《生活饮用水标准检验方法》（GB/T 5750—2006）的规定，结合本地区的水源水质、水处理和消毒工艺，以及水质检测中心的建设和管理条件等情况合理确定。

（2）仪器设备的配备，应具有一定的实验室化验能力和现场检测能力。

（3）化验室的水质检测仪器设备和材料应包括：水样处理、试剂配置需要的仪器设备和分析仪器，药剂、试剂和标样等。具备《生活饮用水卫生标准》（GB 5749—2006）中42项常规指标检测能力的水质检测中心化验室仪器设备具体配置见表2。

表2 化验室配备的仪器设备（参考）

化验室名称	主要仪器设备配备	备　注
天平室	万分之一电子天平（配置标准试剂、重量分析等，1台套）	必配
理化室（试剂配置、水样处理和物理化学分析）	普通电子天平，超纯水机、蒸馏器、搅拌器、马弗炉、电热恒温水浴锅、电恒温干燥箱、离心机、真空泵、超声波清洗器等	必配
	玻璃仪器：量筒、漏斗、容量瓶、烧杯、锥形瓶、滴定管、碘量瓶、过滤器、吸管、微量注射器、洗瓶、试管、移液管、搅拌棒等	必配
	小型检测仪器：具塞比色管，酸度计，温度计，电导仪，散射浊度仪，以及余氯、二氧化氯和臭氧等指标的便携式测定仪	必配
药剂室	药剂、试剂和标样：根据检测项目、方法、分析仪器等确定	必配
微生物室	冰箱、高压蒸汽灭菌器、干热灭菌箱、培养箱、菌落计数器、显微镜、培养皿、超净工作台等（各1台）	必配
大型水质分析仪器室（可多个房间）	紫外可见光分光光度计或可见光分光光度计（用于氯、二氧化氯、臭氧、甲醛、挥发酚类、阴离子合成洗涤剂、氟化物、硝酸盐、硫酸盐、氰化物、铝、铁、锰、铜、锌、砷、硒、铬（六价）以及氨氮、和石油类等指标检测，1台）	必配
	原子吸收分光光度计（用于镉、铅、铝、铁、锰、铜、锌等检测，1台套，含乙炔、氩气、冷却循环水系统、空压机、电脑等配件）	必配
	原子荧光光度计（用于汞、砷、硒、镉、铅等检测，1台套）	必配
	高锰酸盐滴定法COD测定仪，1台	宜配
	气相色谱仪（用于四氯化碳、三卤甲烷等指标检测，1台套）	氯消毒较多时必配，无氯消毒时可不配
	离子色谱仪（用于氯化物、硫酸盐、硝酸盐、氟化物、溴酸盐、氯酸盐、亚氯酸盐等检测，1台套）	必配
放射室	低本底总$\alpha\beta$测量系统（总α、总β放射性的检测，1台套）	

（4）现场采样及水质检测车的配备应包括：车辆、采样容器、水样冷藏箱和便携式检测仪器箱等，基本要求见表3。

表3　现场采样及检测所需仪器设备（参考）

主要仪器设备	基本要求	用　途
车　辆	能平稳宽松地放置水样冷藏箱、便携式水质检测仪器箱	① 采样 ② 巡查监督时的现场检测 ③ 应急供水时的现场检测
采样容器	无色和棕色玻璃瓶、聚乙烯瓶、塑料桶等	
水样冷藏箱	2~3个，总有效容积不小于30L	
便携式水质检测仪器箱	浊度、色度、余氯、二氧化氯、臭氧、pH、电导率、温度以及微生物等指标的便携式检测仪及其检测试剂、移液器、量筒、烧杯等	
照相机	记录现场用	

（5）仪器设备的质量要求：

① 计量设备和分析仪器应有国家质量监督部门的认证许可。

② 采购的计量设备和分析仪器应在当地质量监督部门确认并备案。

③ 供应商应负责仪器设备的安装调试，对检测人员进行培训，并通过标样测试。

（6）仪器设备的采购，可由省级水利部门对主要仪器设备分批次、分品种进行统一招标，具体办法可参考本省（区、市）农村饮水安全工程主要材料设备集中招标采购办法，以保障设备仪器质量，便于检测人员培训、设备维修等售后服务工作。

五、水质检测管理制度和数据质量控制

1. 人员管理

（1）根据设备、质量、环境、安全、信息等管理要求建立岗位责任制。

（2）检测人员应定期参加培训和考核，不断提高检测和管理水平。

2. 设备管理

（1）应明确每个化验室及其设备的管理人。

（2）建立对计量设备和分析仪器进行定期检定/校准制度。

（3）仪器设备的购置、检定/校准、维护等应建档。

（4）仪器设备应实行标识管理。仪器设备的状态标识分为"合格"、"准用"和"停用"。每台仪器设备应制定相应的操作规程及维护保养流程图。

3. 质量管理

（1）建立试剂配制、采样、各项检测指标检测的方法及其需要的仪器设备、药剂/试剂、操作步骤和注意事项等。

（2）明确试剂配制、采样、各项检测指标检测的质量负责人。

（3）质量控制措施应包括空白试验、平行样分析、加标分析、比对分析、标准曲线核查、留样复测、质量控制考核等。

（4）做好采样和检测过程记录。

（5）明确检测报告质量审核人，经审核人逐项指标审核后才能盖章生效。

4. 环境及安全管理

（1）检测区域应在显著位置张贴警示标识。

（2）化验室应保持清洁和良好的照明条件。

（3）每个化验室应有温度、湿度监测及记录。

（4）微生物室每天应用紫外线消毒后才能使用。

（5）排风设施检查完好后才能进行相关实验。

（6）建立化验室的用电、用气、废液处理、消防等安全制度。

5. 信息管理

（1）对仪器设备、原始记录、检测报告等信息应进行归档管理。

（2）化验室档案资料未经许可，不得随意删改和撤档。查阅、复印档案资料，必须履行登记手续。

（3）原始记录和检测报告应至少保存5年。

（4）建立农村饮水安全工程水质检测信息共享平台，按规定范围报送水质检测成果。未经批准，不得擅自对外发布水质检测信息和扩大送达范围。

6. 检测报告编写要求

农村饮水安全水质检测中心应当对水样检测结果出具完整、符合规范的检测报告，检测结果应当准确、清晰、明确、客观。报告应包括以下信息：

A. 标题名称；

B. 实验室名称，地址或检测地点；

C. 报告唯一识别号，每页序数，总页数；

D. 需要时，委托人姓名，地址；

E. 样品特性和有关情况；

F. 样品接收日期，完成检测的日期和报告日期；

G. 检测方法描述；

H. 如果报告中包含委托方所进行的检测结果，则应明确地标明；

I. 对报告内容负责的人的签字和签发日期；

J. 在适用时，结果仅对被检测的样品有效的声明；

K. 未经实验室书面批准，不得部分复制报告（全复制除外）的声明。

7. 能力认证

农村饮水安全水质检测中心应按规定参加水质检验能力验证和资质认定工作，逐步取得相关计量认证资质，保障水质检测质量和检测数据的公信力。

六、管理模式和运行机制

1. 管理体制

农村饮水安全水质检测中心管理体制应按以下要求设置：

（1）依托规模较大的农村供水水厂或供水管理机构建设水质检测中心，由农村饮水安全工程专管机构负责指导和管理，同时接受其他部门的业务指导。

（2）依托卫生、水利、环保、城市供水等部门水质监测机构合作共建的水质检测中心，由其行政主管部门负责管理，同时接受其他部门的业务指导，为农村饮水安全专管机构提供技术服务。

（3）依托城乡供水一体化大型供水企业组建的水质检测中心，由相应的供水企业负责运行管理，接受相关市、县水行政主管等相关部门指导和管理，为其供水覆盖的区域提供水质检测技术服务。

2. 运行机制

水质检测中心的运行管理经费来源主要由水费收入和社会服务收费等解决，不足部分应由本级财政通过现有资金渠道给予必要支持。

3. 经费测算

水质检测中心的年运行费用主要包括人员费、巡查及现场采样的交通费、检测药剂和试剂费、仪器设备及交通车的维护费、办公费（包括水、电、暖、纸张等管理费用）和不可预见费（包括应急供水的检测费用，小型水厂的义务检测服务费用）等，可按以下方法测算：

（1）人员费用可按当地助理工程师或工程师（考虑发展和人员稳定）的标准估算。

（2）交通费可根据当地的集中水厂数量及分布、巡查及现场采样频率等估算。

（3）检测药剂和试剂费可根据年检测指标和频次等估算。

（4）仪器设备年运行维护费按相关规定估算。

七、水质检测结果报送

（1）农村饮水安全水质检测中心的水质检测结果应作为农村饮水安全工程的水质自检数据，定期报送当地水利、卫生计生、环保、发展改革等有关行政主管部门。必要时，有关数据可经批准后向社会公布。

（2）对各水厂的水质检测报告原则上应主送水厂负责人，分析汇总的区域，总报告主送区域农村供水专管机构负责人。

关于进一步强化农村饮水工程水质
净化消毒和检测工作的通知

水农〔2015〕116号

各省、自治区、直辖市水利（水务）厅（局），新疆生产建设兵团水利局：

饮用水水质直接关系广大人民群众身体健康和生命安全，加强农村饮水工程水质净化消毒和检测工作，是促进水质达标和提高水质合格率的重要手段。各地要进一步增强紧迫感和责任感，按照饮水安全保障行政首长负责制的要求，切实加强领导，把农村饮水工程水质净化消毒和检测工作，作为农村饮水安全建设管理当务之急的一项重点工作抓紧抓实抓好。根据发展改革委、水利部、卫生计生委、环境保护部《关于加强农村饮水安全工程水质检测能力建设的指导意见》（发改农经〔2013〕2259号）等有关文件，并针对当前农村饮水安全工程建设与运行中存在的主要问题，现就有关事项通知如下。

一、进一步完善配套农村饮水工程水质净化消毒设施设备，确保正常运行

《生活饮用水卫生标准》（GB 5749—2006）规定生活饮用水应经消毒处理，保证用户饮用安全。日供水规模200m³以上工程要按标准要求设计、安装水质净化和消毒设备；日供水规模200m³以下小型集中式供水工程要按要求进行消毒。

各地对未按标准要求设计水质净化和消毒设施的工程，主管部门不予立项审批；对已建工程未配套安装水质净化和消毒设备的，主管部门不予验收；已投运工程的供水水质达不到生活饮用水卫生标准要求的，主管部门要督导限期整改达标。各地要高度重视适宜农村供水净化和消毒技术及设备的选择，严把工程设计与设备招标采购关，保证采购质量合格的水质净化和消毒设备。各地要结合实际，通过开展技术研究与应用示范，总结形成适宜当地条件的农村饮水工程水质净化和消毒技术模式，并加大推广力度。要切实加强水质净化和消毒设施设备运行管理技术指导与培训，建立设备运行的记录档案，加大检查和监督力度，确保水质净化和消毒设施设备正常使用，有效提高供水水质合格率，保障农村饮用水安全。

二、切实抓好千吨万人以上农村水厂水质化验室配备和日常水质检测工作

千吨万人（日供水 1000 吨或供水人口 1 万人）以上水厂必须建立水质化验室。供水单位应根据供水规模及具体情况，建立水质检验制度，配备检验人员和检验设备，开展水源水、出厂水和末梢水的定期检测。出厂水一般日检 9 项指标，包括色度、浑浊度、臭和味、肉眼可见物、pH、耗氧量、菌落总数、总大肠菌群、消毒剂余量。水源水、管网末梢水检测项目及频次按照《农村镇供水工程运行管理规程》（SL 689—2013）执行。管网末梢水检测点按照每 2 万供水人口设 1 个点的标准设立，供水人口在 2 万以下时，检测点设置应不少于 1 个。供水单位要按照规定的检测项目和频次，切实做好水质检测工作，并将检测结果按规定及时上报县级水行政主管部门。

各地要切实加强监管，对不按规定设计水质化验室的，主管部门不予立项审批；对在建工程未配备水质化验室的，主管部门不予验收；对已建工程没有水质化验室的，要求限期整改。各级水行政主管部门要加强对千吨万人以上水厂水质化验室的建设及运行的监督检查、技术指导和培训力度，切实提高规模水厂水质检测能力和应急处置能力。

三、加快区域农村饮水安全水质检测中心建设，确保完成"十二五"规划目标任务

农村供水工程量大面广、规模相对较小、水质检测能力相对薄弱，建设区域水质检测中心是解决农村饮水水质检测覆盖面窄、提高预防控制和应急处置饮用水卫生突发事件能力的有效手段。区域水质检测中心的主要职能，

一是对本区域内 20m³/d 以上集中式供水工程开展水源水、出厂水、管网末梢水的水质抽检；二是对区域内 20m³/d 以下的小型供水工程和分散式供水工程进行水质巡检；三是为供水单位和农村饮水安全专管机构提供技术支撑。各地要切实加大工作力度，加快区域水质检测中心的前期工作和建设管理，确保 2015 年底前全面完成建设任务。具体要求如下：

1. 前期工作要求

区域水质检测中心建设以省为单位统筹规划布局实施，原则上以县为单位建立水质检测中心。水质检测中心原则上依托项目县规模较大的水厂化验室组建，也可依托水利、卫生、环保、城市供水等现有水质检测、监测机构建立。中央对每个县级水质检测中心平均补助 72 万元，主要用于购置水质检测仪器设备，可根据需要配备水质采样和巡检车辆。地方由省级统筹，可按差别化补助投资政策安排。

各地要按照先建机制，后建工程的原则，研究适合当地的建设管理模式。区域水质检测中心建设要编制实施方案，应包括依托机构、检测指标筛选、仪器设备配备、化验室建设、质量控制、人员配备、制度建设、工程投资、运行经费落实等内容。各省（自治区、直辖市）要在 2015 年 3 月底前完成区域水质检测中心实施方案的审查批复工作。

2. 检测能力和检测指标要求

区域水质检测中心应满足本区域内所有农村饮水安全工程日常水质检测需要，按照检测能力区域统筹、整合资源、相互补助的原则，具备 42 项常规指标检测能力。地方各级水行政主管部门要加强指导，在对区域水质情况进行全面评价的基础上，根据水源水质、净水工艺、供水规模等具体情况，合理确定各水质检测中心的具体检测指标。

仪器设备的配备，应按照《生活饮用水卫生标准》（GB 5749—2006）中 42 项常规指标和本地特有的非常规指标，科学合理确定检测指标和配置检测能力，具有一定的实验室化验能力和现场检测能力。化验室仪器设备和现场采样及水质检测车的具体配置参考《农村饮水安全工程水质检测中心建设导则》（发改农经〔2013〕2259 号）要求执行。

3. 水质抽检和巡检要求

区域水质检测中心应对供水规模 20m³/d 及以上的供水工程开展定期水质检测，不同规模集中式供水工程的水质检测指标和频次要求按照《村镇供水工程运行管理规程》（SL 689—2013）执行。其中，供水规模在 20m³/d 及以上的集中式供水工程抽检要求：（1）出厂水主要检测色度、浑浊度、pH、消毒剂余量和特殊水处理指标（如水源水中氟化物、砷、铁、锰、溶解性总固体、硝酸盐或氨氮等超标指标）。（2）末梢水主要检测色度、浑浊度、pH、消毒剂余量等。（3）每个月应对区域内20%以上的集中式供水工程进行现场水质抽测。供水规模20m³/d以下供水工程和分散式供水工程的水质巡检要求：应根据水源类型、水质及水处理情况进行分类，各类选择不少于2个有代表性的工程，每年至少对主要常规指标和存在风险的非常规指标进行1次检测分析。

4. 仪器设备采购要求

检测仪器设备和检测车辆原则上由省级或地市级进行统一招标采购，确保设备仪器质量，便于统一检测人员培训、做好设备维修、药品药剂及耗材供应等工作。

5. 人员配备与运行经费落实

水质检测中心建设前，应先行落实水质检测专业技术人员，并全程参与水质检测中心设计和建设。具备42项常规指标检测能力的水质检测中心通常应配备专门的水质检测人员4~6人，具体检测人数由各地根据检测任务确定。检测人员应有相关专业中专以上学历并掌握水质分析、化学检验等相应专业基础知识与实际操作技能，经培训取得岗位证书。水质检测中心的运行管理经费应列入县级财政预算解决。有条件的地区可以水费收入和社会服务收费作为补充。在编制县水质中心建设方案时要根据年检测任务估算年运行费用，并提出经费落实方案。

6. 管理制度建设

区域水质检测中心建成后，要建立健全水质检测人员管理、设备管理、质量管理、安全管理和信息管理等制度。主要包括：岗位责任制和检测人员定期培训与考核制度；仪器设备使用及维护制度；样品采集及检测管理制度；化验室安全管理制度；仪器设备、原始记录、检测报告等信息档案管理制度；按规定向农村饮水行政主管部门报送水质检测数据和信息。供水单位和主管部门发现水质不达标问题后，要及时采取有效措施，改善供水水质状况，确保供水水质安全。

附件：1. 主要仪器标准和计量检定规程
    2. 主要仪器检测水质指标

附件1：

主要仪器标准和计量检定规程

单光束紫外可见分光光度计（GB/T 26798—2011）

双光束紫外可见分光光度计（GB/T 26813—2011）

原子吸收分光光度计（GB/T 21187—2007）

原子吸收分光光度计（JJG 694—2009）

原子荧光光谱仪（GB/T 21191—2007）

气相色谱仪检定规程（JJG 700—1999）

离子色谱仪（JJG 823—2014）

低本底 α 和/或 β 测量仪（GB/T 11682—2008）

附件2：

主要仪器检测水质指标

主要仪器	检测水质指标
紫外可见光分光光度计	用于氯、二氧化氯、臭氧、甲醛、挥发酚类、阴离子合成洗涤剂、氟化物、硝酸盐、硫酸盐、氰化物、铝、铁、锰、铜、锌、砷、硒、铬（六价）、镉、铅、氨氮和石油类等检测
原子吸收分光光度计	用于镉、铅、铝、铁、锰、铜、锌等检测
原子荧光光度计	用于汞、砷、硒、镉、铅等检测
气相色谱仪	用于四氯化碳、三卤甲烷等检测
离子色谱仪	用于氯化物、硫酸盐、硝酸盐、氟化物、溴酸盐、氯酸盐、亚氯酸盐等检测
低本底总 $\alpha\beta$ 测量仪	用于总 α、总 β 放射性检测

《生活饮用水卫生标准》（GB 5749—2006）

前 言

本标准的全部技术内容为强制性。

本标准自实施之日起代替 GB 5749—85《生活饮用水卫生标准》。

本标准与 GB 5749—85 相比，主要变化如下：

——水质指标由 GB 5749—85 的 35 项增加至 106 项，增加了 71 项；修订了 8 项；其中：

a) 微生物指标由 2 项增至 6 项，增加了大肠埃希氏菌、耐热大肠菌群、贾第鞭毛虫和隐孢子虫；修订了总大肠菌群；

b) 饮用水消毒剂由 1 项增至 4 项，增加了一氯胺、臭氧、二氧化氯；

c) 毒理指标中无机化合物由 10 项增至 21 项，增加了溴酸盐、亚氯酸盐、氯酸盐、锑、钡、铍、硼、钼、镍、铊、氯化氰；并修订了砷、镉、铅、硝酸盐；

毒理指标中有机化合物由 5 项增至 53 项，增加了甲醛、三卤甲烷、二氯甲烷、1，2-二氯乙烷、1，1，1-三氯乙烷、三溴甲烷、一氯二溴甲烷、二氯一溴甲烷、环氧氯丙烷、氯乙烯、1，1-二氯乙烯、1，2-二氯乙烯、三氯乙烯、四氯乙烯、六氯丁二烯、二氯乙酸、三氯乙酸、三氯乙醛、苯、甲苯、二甲苯、乙苯、苯乙烯、2，4，6-三氯酚、氯苯、1，2-二氯苯、1，4-二氯苯、三氯苯、邻苯二甲酸二（2-乙基己基）酯、丙烯酰胺、微囊藻毒素-LR、灭草松、百菌清、溴氰菊酯、乐果、2，4-滴、七氯、六氯苯、林丹、马拉硫磷、对硫磷、甲基对硫磷、五氯酚、莠去津、呋喃丹、毒死蜱、敌敌畏、草甘膦；修订了四氯化碳；

d) 感官性状和一般理化指标由 15 项增至 20 项，增加了耗氧量、氨氮、硫化物、钠、铝；修订了浑浊度；

e) 放射性指标中修订了总 α 放射性。

——删除了水源选择和水源卫生防护两部分内容。

——简化了供水部门的水质检测规定，部分内容列入《生活饮用水集中式供水单位卫生规范》。

——增加了附录 A。

——增加了参考文献。

本标准的附录 A 为资料性附录。

本标准"表 3 水质非常规指标及限制"所规定指标的实施项目和日期由省级人民政府根据当地实际情况确定，并报国家标准化管理委员会、建设部和卫生部备案，从 2008 年起三个部门对各省非常规指标实施情况进行通报，全部指标最迟于 2012 年 7 月 1 日实施。

本标准由中华人民共和国卫生部、建设部、水利部、国土资源部、国家环境保护总局等提出。

本标准负责起草单位：中国疾病预防控制中心环境与健康相关产品安全所。

本标准参加起草单位：广东省卫生监督所、浙江省卫生监督所、江苏省疾病预防控制中心、北京市疾病预防控制中心、上海市疾病预防控制中心、中国城镇供水排水协会、中国水利水电科学研究院、国家环境保护总局环境标准研究所。

本标准主要起草人：金银龙、鄂学礼、陈昌杰、陈西平、张岚、陈亚妍、蔡祖根、甘日华、申屠杭、郭常义、魏建荣、宁瑞珠、刘文朝、胡林林。

本标准参加起草人：蔡诗文、林少彬、刘凡、姚孝元、陆坤明、陈国光、周怀东、李延平。

本标准于 1985 年 8 月首次发布，本次为第一次修订。

一、范围

本标准规定了生活饮用水水质卫生要求、生活饮用水水源水质卫生要求、集中式供水单位卫生要求、二次供水卫生要求、涉及生活饮用水卫生安全产品卫生要求、水质监测和水质检验方法。

本标准适用于城乡各类集中式供水的生活饮用水，也适用于分散式供水的生活饮用水。

二、规范性引用文件

下列文件中的条款通过本标准的引用而成为本标准的条款。凡是标注日期的引用文件，其随后所有的修改（不包括勘误内容）或修订版均不适用于本标准，然而，鼓励根据本标准达成协议的各方研究是否可使用这些文件的最新版本。凡是不注明日期的引用文件，其最新版本适用于本标准。

GB 3838 地表水环境质量标准

GB/T 5750（所有部分）生活饮用水标准检验方法

GB/T 14848 地下水质量标准

GB 17051 二次供水设施卫生规范

GB/T 17218 饮用水化学处理剂卫生安全性评价

GB/T 17219 生活饮用水输配水设备及防护材料的安全性评价标准

CJ/T 206 城市供水水质标准

SL 308 村镇供水单位资质标准

卫生部生活饮用水集中式供水单位卫生规范

三、术语和定义

下列术语和定义适用于本标准。

1. 生活饮用水 drinking water

供人生活的饮水和生活用水。

2. 供水方式 type of water supply

（1）集中式供水 central water supply

自水源集中取水，通过输配水管网送到用户或者公共取水点的供水方式，包括自建设施供水。为用户提供日常饮用水的供水站和为公共场所、居民社区提供的分质供水也属于集中式供水。

（2）二次供水 secondary water supply

集中式供水在入户之前经再度储存、加压和消毒或深度处理，通过管道或容器输送给用户的供水方式。

（3）小型集中式供水 small central water supply

日供水在1000m³以下（或供水人口在1万人以下）的集中式供水。

（4）分散式供水 non-central water supply

用户直接从水源取水，未经任何设施或仅有简易设施的供水方式。

3. 常规指标 regular indices

能反映生活饮用水水质基本状况的水质指标。

4. 非常规指标 non-regular indices

根据地区、时间或特殊情况需要的生活饮用水水质指标。

四、生活饮用水水质卫生要求

1. 生活饮用水水质应符合下列基本要求，保证用户饮用安全。

（1）生活饮用水中不得含有病原微生物。

（2）生活饮用水中化学物质不得危害人体健康。

（3）生活饮用水中放射性物质不得危害人体健康。

（4）生活饮用水的感官性状良好。

（5）生活饮用水应经消毒处理。

（6）生活饮用水水质应符合表1和表3卫生要求。集中式供水出厂水中消毒剂限值、出厂水和管网末梢水中消毒剂余量均应符合表2的要求。

（7）农村小型集中式供水和分散式供水的水质因条件限制，部分指标可暂按照表4执行，其余指标仍按表1、表2和表3执行。

（8）当发生影响水质的突发性公共事件时，经市级以上人民政府批准，感官性状和一般化学指标可适当放宽。

（9）当饮用水中含有附录A表A-1所列的指标时，可参考此表限值评价。

表1　水质常规指标及限值

指　　标	限　　值
1. 微生物指标[①]	
总大肠菌群（MPN/100mL 或 CFU/100mL）	不得检出
耐热大肠菌群（MPN/100mL 或 CFU/100mL）	不得检出
大肠埃希氏菌（MPN/100mL 或 CFU/100mL）	不得检出
菌落总数（CFU/mL）	100
2. 毒理指标	
砷（mg/L）	0.01
镉（mg/L）	0.005
铬（六价，mg/L）	0.05
铅（mg/L）	0.01
汞（mg/L）	0.001
硒（mg/L）	0.01
氰化物（mg/L）	0.05

（续表）

指　标	限　值
氟化物（mg/L）	1.0
硝酸盐（以 N 计，mg/L）	10，地下水源限制时为 20
三氯甲烷（mg/L）	0.06
四氯化碳（mg/L）	0.002
溴酸盐（使用臭氧时，mg/L）	0.01
甲醛（使用臭氧时，mg/L）	0.9
亚氯酸盐（使用二氧化氯消毒时，mg/L）	0.7
氯酸盐（使用复合二氧化氯消毒时，mg/L）	0.7
3. 感官性状和一般化学指标	
色度（铂钴色度单位）	15
浑浊度（NTU-散射浊度单位）	1，水源与净水技术条件限制时为 3
臭和味	无异臭、异味
肉眼可见物	无
pH（pH 单位）	不小于 6.5 且不大于 8.5
铝（mg/L）	0.2
铁（mg/L）	0.3
锰（mg/L）	0.1
铜（mg/L）	1.0
锌（mg/L）	1.0
氯化物（mg/L）	250
硫酸盐（mg/L）	250
溶解性总固体（mg/L）	1000
总硬度（以 $CaCO_3$ 计，mg/L）	450
耗氧量（COD_{Mn} 法，以 O_2 计，mg/L）	3，水源限制，原水耗氧量大于 6mg/L 时为 5
挥发酚类（以苯酚计，mg/L）	0.002
阴离子合成洗涤剂（mg/L）	0.3

（续表）

指 标	限 值
4. 放射性指标②	指导值
总 α 放射性（Bq/L）	0.5
总 β 放射性（Bq/L）	1

① MPN 表示最可能数；CFU 表示菌落形成单位。当水样检出总大肠菌群时，应进一步检验大肠埃希氏菌或耐热大肠菌群；水样未检出总大肠菌群，不必检验大肠埃希氏菌或耐热大肠菌群。

② 放射性指标超过指导值，应进行核素分析和评价，判定能否饮用。

表2 饮用水中消毒剂常规指标及要求

消毒剂名称	与水接触时间	出厂水中限值	出厂水中余量	管网末梢水中余量
氯气及游离氯制剂（游离氯，mg/L）	≥30min	4	≥0.3	≥0.05
一氯胺（总氯，mg/L）	≥120min	3	≥0.5	≥0.05
臭氧（O_3，mg/L）	≥12min	0.3	—	0.02 如加氯，总氯≥0.05
二氧化氯（ClO_2，mg/L）	≥30min	0.8	≥0.1	≥0.02

表3 水质非常规指标及限值

指 标	限 值
1. 微生物指标	
贾第鞭毛虫（个/10L）	<1
隐孢子虫（个/10L）	<1
2. 毒理指标	
锑（mg/L）	0.005
钡（mg/L）	0.7
铍（mg/L）	0.002
硼（mg/L）	0.5
钼（mg/L）	0.07

（续表）

指　标	限　值
镍（mg/L）	0.02
银（mg/L）	0.05
铊（mg/L）	0.0001
氯化氰（以 CN⁻计，mg/L）	0.07
一氯二溴甲烷（mg/L）	0.1
二氯一溴甲烷（mg/L）	0.06
二氯乙酸（mg/L）	0.05
1，2-二氯乙烷（mg/L）	0.03
二氯甲烷（mg/L）	0.02
三卤甲烷（三氯甲烷、一氯二溴甲烷、二氯一溴甲烷、三溴甲烷的总和）	该类化合物中各种化合物的实测浓度与其各自限值的比值之和不超过1
1，1，1-三氯乙烷（mg/L）	2
三氯乙酸（mg/L）	0.1
三氯乙醛（mg/L）	0.01
2，4，6-三氯酚（mg/L）	0.2
三溴甲烷（mg/L）	0.1
七氯（mg/L）	0.0004
马拉硫磷（mg/L）	0.25
五氯酚（mg/L）	0.009
六六六（总量，mg/L）	0.005
六氯苯（mg/L）	0.001
乐果（mg/L）	0.08
对硫磷（mg/L）	0.003
灭草松（mg/L）	0.3
甲基对硫磷（mg/L）	0.02
百菌清（mg/L）	0.01

（续表）

指　标	限　值
呋喃丹（mg/L）	0.007
林丹（mg/L）	0.002
毒死蜱（mg/L）	0.03
草甘膦（mg/L）	0.7
敌敌畏（mg/L）	0.001
莠去津（mg/L）	0.002
溴氰菊酯（mg/L）	0.02
2，4-滴（mg/L）	0.03
滴滴涕（mg/L）	0.001
乙苯（mg/L）	0.3
二甲苯（mg/L）	0.5
1，1-二氯乙烯（mg/L）	0.03
1，2-二氯乙烯（mg/L）	0.05
1，2-二氯苯（mg/L）	1
1，4-二氯苯（mg/L）	0.3
三氯乙烯（mg/L）	0.07
三氯苯（总量，mg/L）	0.02
六氯丁二烯（mg/L）	0.0006
丙烯酰胺（mg/L）	0.0005
四氯乙烯（mg/L）	0.04
甲苯（mg/L）	0.7
邻苯二甲酸二（2-乙基己基）酯（mg/L）	0.008
环氧氯丙烷（mg/L）	0.0004
苯（mg/L）	0.01
苯乙烯（mg/L）	0.02
苯并（a）芘（mg/L）	0.00001

（续表）

指　标	限　值
氯乙烯（mg/L）	0.005
氯苯（mg/L）	0.3
微囊藻毒素-LR（mg/L）	0.001
3. 感官性状和一般化学指标	
氨氮（以 N 计，mg/L）	0.5
硫化物（mg/L）	0.02
钠（mg/L）	200

表 4　小型集中式供水和分散式供水部分水质指标及限值

指　标	限　值
1. 微生物指标	
菌落总数（CFU/mL）	500
2. 毒理指标	
砷（mg/L）	0.05
氟化物（mg/L）	1.2
硝酸盐（以 N 计，mg/L）	20
3. 感官性状和一般化学指标	
色度（铂钴色度单位）	20
浑浊度（NTU-散射浊度单位）	3 水源与净水技术条件限制时为 5
pH（pH 单位）	不小于 6.5 且不大于 9.5
溶解性总固体（mg/L）	1500
总硬度（以 $CaCO_3$ 计，mg/L）	550
耗氧量（COD_{Mn} 法，以 O_2 计，mg/L）	5
铁（mg/L）	0.5
锰（mg/L）	0.3
氯化物（mg/L）	300
硫酸盐（mg/L）	300

五、生活饮用水水源水质卫生要求

1. 采用地表水为生活饮用水水源时应符合 GB 3838 要求。
2. 采用地下水为生活饮用水水源时应符合 GB/T 14848 要求。

六、集中式供水单位卫生要求

集中式供水单位的卫生要求应按照卫生部《生活饮用水集中式供水单位卫生规范》执行。

七、二次供水卫生要求

二次供水的设施和处理要求应按照 GB 17051 执行。

八、涉及生活饮用水卫生安全产品卫生要求

1. 处理生活饮用水采用的絮凝、助凝、消毒、氧化、吸附、pH 调节、防锈、阻垢等化学处理剂不应污染生活饮用水，应符合 GB/T 17218 要求。
2. 生活饮用水的输配水设备、防护材料和水处理材料不应污染生活饮用水，应符合 GB/T 17219 要求。

九、水质监测

1. 供水单位的水质检测
供水单位的水质检测应符合以下要求。
（1）供水单位的水质非常规指标选择由当地县级以上供水行政主管部门和卫生行政部门协商确定。
（2）城市集中式供水单位水质检测的采样点选择、检验项目和频率、合格率计算按照 CJ/T 206 执行。
（3）村镇集中式供水单位水质检测的采样点选择、检验项目和频率、合格率计算按照 SL 308 执行。
（4）供水单位水质检测结果应定期报送当地卫生行政部门，报送水质检测结果的内容和办法由当地供水行政主管部门和卫生行政部门商定。
（5）当饮用水水质发生异常时应及时报告当地供水行政主管部门和卫生行政部门。
2. 卫生监督的水质监测
卫生监督的水质监测应符合以下要求。

（1）各级卫生行政部门应根据实际需要定期对各类供水单位的供水水质进行卫生监督、监测。

（2）当发生影响水质的突发性公共事件时，由县级以上卫生行政部门根据需要确定饮用水监督、监测方案。

（3）卫生监督的水质监测范围、项目、频率由当地市级以上卫生行政部门确定。

十、水质检验方法

生活饮用水水质检验应按照 GB/T 5750（所有部分）执行。

附录 A （资料性附录）

表 A-1 生活饮用水水质参考指标及限值

指 标	限 值
肠球菌（CFU/100mL）	0
产气荚膜梭状芽孢杆菌（CFU/100mL）	0
二（2-乙基己基）己二酸酯（mg/L）	0.4
二溴乙烯（mg/L）	0.00005
二口恶英（2,3,7,8-TCDD，mg/L）	0.00000003
土臭素（二甲基萘烷醇，mg/L）	0.00001
五氯丙烷（mg/L）	0.03
双酚 A（mg/L）	0.01
丙烯腈（mg/L）	0.1
丙烯酸（mg/L）	0.5
丙烯醛（mg/L）	0.1
四乙基铅（mg/L）	0.0001
戊二醛（mg/L）	0.07
甲基异莰醇-2（mg/L）	0.00001
石油类（总量，mg/L）	0.3
石棉（>10 μm，万/L）	700
亚硝酸盐（mg/L）	1
多环芳烃（总量，mg/L）	0.002
多氯联苯（总量，mg/L）	0.0005
邻苯二甲酸二乙酯（mg/L）	0.3
邻苯二甲酸二丁酯（mg/L）	0.003
环烷酸（mg/L）	1.0
苯甲醚（mg/L）	0.05
总有机碳（TOC，mg/L）	5
萘酚-β（mg/L）	0.4
黄原酸丁酯（mg/L）	0.001
氯化乙基汞（mg/L）	0.0001
硝基苯（mg/L）	0.017
镭 226 和镭 228（pCi/L）	5
氡（pCi/L）	300

五、全省农村饮水工程水质管理工作设想

（一）全面核查水质存在的问题

每年各地根据疾控部门公布的监测数据，认真查实辖区内农村饮用水水质达标情况，逐个地区、逐个工程地核查，掌握超标指标的具体情况，并提出解决存在问题的措施。

（二）"十三五"时期开展巩固提升

（1）开展水厂达标工程建设。早期老化的水厂、初期低标准建设的农村供水工程，要因地制宜进行制水工艺改造，配套完善的水处理净化、消毒以及安全防护等设施设备，对老化严重的水泵、电动机等予以更新，配备水质监测设备、自动化控制和视频安防系统，以提高供水水质，实现标准化供水，完成水厂达标建设。

（2）开展标准化改造工程建设。对部分规模较小、设备简陋的单村供水工程构筑物进行标准化配套改造，配套相应的土工调节构筑物（应以清水池为主，部分小型水厂可以考虑采用一体化净水器）、增设备用水源，配套安全防护设施、消毒设施，配套除氟、除铁（锰）设备，更换机电设备，更换管网工程，配套水质化验室、自动化监测设施。

（3）开展供水水源提升工程建设。所有供水工程水源地均要划定保护区，将取水水质存在污染隐患的取水工程迁移至水质良好地段；相邻水厂间原水管道相互连通，提高保证率；现有取水构筑物、取水设备达不到设计要求，降低取水可靠性的予以更新；大型供水工程，应逐步建立备用水源等，使得水源水质、水量及保证率达均达到规范要求。

（三）培训运行管理人员

农村饮水安全工程的良性运行，事关农民切身利益，事关投资效益充分发挥，必须强化工程的运行管理，建立长效机制，确保工程长期发挥效益。尤其是供水单位的运行管理水平参差不齐，使得对农村供水工程相关人员进行技术培训、提高农村饮水工程管理人员的业务素质和技术水平已迫在眉睫。将分体系、分类别开展关键岗位人员及行业管理人员培训。

（四）加强水质检测能力建设

目前，各地县级农村饮水安全水质检测中心实施方案已基本审查审批完成，投资计划分解已下达，各地正在开展招标采购工作，要加快建设进度，确保年底前按时完成80个县级水质检测中心的建设任务。在"十三五"期间，重点解决规模水厂化验室建设问题，采取新建、改造等方式，进一步完

善水质检测体系，提高供水水质合格率。

此外，我省还在积极推行严格的三级水质检测管理制度，即水厂化验室日常检测、县级水质检测中心月巡检和县级卫生疾病控制中心不定期抽检制度，实现所有供水工程水质检测全覆盖。同时，水利部门联合环保、卫生等部门，加强对水源水、出厂水和末稍水的水质监测，不断提高水质合格率。

（五）宣传使用卫生水

加强宣传教育，重视水厂管理人员的卫生知识培训和健康管理，强化卫生意识，选择工作责任心强、具备一定业务素质的人担任管理人员。通过多种途径大力开展生活饮用水卫生安全知识宣传教育活动，丰富农村居民饮水安全相关知识，提高农村居民饮水安全意识和自我保护意识。

附录 A

农饮情怀

——学习中央 2011 年 1 号文件有感

（2011 年 1 月 29 日）

一号文件指方向，
描绘水利新蓝图。
统筹规划尤重要，
精细管理方持久。
劝君常去百姓家，
服务农饮为人民。
上下联动抓建管，
何愁事业不辉煌。
待到共饮幸福水，
普天同庆感谢党。

附录 B

西行漫谈

——赠燕少平、孙传辉、郜长征、虞泊宁等西安学习

（2014 年 5 月 22 日）

秦川八百里，西京居其中；
嬴政阿房宫，隆基华清池。
东有潼关险，西有宝鸡郡；
临潼兵马俑，大小雁塔伴。
课余多观赏，勿忘延安府；
佛家舍利子，高僧历艰辛。
秦岭古栈道，华山冲云霄；
渭南忆先烈，两当红旗举。
始皇咸阳城，郡县治天下；
兴平人杰灵，今朝紫禁城。
武功汉王颂，骏马驰四方；
杨陵换新春，农耕五千年。
畅饮西凤酒，将士凯歌还；
扶眉马嘶鸣，痛歼马家军。
三国风云涌，诸葛损岐山；
蔡家坡前望，征战几人回。
太公鱼竿起，周氏八百载；
仰天笑虞姬，留下春秋痕。
八水绕长安，燕辉渭河照；
静思无字碑，女杰后人评。
诸君西行游，来去风云间；
不负众人望，学成立新功。

附录 C

忆父亲

(2015 年 10 月 5 日)

家兄铃声悲断肠，
庐州悉闻先父去；
今日永别阴阳界，
拜祭坟前方相见。
一生操劳八子女，
痛惜床旁无三郎；
孩儿西学寄厚望，
夜深人静盼子归。
每逢佳节倍思亲，
不孝跃国仅问候；
农村饮水遍江淮，
未曾陪伴尽孝心。
黑茨河水流千年，
不及父母养育恩；
儿走千里忽挂念，
慈父教诲励心志。

参 考 文 献

[1] 上海市政工程设计研究院. 给水排水设计手册（第二版）第 3 册城镇给水 [M]. 北京：中国建筑工业出版社，2004.

[2] 中国市政工程西北设计研究院有限公司. 给水排水设计手册（第三版）第 11 册常用设备 [M]. 北京：中国建筑工业出版社，2014.

[3] 高占义，胡孟，等. 农村安全供水工程技术与模式 [M]. 北京：中国水利水电出版社，2013.

[4] 倪文进，马超德，等. 中国农村饮水安全工程管理实践与探索 [M]. 北京：中国水利水电出版社，2010.

[5] 刘玲花，周怀东、金旸，等编译. 农村安全供水技术手册 [M]. 北京：化学工业出版社环境·能源出版中心，2005.

[6] 水利部农村水利司，等. 农村供水处理技术与水厂设计 [M]. 北京：中国水利水电出版社，2010.

[7] 张肖. 农村饮水安全工程建设与管理 [M]. 南京：河海大学出版社，2013.

[8] 王跃国. 安徽省村镇供水工程设计指南 [M]. 合肥：合肥工业大学出版社，2014.

[9] GB 5749—2006 生活饮用水卫生标准 [S]. 北京：中国标准出版社，2006.

[10] SL 687—2014 村镇供水工程设计规范 [S]. 北京：中国水利水电出版社，2014.

[11] SL 688—2013 村镇供水工程施工质量验收规范 [S]. 北京：中国水利水电出版社，2013.

[12] SL 689—2013 村镇供水工程运行管理规程 [S]. 北京：中国水利水电出版社，2013.

[13] GB 50013—2006 室外给水设计规范 [S]. 北京：中国计划出版社，2013.

[14] CJJ 123—2008 镇（乡）村给水工程技术规程 [S]. 北京：中国建筑工业出版社，2008.